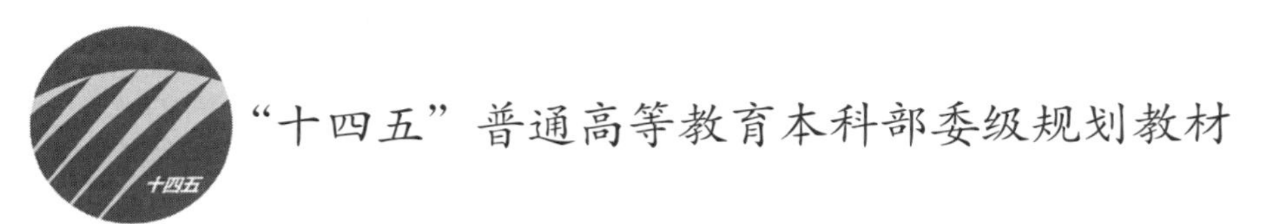

宴会设计

周爱东　**主　编**

王　斌　张胜来　徐子昂　**副主编**

中国纺织出版社有限公司

图书在版编目（CIP）数据

宴会设计 / 周爱东主编 . -- 北京 ： 中国纺织出版社有限公司， 2022.9

“十四五”普通高等教育本科部委级规划教材

ISBN 978-7-5180-9580-3

Ⅰ . ① 宴… Ⅱ . ① 周… Ⅲ . ①宴会—设计—高等学校—教材 Ⅳ . ① TS972.32

中国版本图书馆 CIP 数据核字（2022）第 091362 号

责任编辑：舒文慧　　特约编辑：吕　倩

责任校对：高　涵　　责任印制：王艳丽

中国纺织出版社有限公司出版发行

地址：北京市朝阳区百子湾东里 A407 号楼　邮政编码：100124

销售电话：010—67004422　传真：010—87155801

http://www.c-textilep. com

中国纺织出版社天猫旗舰店

官方微博 http://weibo.com/2119887771

唐山玺诚印务有限公司印刷　各地新华书店经销

2022 年 9 月第 1 版第 1 次印刷

开本：710 × 1000　1/16　印张：16

字数：260 千字　定价：58.00 元

前言

宴会在饮食业中是集餐饮生产、筵席服务、环境布置等环节于一体的工作任务，而宴会设计就是对宴会任务的整体进行设计。对于宴会内容，以前各类教材的理解也都是基本准确并合乎当时行业需求的，但从近20年的行业发展背景下来看，还有很多需要更新的观念。整体的宴会设计原本只是非常小众的消费需求，现在在一二线的城市已经成为普遍需求，而现在，传统的、面向大众的宴会事实上已经不能满足大众的消费需求。因此才有了我们这本教材的编写出版。

之前的教材有两大类型，或者是将宴会设计与宴会服务与管理合在一本书里，或者仅仅将宴会局限在前厅的服务中。这两个类型在当年的教学与行业实践中都是对的，但现代的宴会工作既要求专业性，也要求整体性。从专业性来说，各类饮食服务类的专业都有专门的餐厅服务课程、厨房管理课程与企业管理课程，如果宴会设计课程也包括这些部分，很明显有些重复而且也不能讲深讲透。从整体性来说，将宴会菜品制作、宴会服务形式、宴会现场布置分开来设计，就会显得宴会的整体性不强，有拼凑之感。

本教材将宴会工作任务进行了新的分割与整合。将属于厨房管理、服务技能、餐饮管理的内容大量削减，突出了设计的主线。首先是强化了对于宴会历史知识的教学，这是现代宴会设计重要的创意来源；其次是强化了对于宴会主题的设计，这是现代宴会区别于传统宴会的地方，也是一场宴会设计的总纲；最后是强调了宴会环境的设计，这是现代宴会消费中最大的关注点。宴会设计是对于各种知识的整合，而最终设计的达成则是对于各种技能的整合，这是两种能力，前者是设计能力，后者是执行能力，在一个企业或是一场宴会任务中这两种能力需要统一，但在一门课中并不需要统一。所以，宴会设计是一门以培养学生的设计能力为目标的课程。

本教材的编写面向的是本科或高等职业教育的餐饮、服务类专业的学生。在上这门课之前或同时，学生应该对烹饪工艺、饮食文化、饮食风俗、餐饮服务、礼仪等直接相关的课程内容都已经有了相当程度的掌握，同时对于文学、艺术等能力拓展方面的知识也有一定程度的了解。因此，本课程建议安排在大学的第三学年下学期或第四学年上学期。

必须要承认，在现代宴会设计领域，除了国宴或是顶级高端宴会，大多数宴会的设计都是不完整的。从菜品、餐具、环境、服务、宴会流程等各方面都存在与宴会主题脱节的情况，这种行业的发展现状当然也不可避免地会反映在这本教材中。本教材的很多思路、素材资料都来自我近 15 年来从事宴会设计工作与教学的积累，以及行业中的一些精彩案例，整体上并不能完全反映行业中的实际需求。非常希望使用本教材的老师、餐饮行业的同行们多提宝贵意见。

编　者

2022 年 3 月 29 日

《宴会设计》教学内容及课时安排

章 / 课时	课程性质 / 课时	节	课程内容
第一章（1 课时）	宴会文化（12 课时）		绪　论
第二章（5 课时）			中国古代宴会制度
		一	先秦时期的宴会
		二	汉唐时期的宴会
		三	宋元时期的宴会
		四	明清时期的宴会
第三章（6 课时）			国外宴会制度
		一	日本与韩国宴会
		二	欧洲的宴会
		三	美洲的宴会
		四	其他国家和地区的宴会
第四章（6 课时）	宴会主题与风味（12 课时）		宴会主题设计
		一	宴会类型
		二	主题设定
		三	主题名称出处
第五章（6 课时）			宴会菜单设计
		一	筵席菜品的组合
		二	宴会菜单类型
		三	菜单风味与格式
		四	菜单中的文化符号
第六章（6 课时）	宴会氛围与仪式（12 课时）		宴会主题与氛围营造
		一	传统空间布置
		二	台型与餐具摆台
		三	桌景设计与布置
		四	现代宴会空间设计
第七章（6 课时）			宴会主题与服务仪式
		一	宴会流程的仪式感
		二	宴会的道具
		三	宴会中的文艺表演
第八章（4 课时）	宴会管理（4 课时）		宴会运营管理
		一	宴会策划方案写作
		二	厨房工作流程
		三	前厅工作流程
		四	宴会成本管理
		五	接待与后勤

目 录

第一章　绪　论

本章内容：宴会的基本介绍。

教学时间：1课时

教学目的：宴会是生活方式的体现，宴会工作是一个系统，在此基础上理解宴会设计这门课的内容。

教学方式：课堂讲授。

教学要求：1. 了解宴会的定义

2. 了解本课程的研究方法

作业要求：搜集与宴会设计相关的资料。

宴会就是宴饮聚会，它是人类生活中最常见的一种社交形式。宴有快乐、安乐、娱乐的意思，也写作讌、醼、燕。《易·需》："君子以饮食宴乐。"在古代食物严重匮乏的情况下，有饮食才安心。在原始社会，人们聚在一起吃饭，少不了要唱歌跳舞，所以对各个阶层来说，饮食无疑都是快乐的事。宴会既用来娱人，也用来娱神，多人在一起按一定的仪式程序饮食聚会，就产生了人类社会最初的制度，因此，古人说："礼之初，始诸饮食。"这里的饮食指的就是宴会。

有宴会，自然也就应该有了宴会设计。宴会设计是一门人类学范畴的课程，研究的是不同社会类型的饮食生活方式，然后根据宴会的文化需求，将相关元素有机地组合在一起，营造出个性的宴会场景。随着社会的发展，人们添加到宴会里的元素也越来越多，宴会的形式也越来越完备。场合不同，阶层不同，目的不同，人们对于宴会的理解与要求也不同。总的来说，对于宴会有狭义与广义两个维度的理解。

狭义的宴会，包括菜肴组合、餐具搭配、服务流程编排三个方面的内容。其中的菜肴组合和餐具搭配是通常人们所说的筵席的内容，白居易《琵琶行》诗中的"添酒回灯重开宴"指的就是狭义的宴会。

广义的宴会，在前者的基础之上，还包括环境、服饰、筵席布置、演艺活动等，并且在中高端消费需要中，这些才是宴会的主要内容。一般来说，国宴、婚宴、寿宴、公司尾牙、社交酒会等有仪式需求的都属于广义的宴会。

根据我们对宴会的定义，可知宴会设计有三个层次。三个层次的关系可以用图 1–1 来表达。

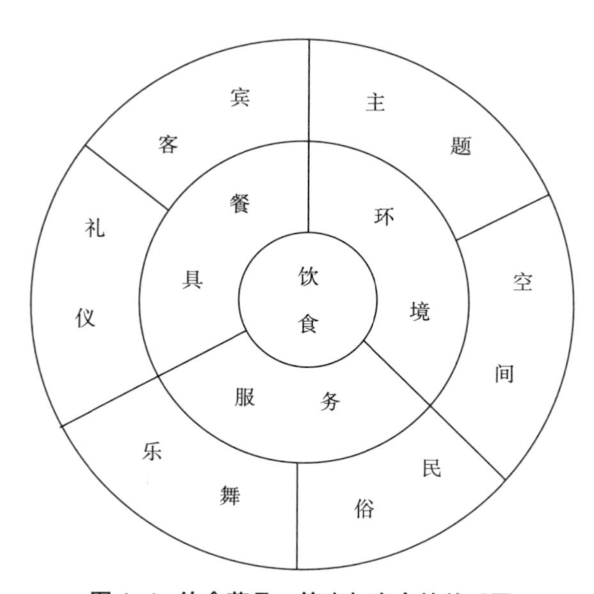

图 1–1 饮食菜品、筵席与宴会的关系图

系统化的饮食组合是宴会的核心。不论是什么样等级的宴会，也不论宴会的目的如何，食物是必须有的，也因此，很多人将饮食的组合理解为宴会。但实际上，这些饮食组合只能称为宴会饮食，连筵席都算不上。这些饮食与环境、餐具及餐桌服务结合起来，就是狭义的宴会，再加上最外圈的几个元素，就是广义的宴会了。在狭义宴会到广义宴会之间，服务流程设计由简到繁，它使狭义的宴会渐渐过渡为广义的宴会，其中的界限很难划清。对空间的要求在狭义的宴会中也有，但不太重要，设计感也不强。当空间设计提到重要位置的时候，这样的宴会肯定就是广义的、有排场的、有仪式感的宴会，这时候处在宴会中心的食物已经不是宴会的目的了。

对狭义宴会与广义宴会的理解和接受与人们普遍的物质富足情况有关，在改革开放之前，除了国宴以外，大多数宴会都是狭义的宴会，即使在狭义宴会中也是简单、朴素的。自改革开放以来，中国的经济、文化飞速发展，宴会作为一个重要的社交方式也越来越受到人们的重视，在宴会的菜式组合、用餐方式、主题、流程、空间布置等方面都有了很大的变化。相应地，人们参加宴会的目的也不同于以往，在大部分中高档宴会中，饱腹的目的已经让位于文化体验、社交等。

在现代餐饮业分工中，上面关系图中心饮食的组合设计通常是厨师长的任务，对于中间层的环境、餐具、服务的安排通常是行政总厨、餐饮经理的任务。最外层的设计大多数时候是高端餐饮才有的需要，如国宴。普通宴会中涉及到这层设计需求的主要是婚宴、寿宴，以及一些高端的文化型宴会。

宴会设计的研究对象包括：各时期的饮食制度、餐具服饰设计、节令饮食习俗、古今中外的宴会主题及流程、相关文艺活动等。这些是宴会设计创意的来源，是现代宴会中各种环节设计的依据。

本课程的研究方法有：文献分析、社会调查、模拟设计。

文献分析，主要是针对中国古代相关的宴会文献、现代著名宴会资料的整理与分析。但不能止于此，现在是个开放的社会，我们还应该对国外的宴会资料进行整理分析，以求拿来为我所用。其中日韩等中华文化圈国家的宴会文化与中国的宴会文化比较容易互相参考，西方的宴会文化与中国宴会文化的差异较大，但可以拿来增加中国宴会的多样性与现代性。

社会调查，主要是针对中国各地宴会文化的田野调查，了解各地宴会的状况与特色。中国幅员辽阔，宴会风俗差异较大，其中的民俗元素是宴会设计的重要创意来源。

模拟设计，作为设计课程，不能把构想停留在书面上，只有模拟出来，才能了解设计在运行方面的可行性。根据需要，可以将宴会设计的内容进行分段模拟，比如菜肴组合部分、主题流程部分、空间布置部分。也可以进行模型化设计，将规模、空间缩小，但结构、流程不变。

宴会设计所涉及到的知识面较为广泛，因此，要学好这门课，除了烹饪专业的相关课程外，还需要对政治、历史、文学、民俗、艺术等课程有所了解。由于现代社会的多元性，宴会设计其实并无绝对的标准，主流文化与大多数人接受的设计固然是好的设计，非主流的、小众的宴会设计也并非完全不可行，要根据客户的要求来具体分析。

第二章　中国古代宴会制度

本章内容：介绍从先秦到清朝的中国历代宴会制度。

教学时间：5 课时

教学目的：通过对中国历代宴会制度的介绍，使学生理解中国宴会演进的原因，并且使这部分成为宴会设计的知识贮备，便于理解后面章节中关于主题、仪式、氛围设计的内容。

教学方式：课堂讲授。

教学要求：1. 理解宴会等级制度

2. 了解历代著名宴会的结构

3. 了解历代著名宴会菜单

作业要求：除教材中的内容，搜集整理古代的宴会资料。

第一节　先秦时期的宴会

先秦，指的是秦以前的历史时期，包括传说中的三皇五帝到夏商周秦这段时期，是中国宴会文明的缔造时期，后来各朝代的宴会大多是对这一时期宴会的丰富与简省。夏朝没有文字记载的历史，所留下的宴会知识我们只能从考古资料中去推测；商朝有文字，也有大量的饮食器具可以让我们了解当时的宴会状况，但也还是比较零散，也不成系统；周朝的制度完备，相比夏商更具有仪式上的美感。孔子说："夏礼，吾能言之，杞不足征也；殷礼吾能言之，宋不足征也。文献不足故也，足则吾能征之矣。"春秋时期，孔子已经没有足够的资料去了解夏商两朝的制度了，但周朝的宴会制度我们可以从《周礼》《礼记》《仪礼》《诗经》《楚辞》以及诸子百家的书中去了解。因此，我们研究先秦时期的宴会制度，主要研究的是周代的宴会制度。

一、宴会中的等级制度

礼之初，始诸饮食，是社会秩序的需要把参加宴会的人按照其身份、地位、年龄、功绩来分配食物、安排座位，人类社会的等级制也由此产生、明确、深入人心。先秦时期的宴会大约有四种类型：共食、祭祀、会议、庆典，都与等级制有关。

（一）周代宴会的等级制

周朝的宴会制度是先秦时期最为详细的，在《周礼》《仪礼》《礼记》中有比较详细的记载。虽然"三礼"的很多内容有可能是汉代儒者的作品，但还是研究周代饮食制度最为可靠的资料。

第一，是政治地位与食物数量的对应关系。这可以从餐具的数量来佐证。西周时期，贵族饮食、祭祀列鼎而食，到春秋时期，列鼎制度基本定型，虽各诸侯国的制度略有不同，但大致上是：天子九鼎、八簋、二十六豆；诸侯七鼎、六簋、十二至十六豆；大夫五鼎、四簋、六至八豆；士三鼎、二簋。普通人的宴饮则是："乡人饮酒，老者重豆，少者立食，一酱一肉，旅饮而已。及其后，宾婚相召，则豆羹白饭，綦脍熟肉。"旅饮是指共用一个酒杯，饮酒时依次传杯。

第二，是食物的种类。《礼记·王制》规定："诸侯无故不杀牛，大夫无故不杀羊，士无故不杀犬豕，平民无故不食珍。"因为牛、羊、豕都是用鼎来盛装的食物，鼎不是常用的食器，"珍"指的是礼记内则所说的"珍用八物"，只有在祭祀以及重要的接待、会盟等场合才会用。所以才无故不杀，无故不用。这里严格规定了各社会等级对于食物的使用规格。珍用八物："淳熬、淳毋、炮（炮豚、炮牂）、捣珍、渍、熬、肝膋、糁"这八物平民也是可以用的，但非平常食物，很可能是用于婚礼、冠礼这样的大典礼上。

第三，是年龄与食物数量的对应关系。中国是个农业社会，年长者的经验在族群是宝贵的财富，应此尊老就是人际关系中最重要的内容。相应地，老人在饮食的分配方面也就享有优先权。

第四，是身份与餐具材质之间的关系。青铜器是礼器，也是贵族的专用食器，平民只能用土陶食器、木质食器。宗族祭祀方面，参照等级制的饮食，其实是人间饮食伦理在祭祀中的反映。

第五，是宴会娱乐与政治身份的对应关系。孔子说："八佾舞于庭，是可忍，孰不可忍。"佾是舞列，礼法规定，天子乐舞有八佾，诸侯六佾，大夫四佾，士二佾。鲁国正卿季孙氏按规定只能用四佾，但他却用了八佾，这是僭越了礼法，因此孔子才说不可忍受。宴会上唱的歌词也有分别，《诗经·大雅》是王室大典宴会歌词；《诗经·小雅》是诸侯宫庭宴会歌词，《诗经·国民》则是非正式宴会和民间宴会上可以唱的歌词。

第六，是座次与身份的对应关系。先秦宴会座次以东向为尊，这样的宴会座次在司马迁的《史记》鸿门宴的场景中有清楚地描写："项王、项伯东向坐，亚父南向坐。亚父者，范增也。沛公北向坐，张良西向侍。"项羽是这场宴会上的主人兼最有实力的人，项伯是项羽的叔父，所以面朝东坐在最尊贵的位置；亚父范增是项羽重要的谋士，面朝南坐在次位；沛公刘邦本来与项羽平级，作为客人至少应该与范增同一个方向坐，但他在这个场合是来请罪的，随时有被杀的危险，所以坐的位置是再次一等面朝北的位置；张良是刘邦的随行人员，不是宴会上参与用餐的人，所以只能面朝西侍立于刘邦身旁。

（二）礼崩乐坏与宴会等级的僭越

春秋时期是孔子所说的礼崩乐坏的时代，饮食的等级制也开始崩坏，各地诸侯纷纷越级享受食物的排场，包括祭祀的仪式。鲁国国君行禘祭，而禘祭是天子大礼，因为鲁周公辅佐周朝开国有功，所以这个祭祀是允许鲁国用的，但孔子依然认为这是僭越的。随着诸侯、大夫势力的增强，这样的僭越在春秋时期的宴会中经常可以见到。齐国著名的大臣管仲在宴会饮酒时有反坫，孔子也批评管仲不知礼。坫是土筑的平台，互相敬酒后把空酒杯放还在坫上为周代诸侯宴会时的一种礼节，管仲只是大夫却僭越了诸侯。前面所说的季氏八佾也是僭越了诸侯。

这种僭越除了有周王室衰落的原因，也有生产力发展的因素。春秋时期各诸侯国的经济水平提高了，食物的供应也大大丰富了，当然也有反面的情况，比如周王室的宴会就摆不了以前的排场，一些小的诸侯或穷一些的士大夫的宴会或祭祀时食物的供应还是比较紧张的。孔子的学生子贡觉得告朔仪式上的饩羊可以简省下来，孔子说："你舍不得那只羊，我舍不得这个礼。"子贡的简省就是出于节省的考虑。实力强的大国则是另一种情况，庄子曾经讲过一个"庖丁解牛"的故事，故事发生在战国七雄之一的魏国，当时的国君梁惠王看庖丁杀牛之后，两人一番对话，梁惠王领悟了养生的道理。从这个故事，我们可知这不是一场出于重大祭祀、庆典需要而发生的屠宰，按照《礼记》的标准，就是属于无故杀牛。

《吕览本味》中写伊尹以至味说汤，列举了大量珍馐："肉之美者：猩猩之唇，獾獾之炙，隽触之翠，述荡之掔，旄象之约。流沙之西，丹山之南，有凤之丸，沃民所食。鱼之美者：洞庭之鳙，东海之鲕，醴水之鱼，名曰朱鳖，六足，有珠百碧。藿水之鱼，名曰鳐，其状若鲤而有翼，常从西海夜飞，游于东海。菜之美者：昆仑之蘋，寿木之华，指姑之东，中容之国，有赤木、玄木之叶焉；余瞀之南，南极之崖，有菜，其名曰嘉树，其色若碧；阳华之芸，云梦之芹，具区之菁；浸渊之草，名曰士英。和之美者：阳朴之姜，招摇之桂，越骆之菌，照鲔之醢，大夏之盐；宰揭之露，其色如玉，长泽之卵。饭之美者：玄山之禾，不周之粟，阳山之穄，南海之秬。水之美者：三危之露，昆仑之井，沮江之丘，名曰摇水；曰山之水；高泉之山，其上有涌泉焉，冀州之原。果之美者：沙棠之实；常山之北，投渊之上，有百果焉，群帝所食；箕山之东，青鸟之所，有甘栌焉；江浦之桔；云梦之柚；汉上石耳。"这段话当然是著作者的夸饰，不是伊尹时期的真实情况，也不可能同时出现在一个宴会上，但可以由此看出战国时以秦国为代表的这些诸侯们宴会食物的丰富程度。商朝末年纣王用象箸，就被人认为是过分奢侈，《本味》篇中的这份食材单超过象箸太多了。

先秦时期，日常生活中食物的匮乏与祭祀中食物的丰盛是并存的，当经济能力允许的时候，人们就有突破以往规矩的愿望，当政治实力允许的时候，僭越很自然地就发生了。

二、宴会的类型与场景

先秦时期的宴会有四种类型：共食、祭祀、会议、庆典。用于五种场合，分别是吉礼、凶礼、军礼、宾礼、嘉礼。吉礼是五礼之冠，主要是对天神、地祇、人鬼的祭祀典礼；凶礼是哀悯吊唁忧患之礼；军礼是师旅操演、征伐之礼；宾礼是接待宾客之礼；嘉礼是和合人际关系、沟通、联络感情的礼仪。五礼均有宴会的内容，其中以嘉礼与人们的生活关系最为密切，主要内容有：饮食之礼，婚、冠之礼，宾射之礼，飨燕之礼，脤膰之礼，贺庆之礼。这也是后世宴会的主要类型，但在社会中的重要性有所变化。

（一）共食的场景

共食是一个群体聚在一起吃饭，群体中一定会有长幼尊卑之别，那么大家在一起吃饭就会有一定的规矩。《论语》中“共饭不泽手”说的就是众人在一个食器中取食时的规矩。在原始社会，共食是经常发生的，在每一次打猎或战争之后都会发生。随着社会的发展，宴会的礼仪越来越讲究。共食则成为非正式宴会，存在于较低的阶层之间。

（二）祭祀的宴会场景

祭祀是向神或祖先献食，在这种场合，神与祖先就是地位尊贵的，主持祭祀的人其次，其他参与祭祀的人在这场祭祀中又次。不同身份等级的人祭祀的内容也不同，“天子祭天地，祭四方，祭山川，祭五祀，岁遍。诸侯方祀，祭山川，祭五祀，岁遍。大夫祭五祀，岁遍。士祭其先。”祭祀的名称也不一样，“天子、诸侯宗庙之祭：春曰礿，夏曰禘，秋曰尝，冬曰烝。天子祭天地，诸侯祭社稷，大夫祭五祀。”祭祀所用牺牲也按等级：“天子社稷皆大牢，诸侯社稷皆少牢。”“天子以牺牛，诸侯以肥牛，大夫以索牛，士以羊豕。”祭宗庙所用的食材有具体要求：“牛曰一元大武，豕曰刚鬣，豚曰腯肥，羊曰柔毛，鸡曰翰音，犬曰羹献，雉曰疏趾，兔曰明视，脯曰尹祭，槁鱼曰商祭，鲜鱼曰脡祭，水曰清涤，酒曰清酌，黍曰芗合，粱曰芗萁，稷曰明粢，稻曰嘉蔬，韭曰丰本，盐曰咸鹾。”普通人祭祀所用的食物为“春荐韭，夏荐麦，秋荐黍，冬荐稻。韭以卵，麦以鱼，黍以豚，稻以雁”。祭祀后，这些食物通常是参与祭祀的人一起食用，所以这些食物也就是相关宴会上的食物了。在祭祀以外的宴会上，食物的使用是有严格规定的：“诸侯无故不杀牛，大夫无故不杀羊，士无故不杀犬豕，庶人无故不食珍。庶羞不逾牲。”

（三）会议的宴会场景

会议主要指部落首领或诸侯之间的聚会，包括天子与诸侯的聚会，这种场合下的等级也是很明显的。周天子来到诸侯的地方，诸侯用一只小牛犊来招待；而诸侯来拜见周天子，天子则要用大牢来招待。诸侯互相拜访，宴席上也只敬郁鬯而已。天子设宴招待各国诸侯，用三重座席来招待，上的第一道菜是捣碎加以姜桂的干肉。周天子在所有的宴会上都是以主人的身份出现的，所谓“天子无客礼，莫敢为主焉”。宴会上的音乐也有规定，客人入门时奏《肆夏》，唱歌的人在上，演奏的人在下，以示尊崇人声。“乡饮酒”是当时常见的一种宴会，《论语·乡党》说：“食不厌精，脍不厌细。食饐而餲，鱼馁而肉败，不食。色恶，不食。臭恶，不食。失饪，不食。不时，不食，割不正，不食。不得其酱，不食。肉虽多，不使胜食气。唯酒无量，不及乱。沽酒市脯，不食。不撤姜食，不多食。”这是对乡饮酒宴会上的言行举止及食物制作、搭配所提的一些要求。参加“乡饮酒礼”的人分为“主”“宾”“介”三类。主是宴会的主人，宾、介是宴会的客人，宾的地位比介要高，主、宾、介的食物分配是不同的。以乡饮酒礼上狗肉的分配来看，“宾俎，脊、胁、肩、肺；主人俎，脊、胁、臂、肺；介俎，脊、胁、肫、胳、肺。”宾所分到的肩是最好的部分，主人分到的臂其次，介所分到的胳是狗体上肉最少的部分。《诗经·大雅·韩奕》描写了显父招待韩侯的宴会场景：“韩侯出祖，出宿于屠，显父饯之，清酒百壶。其肴维何，炰鳖鲜鱼，其蔌维何，维笋及蒲。其赠维何，乘马路车，笾豆有且，侯氏燕胥。”宴会上没有牛羊犬豕这样的大菜，只是“炰鳖鲜鱼”“维笋及蒲”和笾豆里的一些食物，可知是一场并不隆重的宴会，也符合显父与韩侯的身份。

（四）庆典的宴会场景

庆典的内容比较复杂一些，有王室内部的各种庆典，也有庆功、祝捷、婚礼之类的庆典，总的来说，是以地位高者为尊，或以有功者为尊。宴会坐席有两种：“南乡北乡，以西方为上；东乡西乡，以南方为上。”直到汉代初年仍是如此。坐姿要求“虚坐尽后，食坐尽前”。这样在进食时不会把食物掉在筵席上。

三、食器的类型与使用

不同等级宴会中的食器的多少与使用规则也是不一样的，如在公食大夫礼中出现的食器就有“鼎”“匕”“俎”“豆”“簋”“镫”“铏”“觯”“丰”等，还有作为仪式道具的“槃、匜”。这些食器一般是组合出现的。

（一）鼎簋组合

鼎与簋是先秦宴会上经常搭配使用的食器，鼎为单数，簋为双数，周天子是天子九鼎八簋，诸侯七鼎六簋，大夫五鼎四簋。作为祭器的鼎和作为炊具的鼎一般比较大，下面可以生火，放在食案上的鼎则要小得多，鼎足之间不需要生火。先秦贵族列鼎而食，说的应是食案上所放的鼎。鬲三足中空，饮食中的用途与鼎相似，后人常常鼎鬲互文。在春秋战国时期，鬲逐渐衰落，被其他器具代替。镬是无足之鼎，圆形，类似后代的大锅，不会出现在食案上。

簋一般是圆口双耳，无足。簋通常是用来盛饭食。后世簋与鼎一样，成为餐具的代称，用途也不限于盛饭食，在鼎衰落以后，簋是餐桌上常见的盛大菜的餐具。西安市长安区马王村出土的“太师小子簋”通高 25 厘米，最大腹径 16 厘米，足径 13 厘米，大小与今天的汤碗、汤盆的容量相近（图 2–1）。

图 2–1　河北博物院藏九鼎八簋

（二）笾、豆、盘、俎组合

笾和豆是先秦时期普遍使用的一种礼器、餐具。笾与豆外形相似，区别在于笾稍扁平、矮足、初为竹制；豆则是高足、略深，初为木制。笾与豆盛放的食物不同。周礼的四笾之实：朝事之笾盛放的是“麷、蕡、白、黑、形盐、膴、鲍鱼、鱐”；馈食之笾盛放的是“枣、栗、桃、干、䕩、榛实”；加笾盛放的是“蔆、芡、栗、脯”；羞笾盛放的是“糗、饵、粉、餈”。四豆之实：朝事之豆盛放的是“韭菹、醓醢、昌本、麋臡，菁菹、鹿臡、茆菹、麇臡”；馈食之豆盛放的是“葵菹、蠃醢、脾析、醓醢、蜃、蚳醢、豚拍、鱼醢”；加豆盛放的是“芹菹、兔醢、深蒲、醓醢、箈菹、雁醢、笋菹、鱼醢”；羞豆盛放的是“酏食、糁食”。可见，笾主要用来盛果、脯、粉、饵之类干性的食物，豆主要用来盛有汁水的各种发酵的食物。早期的豆没有盖，周朝以后至春秋时期，带盖的豆逐渐流行。盖既可以保温，也可以翻过来当盛器用。现代人印象中的盘都是扁平的，但先秦时用在祭祀中的盘有些非常深，容量很大，如著名的虢季子白盘形如一个大浴缸。用在餐桌上的盘一般的用途与豆相似，有些有桌面加热的功能，如湖北随州曾侯乙墓出土的青铜炉盘，通高 21.2 厘米，上层为盘，口径 39.2 厘米，上盘足高 9.6 厘米，下层为放木炭的炉，口径 38.2 厘米，下盘足高 7.5 厘米，链长 20 厘米，重 8.4 千克。出土时盘内还有鲫鱼骨，专家推测为煎烤食物的器具。《楚辞》中“煎鰿”，就是煎鲫鱼，应该是在类似的炉盘上煎的。俎是砧案，在西周时期常用作祭祀器，也是很常见的餐具，用来盛放菜品。先秦时期的俎多是铜质的，汉代俎有不少是漆器或木器的。

（三）酒水具组合

酒水具的组合有盛酒器、温酒器与饮酒器三个部分。

盛酒器有：尊，圈足，圆腹或方腹，长颈，敞口，口径较大。觥，椭圆形腹，圈足或四足，前有短流后有半环状环鋬，皆有盖，盖作有角兽首形。方彝，长方形器身，带盖，直口，直腹，圈足，器盖上小底大，做成斜坡式屋顶形，圈足上往往每边都有一个缺口，盖与器身往往铸有 4 条或 8 条凸起的扉棱，全器满饰云雷纹地，上凸雕出兽面、动物等纹样，给人以庄重华丽的感觉。卣，圆形，椭圆形，底部有脚，周围雕刻精美的工艺图案。罍，体量略小于彝，有方形和圆形两种，在《诗经》中多次出现，用以盛酒，且容量较大。瓿，《说文解字》：“瓿，甂也。”“甂，似小瓶，大口而卑，用食”。缶，盛水或酒的器皿，圆腹、有盖，身上有环耳，也有方形的，宴会上也用作乐器。壶主要用作盛酒器，长颈，直口或微侈口，深鼓腹，下附圈足，腹部形状可分为椭圆腹壶、圆腹壶、圆角长方形（或称“椭方形”）腹壶、方形腹壶、扁鼓形腹壶六类。觯形似尊而小，有的有盖，是中国古代传统礼器中的一种，盛酒用。流行于商朝晚期和西周早期。在乡饮酒礼中，觯也是经常出现的。

温酒器尺寸相差较大，《考工记・梓人》引《韩诗》云：“一升曰爵，二升曰觚，三升曰觯，四升曰角，五升曰散。”容量不同，表示使用的场合有区别。具体的各类有：爵，是较早出现用于盛放、斟倒和加热酒的容器，属贵族阶层使用，在结盟、会盟、出师、凯旋、庆功、宴会时，贵族阶层就用这类酒具。角与爵相似但较大。觚的形状圈足，敞口，长身，口部和底部都呈现为喇叭状。斝通常用青铜铸造，三足，一錾，两柱，圆口呈喇叭形。商汤打败夏桀之后，定为御用的酒杯，诸侯则用角。鐎是温酒之器，圆腹，扁体，小口，直颈，有盖，上腹部有流，曲喙，肩上有提梁，常以链索与盖相连，腹下作三或四蹄足，是后世提梁壶的原型。

饮酒器通常称为杯。小一些的温酒器也可以作为饮酒器来使用。杯的形制可分成两类：觚形杯，大口，长筒状腹而束腰，圈足极低同，器身外形似粗体觚，但更粗矮，且没有觚那种高圈足；耳杯，器腹与口部横截面皆作椭圆形，敞口，浅腹，平底，长边口沿接一对与口部平行的长弧形把手（图 2-2）。

图 2-2　先秦酒具

（四）碗、盆组合

碗是个体使用的食器，一般用来盛主食，器形与今天的碗相差不多；盆可以用来盛水、盛汤、盛煮熟的食物，用途广泛。

四、宴会食物的内容及摆放方式

（一）《礼记·内则》常用宴会饮食

饭：黍，稷，稻，粱，白黍，黄粱，稰，穛。

膳：膷，臐，膮，醢，牛炙。醢，牛胾，醢，牛脍。羊炙，羊胾，醢，豕炙。醢，豕胾，芥酱，鱼脍。雉，兔，鹑，鷃。

饮：重醴，稻醴清糟，黍醴清糟，粱醴清糟，或以酏为醴，黍酏，浆，水，醷，滥。

酒：清、白。

羞：糗，饵，粉，酏。

食：蜗醢而苽食，雉羹；麦食，脯羹，鸡羹；析稌，犬羹，兔羹；和糁不蓼。濡豚，包苦实蓼；濡鸡，醢酱实蓼；濡鱼，卵酱实蓼；濡鳖，醢酱实蓼。腶修，蚳醢，脯羹，兔醢，麋肤，鱼醢，鱼脍，芥酱，麋腥，醢，酱，桃诸，梅诸，卵盐。

（二）食物的摆放方式

先秦时期宴会的食物也都是按制度的要求来摆放的，《礼记·曲礼》中食物摆放的位置："凡进食之礼，左殽右胾，食居人之左，羹居人之右。脍炙处外，醯酱处内，葱渫处末，酒浆处右。以脯修置者，左朐右末。"梜是先秦时期的筷子，使用也有规定："羹之有菜者用梜，其无菜者不用梜。"宴会上菜品与餐具的使用往往有寓意，"鼎俎奇而笾豆偶，阴阳之义也。笾豆之实，水土之品也。不敢用亵味而贵多品，所以交于旦明之义也。笾豆之荐，水土之品也，不敢用常亵味而贵多品，所以交于神明之义也，非食味之道也。先王之荐，可食也而不可奢也。"节俭是宴会上儒家的理想，但这样的节俭对于平民来说却是可望而不可及的奢侈。

以公食大夫礼为例，了解一下先秦宴会的流程。这是国君以礼食小聘大夫的宴会形式，属于嘉礼。

1. 三请三辞

宾介邀请大夫三次，大夫辞让三次。

2. 设筵

肉煮熟时，甸人陈放七鼎。在旁边对着门的方向还要安放用来覆鼎的扃鼏；在东边堂下设槃匜供客人盥洗；宰夫设筵，在筵上加席与几。酒、浆饮品放在宴会的堂上，厨师的工具放在东边的房间，东房是宴会准备食物的地方。

3. 上菜

士将鼎抬上，去掉鼎的扃鼏，雍人将俎放在鼎的南面，旅人则在鼎里放上匕。然后主宾依次净手入席。鱼、腊熟，皮朝上端上来。鱼有七条，肚皮朝南放在俎上。此外还有肠、胃、伦肤等食物，也是七份，横着放在俎上。然后宰夫上醯酱等调味品。再上六个豆，放在酱的东边，最西边放的是韭菹，向东是醓醢、昌本；昌本南边是麋臡，然后向西是菁菹、鹿臡。士将俎放在豆的南边，由西向东依次是牛、羊、豕，鱼在牛南边，然后依次是腊、肠胃，肤单独放在俎的东边。旅人与甸人将匕与鼎撤下。宰夫将盛装了黍、稷的六簋放在于俎的西边，两个并排，以东北为上。黍对着牛俎，西边是稷，交错排列放在南边。大羹盛在镫里，由小宰递给公，公将其放置于酱的西边。宰夫将四鉶放在豆的西面，东边放牛藿，西边放羊苦，羊南是猪薇，猪东是牛羹。觯里装着清酒，由宰夫进上，放在豆的东边。至此，宴会的正菜准备完毕。此外还有其他菜品如“腳、臐、膮、牛炙、牛胾、醢、牛鮨、羊炙、羊胾、豕炙、豕胾、芥酱、鱼脍”等。此外，第二天还有拜食：“上大夫八豆，八簋，六鉶，九俎，鱼腊皆二俎；鱼，肠胃，伦肤，若九，若十有一，下大夫则若七，若九。庶羞，西东毋过四列。上大夫，庶羞二十，加于下大夫，以雉、兔、鹑、鴽。”

第二节　汉唐时期的宴会

一、汉代宴会制度的重建

春秋战国的礼崩乐坏破坏了自西周建立起来的饮食伦理，秦统一后的焚书坑儒以及对六国礼器的搬运迁移进一步破坏了先秦时期的饮食制席。汉朝建立之初，朝堂上制度未立，叔孙通带着他的弟子们参照秦国的制度进行一定程度的损减，使新王朝的那些粗鲁的将军们很快掌握了与其身份相适应的仪礼，其中当然也包括宴会制度。

（一）宴会的排场

汉代王侯到平民，宴会饮食的排场都超过了先秦时期。

1. 汉赋中的贵族宫廷宴会

枚乘《七发》中，吴客说楚太子：“犓牛之腴，菜以笋蒲。肥狗之和，冒以山肤。楚苗之食，安胡之飰，抟之不解，一啜而散。于是使伊尹煎熬，易牙调和。熊蹯之胹，芍药之酱。薄耆之炙，鲜鲤之鱠。秋黄之苏，白露之茹。兰英之酒，酌以涤口。山梁之餐，豢豹之胎。小飰大歠，如汤沃雪。此亦天下之至美也，太子能强起尝之乎？”这段话里有主食“楚苗之食，安胡之飰”；有菜品“犓牛之腴，菜以笋蒲。肥狗之和，冒以山肤……熊蹯之胹……薄耆之炙，鲜鲤之鱠。……山梁之餐，豢豹之胎”；有调味“芍药之酱……秋黄之苏，白露之茹”；有酒水“兰英之酒”；有厨师“伊尹煎熬，易牙调和”。这完全就是对一场宴会食物的描述。虽然是文学作品，但《七发》的这段描写并无龙肝凤髓之类的想象出来的食物，都是在贵族的餐桌上出现过的食物。

班固在《东都赋》里写宫庭宴会：“庭实千品，旨酒万钟，列金罍，班玉觞，嘉珍御，太牢飨。尔乃食举《雍》彻，太师奏乐，陈金石，布丝竹，钟鼓铿鎗，管弦烨煜。抗五声，极六律，歌九功，舞八佾，《韶》《武》备，泰古华。四夷间奏，德广所及，僸佅兜离，罔不具集。万乐备，百礼暨，皇欢浃，群臣醉，降烟煴，调元气，然后撞钟告罢，百寮遂退。”没有实写宴会上的食物，但是将宴会场景全部描绘出来，也可以看作是一种实录，食物“庭实千品，旨酒万钟……嘉珍御，太牢飨”；餐具“列金罍，班玉觞”；乐舞“食举《雍》彻，太师奏乐，陈金石，布丝竹，钟鼓铿鎗，管弦烨煜。抗五声，极六律，歌九功，舞八佾，《韶》《武》备，泰古华”；流程“万乐备，百礼暨，皇欢浃，群臣醉，降烟煴，调元气，然后撞钟告罢，百寮遂退”。图 2–3 为汉代画像砖上的宴会。

图 2–3 汉代画像砖上的宴会

类似的描写在汉赋中经常可以见到，多数是文学的夸张，但也有很多是来源于生活的。曹植的《七启》写宴会饮食：“芳菰精粺，霜蓄露葵，玄熊素肤，肥豢脓肌。蝉翼之割，剖纤析微；累如叠縠，离若散雪，轻随风飞，刃不转切。山鵽斥鷃，珠翠之珍。寒芳苓之巢龟，脍西海之飞鳞，臛江东之潜鼍，臇汉南之鸣鹑。糅以芳酸，甘和既醇。玄冥适咸，蓐收调辛。紫兰丹椒，施和必节，滋味既殊，遗芳射越。乃有春清缥酒，康狄所营，应化则变，感气而成，弹徵则苦发，叩宫则甘生。于是盛以翠樽，酌以雕觞，浮蚁鼎沸，酷烈馨香，可以和神，可以娱肠。此肴馔之妙也，子能从我而食之乎？”这些食物不可能同时出现在宴会上，甚至有些只是传说，但还是可以看得出东汉末年贵族们及时行乐的宴会梦想。

相比较而言，这一时期儒家学者整理的《礼记》《仪礼》《周礼》中的宴会制度更可能出现在人们的生活中。第一节所介绍的《曲礼》中的食物摆放位置应该就是汉代儒家学者根据先秦制席进行的设计，而他们在实际的生活中也会按此要求来做。

2. 民间宴会

《盐铁论·散不足》中则记载了普通人宴会饮食的变化：“古者……今民间酒食，殽旅重叠，燔炙满案，臑鳖脍鲤，麑卵鹑鷃橙枸，鲐鳢醢醢，众物杂味；古者……今宾昏酒食，接连相因，析酲什半，弃事相随，虑无乏日；古者……今闾巷县佰。阡伯屠沽，无故烹杀，相聚野外。负粟而往，挈肉而归。夫一家之肉，得中年之收，十五斗粟，当丁男半月之食；古者……今富者祈名岳，望山川，椎牛击鼓，戏倡舞像。中者南居当路，水上云台，屠羊杀狗，鼓瑟吹笙。贫者鸡豕五芳，卫保散腊，倾盖社场。”通过古今对比，我们可以看出在经济发达背景下的饮食等级制所受的冲击，当时民间宴会的规格已经超过了春秋时期贵族的标准。

先秦时期的宴会等级制的背景是生产力低下，食物匮乏。到了汉代，社会相对安定，生产力迅速发展。据《史记》记载西汉时的养殖业与种植业规模很大：“陆地牧马二百蹄，牛蹄角千，千足羊，泽中千足彘，水居千石鱼陂，山居千章之材。安邑千树枣；燕、秦千树栗；蜀、汉、江陵千树橘；淮北、常山已南，河济之间千树萩；陈、夏千亩漆；齐、鲁千亩桑麻；渭川千亩竹；及名国万家之城，带郭千亩亩锺之田，若千亩卮茜，千畦姜韭”粮食多了，酿造业也很发达：“通邑大都，酤一岁千酿，醯酱千瓨，浆千甔”。百工也不落后：“屠牛羊彘千皮，贩穀粜千锺，薪千车，船长千丈，木千章，竹竿万个，其轺车百乘，牛车千两，木器髤者千枚，铜器千钧，素木铁器若卮茜千石，马蹄躈千，牛千足，羊彘千双，僮手指千，筋角丹沙千斤，其帛絮细布千钧，文采千匹，榻布皮革千石，漆千斗”，“狐鼦裘千皮，羔羊裘千石，旃席千具”，食物丰富，饮食的消费水平必然上升，百业兴盛，产生了很多巨富，尤其是商贾，他们的饮食消费水平更高，因而先秦的宴会等级制度在汉代就实行不下去了。

（二）饮食礼仪

礼仪是宴会制度的重要组成部分。西汉七年，长乐宫建成，汉高祖刘邦按新设计排练好的礼仪大宴群臣，“自诸侯王以下莫不振恐肃敬。至礼毕，复置法酒。诸侍坐殿上皆伏抑首，以尊卑次起上寿。觞九行，谒者言“罢酒”。御史执法举不如仪者辄引去。竟朝置酒，无敢讙譁失礼者。於是高帝曰：吾乃今日知为皇帝之贵也。”这是汉代宴会礼仪第一次正式亮相，之后经儒家的努力代代完善。

在大飨宴上，用玄尊薄酒，俎上放鱼脍，先上不调味的大羹，然后才是各种菜品，主食先黍稷后稻粱，以示对饮食之本的尊崇。

共食仍是汉代常见的宴会形式，《礼记》：“共食不饱，共饭不泽手。毋抟饭，毋放饭，毋流歠，毋咤食，毋啮骨，毋反鱼肉，毋投与狗骨。毋固获，毋扬饭。饭黍毋以箸。毋嚃羹，毋絮羹，毋刺齿，毋歠醢。客絮羹，主人辞不能亨。客歠醢，主人辞以窭。濡肉齿决，干肉不齿决。毋嘬炙。卒食，客自前跪，彻饭齐以授相者，主人兴辞于客，然后客坐。侍饮于长者，酒进则起，拜受于尊所。长者辞，少者反席而饮。长者举未釂，少者不敢饮。长者赐，少者、贱者不敢辞。”这是对于共食的礼仪性要求。“共食不饱”是因为吃得太多有失谦让之道。“共饭不泽手”，可见人们是在一个盛饭的盆中用手直接取饭，方法类似于今天日本的握寿司。因为大家在一个盆中取饭，如果手上有水或菜汁，会脏污盆中的饭，抟饭、放饭也会让别人觉得饭不干净了，而别人出于礼貌虽然心中厌恶却又不好意说。吃饭时不扔骨头喂狗，不啃干肉，饭后不剔牙等看起来不雅观，所以也不能做。还有与长者一起吃饭时的应对礼节等。

二、民族融合与宴会形式

原本在河套地区就是汉胡杂处的，西汉武帝征匈奴、通西域更加强了民族的交流与整合，黄瓜、大蒜、胡荽、苜蓿等食材也陆续传入中国。南北朝至隋唐，是中国历史上一个民族大融合的时期。西晋灭亡后，中国北方经历了十六国的战乱，十六国绝大多数是少数民族建立的政权，之后的南北朝，北魏、北齐、北周也都是游牧民族建立的政权。他们的饮食文化与汉族的饮食文化也在这一时期得到了最广泛的交流与融合。

（一）胡风对宴会坐姿的影响

这一时期，胡床、胡椅传入中国并在贵族宴会中逐渐流行。《晋书·五行志》说西晋：“泰始之后，中国相尚用胡床貊槃，及为羌煮貊炙，贵人富室，必畜其器，吉享嘉会，皆以为先。”从先秦到两汉，中国人都是席地跪座，胡床胡椅流行，使得中国人逐渐改成垂足坐。坐时有椅子或凳子，餐桌也随之升高。

图 2–4 是陕西长安县南里王村发掘的小型唐墓中的壁画，画中一个大案，上面的食物非常丰富，案前一个花形大盆，里面放着一把勺子，盛的应该是酒。从服饰分析，可能是唐代中下层官吏。画中人们用餐时已经可以垂足坐了，这样的

用餐方式显然已经用不着食案。人们的坐具是宽宽的长凳，长凳的宽度足够客人在上面盘膝坐。画中的客人有盘膝的，有垂一足的，这样的坐姿在今天佛寺的罗汉塑像上还可以看见。

图 2–4　陕西长安县南里王村唐墓壁画

图 2–5 是南唐时的《韩熙载夜宴图》，虽然主人韩熙载与他的贵宾是盘腿坐在胡床上，但整个场景已经是垂足坐的宴会了。画中的食案与坐具也已经非常精美。所坐的椅子已经可以见到后来明式家俱的雏形，椅面垫了软垫，靠背上还套了椅套。

图 2–5　《韩熙载夜宴图》饮宴场景

（二）菜品的改变

1. 大型菜品的出现

民族融合给汉唐的宴会上带来异域风情的大型菜品，改变了从先秦时期传下来的典雅礼乐食风。

（1）浑炙犁牛烹野驼，出自岑参的诗《酒泉太守席上醉后作》。浑炙犁牛是整烤的牦牛，烹野驼与整烤牦牛放在一起说，也可以表明是整烤的。这无疑是世界上最大型的烧烤菜肴。唐代的吐蕃人在宴请外国客人时一定要有牦牛供馔，所以岑参在酒泉太守的宴会中吃到这道菜在西北地区算是正常的情况。

（2）浑羊殁忽是一种制法与吃法都很奇特的菜，将粳米与肉填在鹅腹中，再将鹅放在羊腹中，缝好后用火烤，待羊烤熟即可。吃的时候弃羊肉不食而专食鹅肉。殁忽是西北游牧民族的语言，这种做法无疑是来自西北的，但用米肉填鹅腹这样的做法又很像是汉族人的做法。浑羊殁忽在唐代是宫廷菜，这样奢侈的吃法也只有在宫廷与权贵中间可以流行。

（3）于阗全蒸羊，从菜名就可以看出，这是从新疆于阗传来的菜肴，在后周广顺年间，成为宫廷菜。这是一道用蒸法制成的整羊菜品，这样大型的蒸菜在中原地区很少出现。

2. 异域风情的吃法

游牧民族的一些制作菜品的方法在中原地区也会使用，但调味方法与食用的方法则常与中原风味差异较大。

（1）貊炙，是汉代东北地区貊族的饮食，在汉武帝太始年间的中国流行。据《释名·释饮食》的解释，是整烤猪羊之类的菜，烤熟之后，由食者各自用刀割食。

（2）胡炮肉，见于《齐民要术》的记载。是将一岁多的肥白羊宰杀后，肉与脂肪都切如细叶，加整料豆豉、盐、葱白、生姜、花椒、荜拨、胡椒一起拌匀，装入洗净的羊肚中缝好，放入烧红的土坑中炕熟。这是典型的游牧民族吃法，但调味料中加豆豉、花椒又是汉族人的调味方法。

（3）羌煮，是羌族人做法，用鹿头肉配浓猪肉汤一起煮成的羹。

（4）热洛河，唐玄宗曾令射生官射鹿，“取血煎肠食之，谓之热洛河”，以此赏赐安禄山与哥舒翰。对于早已告别茹毛饮血的汉族人来说，这是一种非常奇怪的吃法。

3. 饮品的新风味

（1）酪浆，用牛羊奶半发酵制成的饮料，类似于酸奶，主要产于中国北方，是游牧民族擅长制作的饮料。南北朝时南方的汉族人已经不习惯饮酪浆。但到了唐朝，由酪浆进一步加工而得的醍醐却被当成顶级的饮品，并产生了醍醐灌顶这个成语。

（2）葡萄酒，是汉代从西域传入中国，唐代诗人王翰的《凉州词》：“葡萄美酒夜光杯”让它成为非常著名的美酒。

4. 主食的新品种

（1）面条在中国出现于汉魏或更早一些。面条的出现与小麦关系密切，一般认为在4000多年前小麦从西域传入中国，大约在那个时间段的青海地区也出现了以小米为原料的面条。在西汉时，面条称为馎饦，到东汉时称为汤饼、索饼，到南北朝时称为水引。到隋唐时期，馎饦有十多种形状，其中有一种，以生羊肉垫碗底，上面盖馎饦，再浇上五味汁，用花椒与酥来调味，称为“鹘突不托”，从名称到调味都有游牧民族风味。到唐末五代时，陕西甘肃一带还盛行以面条为主的“汤饼盛筵”。

（2）胡饼类。胡饼在汉代传入中原，东汉灵帝喜食胡饼，以至于京师效仿，大家都流行吃胡饼。胡饼种类很多，其中有一种大号的类似于烧饼的羊肉胡饼在唐代豪门之间一度流行。《唐语林》：时豪家食次，起羊肉一斤，层布于巨胡饼，隔中以椒、豉，润以酥，入炉迫之，候肉半熟而食之，呼为“古楼子”。这个胡饼类似于后来的酥饼、烧饼，吃的时候夹肉又类似于肉夹馍与三明治。

（三）礼仪的改变

相应的游牧民族与汉族的社会制度不一样，饮食宴会的礼仪也就不同。十六国时期的那些游牧民族建立的政权汉化不彻底，其宴会制度就会明显带有其原来的印迹。在大的礼仪制度上，汉唐宴会还是遵循周礼以来的制度的，而在宴会乐舞方面则对游牧民族的乐舞有比较多的借鉴，甚至是直接拿来运用。岑参在《酒泉太守席上醉后作》中写道：“酒泉太守能剑舞，高堂置酒夜击鼓。胡笳一曲断人肠，座上相看泪如雨。琵琶长笛曲相和，羌儿胡雏齐唱歌。”诗中提到有剑舞、击鼓、胡笳、琵琶等。

1. 剑舞

作为军中宴会，有剑舞是很正常的。鸿门宴时就有项庄舞剑，后来的《三国演义》中，作者还安排了群英会上周瑜舞剑的情节，这也是军中宴会。但在唐朝，这样的剑舞似乎发展成一种专门的表演——“剑器舞”。“剑器舞”相传自西域传入，本是军中乐舞，其舞用女妓，雄装空手而舞。唐玄宗侍女公孙大娘的剑器舞被杜甫推崇为第一。

2. 击鼓

鼓乐也受西域影响很大，在汉唐宴会上使用也比较多。四川省成都市天回山东汉崖墓出土一件“击鼓说唱陶俑”，陶俑左臂环抱一扁鼓，右手举槌欲击，张口嘻笑，神态诙谐，动作夸张。东汉末年，弥衡在宴会上裸衣击鼓辱骂曹操，可见也是当时流行的乐器。唐代李商隐的《龙池》："龙池赐酒敞云屏，羯鼓声高众乐停"，描写的是唐玄宗的宴会上羯鼓演奏的情景。羯鼓是北方游牧民族的乐器。

3. 胡笳

这是西汉张骞自西域传入的管乐器，在汉末三国时期的宴会中较为常见。东汉末年蔡文姬被掳入匈奴，创作出著名的《胡笳十八拍》。

4. 琵琶

在汉唐时期琵琶已经成为宴会中常用的乐器。《琵琶行》中的琵琶女年轻时就曾在京城教坊为各种宴会演奏，在浔阳江边遇到白居易送客，又为他们演奏了两曲，白居易为此与朋友"添酒回灯重开宴"。

三、汉唐的主题宴会

汉唐宴会名目很多，总的说来有几大类，一是与节令相关的，二是与政务相关的，三是与文人雅集相关的，四是与人情往来相关的。

（一）节令主题宴会

这一时期与节令相关的主题宴会有清明宴、曲江宴、上巳宴等。东晋永和九年上巳，王羲之与朋友在兰亭雅集曲水流觞成为中国历史上最著名的春节宴会。上巳前后的宴会在这一时期有不同的名称，有的是按事情而得名，这时节的祭祀活动之后所举行的宴会称为清明宴，但宴会内容则不一定与祭祀相关，如祖咏诗《清明宴司勋刘郎中别业》写的是"霁日园林好，清明烟火新。以文常会友，唯德自成邻。"那就是一场文人雅集。因为在当时的社会氛围里，这样的祭祀活动与现实生活相关的就是踏青娱乐活动。曲江宴也是上巳节时举行的，皇家、官员、士庶均可参加，宴会的名称则来自于宴会场所的名称。唐代吕温的《三月三日茶宴序》则描绘了一场以茶代酒的宴会景致，这是一场以茶饮意境为主题的上巳宴会。其他季节的主题宴会基本与此类似。

（二）政务主题宴会

官员们经常要参加的官场上的各类宴会，不论是皇帝赐宴，还是长官邀宴，大多可以称为政务主题宴会。如东汉末年应玚参加曹丕的建章台宴集，这场宴会的潜在主题当然是曹丕为了收拢人才，而宴会上的众人也大多是不得不来参加，因为曹丕是以五官中郎将的身份邀约的。皇帝赐宴则更为常见。唐代诗人沈佺期参加了兴庆池的一场宴会，在他看来，"汉家城阙疑天上，秦地山川似镜中"，帝王及朝臣都如天上的神仙一样。这类的宴会中，参加宴会的客人们大多不会留意吃到了什么样的美食，他们的感官已经完全被宴会场景的奢华所吸引。

与科举相关的宴会是重要的主题。鹿鸣宴是官府宴会，各地为乡试新中举的举人办的。据《新唐书·选举志上》载："每岁仲冬……试已，长吏以乡饮酒礼，会属僚，设宾主，陈俎豆，备管絃，牲用少牢，歌《鹿鸣》之诗，因与耆艾叙长少焉。"宴会上以乡饮酒礼，用到少牢，还要唱《鹿鸣》之诗，完全就是为了表达乡里举贤的古意。

（三）雅集主题宴会

汉晋时人多追求长生，这样的风气也直接反应在宴会中。汉代有一首《艳歌》描写了这样的宴会氛围："今日乐上乐，相从步云衢。天公出美酒，河伯出鲤鱼。青龙前铺席，白虎持榼壶。南斗工鼓瑟，北斗吹笙竽。姮娥垂明珰，织女奉瑛琚。苍霞扬东讴，清风流西歈。垂露成帏幄，奔星扶轮舆。"这是一场由仙人提供服务的宴会，也是当时权贵们的至高理想。

雅集主题在文人之间非常普遍，而各种雅集宴会中，夜宴又是最常见的。汉诗中有著名的诗句："昼短苦夜长，何不秉烛游！"唐代温庭筠的《夜宴谣》描写了一场奢华的晚唐夜宴："长钗坠发双蜻蜓，碧尽山斜开画屏。虬须公子五侯客，一饮千钟如建瓴。鸾咽姹唱圆无节，眉敛湘烟袖回雪。清夜恩情四座同，莫令沟水东西别。亭亭蜡泪香珠残，暗露晓风罗幕寒。飘飖戟带俨相次，二十四枝龙画竿。裂管萦弦共繁曲，芳樽细浪倾春醁。高楼客散杏花多，脉脉新蟾如瞪目。"

（四）人情往来主题宴会

射礼宴，"射"乃春秋六艺之一："君子无所争，必也射乎，揖讓而升，下而饮，其争也君子。"东汉末祢衡在黄祖太子的射礼宴上写下著名的《鹦鹉赋》。

这类宴会中最有名的是烧尾宴。《封氏闻见记》："士子初登荣进及迁除，朋僚慰贺，必盛置酒馔音乐，以展欢宴，谓之烧尾。"《辨物小志》："唐自中宗朝，大臣初拜官，例献食天子，名曰烧尾。"可见烧尾宴有两种情况，一种是在朋友同僚间举行，另一种是大臣向皇帝献食，但两者都与升迁有关。烧尾宴的得名有三种说法：一说是鲤鱼跃龙门时，必须有天火把尾巴烧掉才能跃过龙门变成龙；二说是新羊初入羊群容易受欺负，只有烧掉尾巴才能被接受；三说是老虎变人，但尾巴不能变没，只有烧掉尾巴才能真正变成人。可见烧尾是由民间传说而来。唐代的烧尾宴留下菜单的是韦巨源在景龙二年官拜尚书左仆射时为敬奉唐中宗而举办的那次宴会，食单载于《清异录》中。

四、汉唐宴会的食器

（一）传统食器

汉代的陶器与青铜器餐具继续使用，但青铜器的象征意义被弱化了。《盐铁论·散不足》说当时人的餐具："今富者银口黄耳，金罍玉钟；中者野王纻器，金错蜀杯，夫一文杯得铜杯十，贾贱而用不殊。"金罍玉钟在先秦时期不是平民的食器，现在只要是富者就可以用，可见先秦时的等级制度经过秦汉之际的战争已经被破坏。纻器指的是漆器，马王堆汉墓出土了大量的漆器餐具，其造型基本仿青铜器但比较小。汉代青铜器也变小了，可以放在桌上，当然也就不适合当成烹饪器具来使用。这样一来青铜器的礼器的性质就减弱了。

案是宴会食物摆放的平台，不同等级、不同场合的案的大小是有区别的。东汉梁鸿的妻子孟光为表示对丈夫的尊重，每天上食时举案齐眉，可见这个案不会很重很大。北京大葆台汉墓中出土一件鎏金漆案，长约 2 米，宽约 1 米，应该是大型宴会所用。马王堆汉墓出土的漆器食具有鼎、盒、壶、卮、耳杯、盘、鲂等，是可以放在大食案上的。

图 2-6 为汉代漆食案、漆盘与漆杯。

图 2-6　汉代漆食案、漆盘与漆杯

（二）餐具的改变

1. 貊盘

貊盘是东北貊族人的餐具，汉代传遍中国。在西晋的宴会上，使用貊盘被认为是一件荣耀的事。貊盘是上菜用的餐盘，功能类似于今天的托盘。西晋是一个奢侈成风的朝代，能被当时人推崇的貊盘应该在制作工艺上有特别之处。

2. 琉璃器

琉璃器是由西亚传来，在西晋时成为权贵宴会上常用的器皿。《世说新语》中记载，晋武帝去王武子家赴宴，宴会上就使用了琉璃器。法门寺地宫曾出土了唐代的琉璃茶盏托子，那些珍宝都是唐僖宗捐给法门寺用来供养佛舍利的。

3. 金叵罗

金叵罗是南北朝至唐代出现频率较高的酒具，这个名字来自西域，是当地的一种饮酒器，口敞底浅。《北齐书·祖珽传》："神武宴寮属，於坐失金叵罗，竇泰令饮酒者皆脱帽，於珽髻上得之。"在唐代，金叵罗经常与西域的酒或食物一同出现，如李白诗："蒲萄酒，金叵罗，吴姬十五细马驮。"唐代岑参诗："浑炙犁牛烹野驼，交河美酒归叵罗。"这里的酒、食与酒具都来自西域。图 2–7 是何家村地窖唐代金杯。

图 2–7　何家村地窖唐代金杯

4. 其他

陕西何家村地窖出土的大量金器，有餐具也有酒具，上面的花纹很多来自西域地区。可以推测这批餐具或者是从西域传来，或是由西域的工匠制作而成的。

第三节　宋元时期的宴会

一、宋代饮食市场与宴会设计

（一）发达的酒楼宴会

1. 饮食店的菜品小吃品种

宋代都城酒楼相当发达，即使在御街也允许百姓做买卖。宣和楼附近的饮食店铺有卖各种果品的果子行，卖筵席上用来装饰的花纸；卖各种点心的有王楼山洞梅花包子、李家香铺、曹婆婆肉饼、李四分茶；卖各种酒品的也很多，其中朱雀桥大街的“遇仙正店”被称为“酒店上户”，畅销的酒“银瓶酒七十二文一角，羊羔酒八十一文一角”。其他的还有羹店、分茶、羊饭、熟羊肉铺、酒店、香药铺等。在州桥夜市及处街巷的店铺里卖的菜品不仅仅是民间的小吃，它们也会出现在各种宴会上。具体品种有水饭、爊肉、干脯、鹅鸭鸡兔肚肺鳝鱼包子、鸡皮、腰肾、鸡碎、旋煎羊、白肠、鲊脯、冻鱼头、姜豉子、抹脏、红丝、批切羊头、辣脚子、姜辣萝卜、肚肺、赤白腰子、奶房、肚胘、鹑兔、鸠鸽、野味、螃蟹、蛤蜊、酥蜜食、枣、砂团子、香糖果子、蜜煎雕花、瓠羹等。这些菜品小吃还按不同季节供应，夏月麻腐鸡皮、麻饮细粉、素签沙糖、冰雪冷元子、水晶角儿、生淹水木瓜、药木瓜、鸡头穰沙糖、绿豆、甘草冰雪凉水、荔枝膏、广芥瓜儿、咸菜、杏片、梅子姜、莴苣笋、芥辣瓜儿、细料馉饳儿、香糖果子、间道糖荔枝、越梅、刀紫苏膏、金丝党梅、香枨元；冬月盘兔旋炙、猪皮肉、野鸭肉、滴酥水晶脍、煎角子、猪脏之类。

2. 豪华的酒楼

京城的很多酒店规模大且装饰华丽，在门口搭“彩楼”招徕客人。有一家住店，进门后主廊长约百馀步，店内的服务员均为年轻男子，站满南北天井的走廊，而等候客人招呼的伎女有数百人。有这么多服务人员可以想象规模是非常大的。丰乐楼有五座楼，高三层，五楼之间有飞桥栏槛明暗相通，珠帘绣额，灯烛晃耀。丰乐楼开业后生意火爆，因为它西楼的最高层可以看见皇宫院内，后来皇家也只是禁止客人在西楼登高眺望，但并未禁止丰乐楼的经营。

北宋时京城酒楼兴盛，大型酒楼有七十二家，称为七十二正店，其余的“脚店”更多。当时经常为皇宫提供饮食服务的有“保康门李庆家、东鸡儿巷郭厨、郑皇后宅后宋厨、曹门砖筒李家、寺东骰子李家、黄胖家”等。《东京梦华录》中描述“九桥门街市酒店，彩楼相对，绣旆相招，掩翳天日”。

因为接待的客人身份地位较高，各个酒楼之间竞争激烈，都用最豪华的装饰、精美的餐具来吸引客人。如州东仁和店、新门里会仙楼正店，都有一百多个大小包厢，客人进店后，不管客人的身份如何人数多少，哪怕只有两人对坐饮酒，也要摆上银质餐具。

（二）四司六局与宴会假赁服务

宋代商业发达，与之相应的是饮食市场分工细化，出现了分工合作的四司六局。初时是官府富贵人家仆佣的宴会分工，这样在安排宴会时可以事无巨细、井井有条，后来，在都城的市场上也出现了这样的行业分工，从事宴会假赁服务，普通人家办酒席开宴会就可以出钱请他们来安排。

1. 四司的工作内容

四司指帐设司、厨司、茶酒司、台盘司。帐设司负责布置环境，在用餐空间上面搭遮灰的仰尘、沿墙有遮挡的缴壁、餐桌罩上桌帏、迎客处有遮阳的席棚、门窗处有帘幕、门口处及主人位的后面有屏风、门楣及扁额上有彩带制成的绣额、另外还有书画、簇子之类；厨司负责各种食材的初加工、切配、烹调、准备食物与调味品等，正餐之前用于观赏的看席也由他们负责；茶酒司在官府也叫宾客司，负责宾客的茶水、汤饮，温酒，安排客人的坐位，迎来送往通名报姓，普通人家宴会的流程仪式、上菜，甚至包括邀请宾客，安排婚姻礼仪等；台盘司负责宴会上用的各种托盘、食盒、餐具。

2. 六局的工作内容

六局指果子局、蜜煎局、菜蔬局、油烛局、香药局、排办局。果子局负责装备各种时新果品、海腊肥脯、下酒果品等，并将它们高高地码放在盘中；蜜煎局负责安排各种蜜煎，并将这些蜜煎在盘中码放成各种造型；菜蔬局负责将菜蔬在盘中摆成可供观赏的造型，而这些也都是在宴会中可供食用的；油烛局负责宴会场所的照明，准备蜡烛、立式灯台、手把灯台、豆灯、灯笼以及炭火等；香药局负责宴会上所用的各种香料、香炉、香垒、香球等，并随时听候宴会主人的要求来换香品，宴会后还要为客人准备醒酒的汤药香饼；排办局负责安排宴会现场的桌椅、交椅、桌凳、书桌，以及洒扫、打渲、拭抹、供过等清洁工作。除此以外，宴会现场还会有表演的伎乐。

由于四司六局经常从事这些工作，办理宴会周到妥帖，可以省去主人的各种辛劳。而且有了这些机构，人们开宴会的地点除了在自己家中，也可以去名园异馆、寺观亭台，画舫游船，增加了很多宴会的情趣。宋朝人说的“烧香点茶，挂画插花，四般闲事，不宜累家”，这些雅事做起来有很多细节需要注意，之所以不累家，就是因为有四司六局的从业者来帮助完成。

二、宋代贵族宫廷宴会流程

贵族的家庭宴会非常丰盛，但乐舞规格较低；宫庭宴会则场面盛大，乐舞排场很大。两者相比，贵族家庭宴会更侧重于联系感情，宫庭宴会更侧重于展现国家政府的形象。总的来说，宋代贵族宴会的流程包括：环境布置、迎宾、初坐、再坐、入筵、结束几个部分。乐舞表演与每一盏酒相配；菜品与酒相配，每盏酒配几个菜，称为下酒。酒食安排及赏赐，除了正式参加宴会的宾客，也包括随行人员及现场艺人。下面以天宁节宰执亲王宗室百官入内上寿宴会和南宋清河郡王张俊宴请宋高宗的宴会为例来了解一下宋代贵族宫廷宴会的情况。

（一）天宁节宰执亲王宗室百官入内上寿宴会

十月初十是宋朝的天宁节。十月十二日，宰执、亲王、宗室、百官入宫上寿大起居，宫庭有一场宴会安排。王公大臣的高等级宴会往往参照这样的规格递减执行（图 2–8）。

图 2–8　宋徽宗文会图局部，宋代宫廷中的文士雅集

1. 食案摆放

所有人座前的食案均为红面青（䃜，tuí）无漆矮偏钉，每个食案上摆着环饼、油饼，用枣塔为看盘，还有果品。只有辽国使臣的食案上用猪羊鸡鹅兔连骨熟肉为看盘，看盘中的食物都用小绳子束住，还配上生葱韭蒜醋各一碟作调味。三五人之间放一桶浆水饮品，桶内放几把长柄勺。

2. 乐部安排

教坊乐部列于山楼下彩棚中，戴长脚幞头。逐部穿紫绯绿三色宽衫、黄义襴、镀金凹面腰带。前排是拍板，十串一行；第二排是五十面琵琶；第三排是两座箜篌；第四排是两面高架大鼓，上有彩画花地金龙，击鼓人背结宽袖；有羯鼓两座放在小桌子上，有人两手执杖击鼓，旁边排列铁石方响（乐器），明金彩画架子上双垂流苏，依次排列箫、笙、埙、篪、觱篥、龙笛之类。两旁对列杖鼓二百面，击鼓者在大殿台阶下相对站立，直达乐棚，每遇舞者入场就一齐群舞“掾曲子”。

3. 宴会流程

（1）开场演出、宾客入座：播笏舞蹈。音乐没起来的时候，皇宫集英殿山楼上的教坊乐工模仿禽鸟的鸣叫，营造出空中鸾凤翔集的感觉。然后百官、宰执、禁从、亲王、宗室、观察使及大辽、高丽、夏国等国的使臣各按等级入座。

（2）色长唱引：教坊色长二人在殿上栏杆边，皆穿宽紫袍，系金腰带，看盏（负责斟酒者）斟御酒。看盏者举其袖唱引："绥御酒"，声音悠扬，等声音停的时候，双袖落下拂于栏杆上。然后为宰臣斟酒者则呼："绥酒"。

（3）第一盏御酒。歌板色，一名"唱中腔"，一遍结束，笙与箫笛依次一曲；又一遍，众乐齐举，独唱。宰臣与百官饮酒，三台舞旋。

（4）第二盏御酒。歌板色，唱如前。宰臣酒，慢曲子；百官酒，三台舞如前。

（5）第三盏御酒。左右军官戏入场表演百戏，有上竿、跳索、倒立、折腰、弄盌注、踢瓶、筋斗、擎戴之类。凡御宴至第三盏，方有下酒肉：咸豉、爆肉、双下驼峰角子。

（6）第四盏御酒，如上仪舞毕，发谭子。参军色执竹竿拂子，念致语口号。诸杂剧色打和，再作语，勾合大曲舞。下酒：炙子骨头、索粉、白肉胡饼。

（7）第五盏御酒，独弹琵琶。宰臣酒、独打方响；百官酒，乐部起三台舞。下酒：群仙，天花饼，太平毕罗干饭，缕肉羹，莲花肉饼。宾客休息后再坐。

（8）第六盏御酒，笙起慢曲子，宰臣饮酒奏慢曲子，百官饮酒时三台舞。场上有筑球表演。下酒：假鼋鱼、密浮酥捺花。

（9）第七盏御酒起慢曲子。宰臣酒皆慢曲子。百官酒三台舞结束，又有四百名少女列队表演。下酒：排炊羊胡饼，炙金肠。

（10）第八盏御酒，歌板色，一名"唱踏歌"。宰臣酒慢曲子，百官酒三台舞，合曲破舞旋。下酒：假沙鱼、独下馒头、肚羹。

（11）第九盏御酒，慢曲子如前，有相扑表演。下酒：水饭、簇饤下饭。

御筵酒盏皆屈卮，像菜碗的样子，但是有手把子，殿上用纯金酒盏，廊下用纯银酒盏。食器有金银鋑漆等材质。宴会结束，臣僚们簪花而归。

（二）清河郡王张俊宴请宋高宗菜单

1. 初坐

（1）绣花高饤八果垒一行：香圆、真柑、石榴、橙子、鹅梨、乳梨、榠楂、花木瓜。

（2）乐仙干果子叉袋儿一行：荔枝、龙眼、香莲、榧子、榛子、松子、银杏、梨肉、枣圈、莲子肉、林檎旋、大蒸枣。

（3）缕金香药一行：脑子花儿、甘草花儿、朱砂圆子、木香丁香、水龙脑、史君子、缩砂花儿、官桂花儿、白术人参、橄榄花儿。

（4）雕花蜜煎一行：雕花梅球儿、红消儿、雕花笋、蜜冬瓜鱼儿、雕花红团花、木瓜大段儿、雕花金桔、青梅荷叶儿、雕花姜、蜜笋花儿、雕花橙子、木瓜方花儿。

（5）砌香咸酸一行：香药木瓜、椒梅、香药藤花、砌香樱桃、紫苏柰香、砌香萱花拂儿、砌香葡萄、甘草花儿、姜丝梅、梅肉饼儿、水红姜、杂丝梅饼儿。

（6）脯腊一行：线肉条子、皂角铤子、云梦豝儿、虾腊、奶房、旋鲊、肉腊，金山咸豉、酒腊肉、肉瓜齑。

（7）垂手八盘子：拣蜂儿、番葡萄、香莲事件念珠、巴榄子、大金桔、新椰子象牙板、小橄榄、榆柑子。

2. 再坐

（1）切时果一行：春藕、鹅梨饼子、甘蔗、乳梨月儿、红柿子、切橙子、切绿橘、生藕铤子。

（2）时新果子一行：金桔、葴杨梅、新罗葛、切蜜蕈、切脆橙、榆柑子、新椰子、切宜母子、藕铤儿、甘蔗柰香、新柑子、梨五花儿。

（3）雕花蜜煎一行（同前）。

（4）砌香咸酸一行（同前）。

（5）珑缠果子一行：荔枝甘露饼、荔枝蓼花、荔枝好郎君、珑缠桃条、酥胡桃、缠枣圈、缠梨肉、香莲事件、香药葡萄、缠松子、糖霜玉蜂儿、白缠桃条。

3. 菜品

（1）下酒十五盏

第一盏：花炊鹌子、荔枝白腰子；

第二盏：奶房签、三脆羹；

第三盏：羊舌签、萌芽肚胘；

第四盏：肫掌签、鹌子羹；

第五盏：肚胘脍、鸳鸯炸肚；

第六盏：沙鱼脍、炒沙鱼衬汤；

第七盏：鳝鱼炒鲎、鹅肫掌汤齑；

第八盏：螃蟹酿橙、奶房玉蕊羹；

第九盏：鲜虾蹄子脍、南炒鳝；

第十盏：洗手蟹、鯚鱼（即鳜鱼）假蛤蜊；

第十一盏：五珍脍、螃蟹清羹；

第十二盏：鹌子水晶脍、猪肚假江珧；

第十三盏：虾橙脍、虾鱼汤齑；

第十四盏：水母脍、二色茧儿羹；

第十五盏：蛤蜊生、血粉羹。

（2）插食：炒白腰子、炙肚肱、炙鹌子脯、润鸡、润兔、炙炊饼、不炙炊饼脔骨。

（3）劝酒果子库十番：砌香果子、雕花蜜煎、时新果子、独装巴榄子、咸酸蜜煎、装大金橘小橄榄、独装新椰子、四时果四色、对装拣松番葡萄、对装春藕陈公梨。

（4）厨劝酒十味：江珧炸肚、江珧生、蝤蛑（即梭子蟹）签、姜醋生螺、香螺炸肚、姜醋假公权、煨牡蛎、牡蛎炸肚、假公权炸肚、蟑蚷炸肚。

（5）细垒看桌：准备上细垒四桌、又次细垒二桌（蜜煎、咸酸、时新、脯腊等件）。

（6）对食十盏二十份：莲花鸭签、奶儿羹、三珍脍、南炒鳝、水母脍、鹌子羹、鲚鱼脍、三脆脍、洗手蟹、炸肚肱。

（7）晚食五十份各件：二色奶儿、肚子羹、笑靥儿、小头羹饭、脯腊鸡、脯鸭。

4. 随行人员饮食

（1）对展每分时果子盘儿：知省、御带、御药、直殿官、门司。

（2）直殿官大碟下酒：鸭签、水母脍、鲜虾蹄子羹、糟蟹、野鸭、红生水晶脍、鲚鱼脍、七宝脍、洗手蟹、五珍脍、蛤蜊羹。

（3）直殿官盒子食：脯鸡、油饱儿、野鸡、二色姜豉、杂熝、入糙鸡、（冻）鱼、麻脯鸡脏、炙焦、片羊头、菜羹一葫芦。

（4）直殿官果子：时果十隔碟。

5. 准备

薛方瓠羹。

三、民族融合与辽、金、元宴会制度

辽、金、元是少数民族政权。辽国以契丹人为主，金国以女真人为主，但其中又融合了大量的汉族人。元代是民族大融合的时代。

（一）辽代宴会

路振《乘轺录》记载了出使辽国时，重阳这一天，辽国在燕京副留守的府第设宴招待的情况：“九日，虏遣使置酒宴于副留守之第，第在城南门内，以驸马都尉兰陵郡王萧宁侑宴。文木器盛虏食，先荐骆糜，用勺而啖焉。熊肪、羊、豚、雉、兔之肉为濡肉，牛、鹿、雁、鹜、熊、貉之肉为腊肉，割之令方正，杂置大盘中。二胡雏衣鲜洁衣，持帨巾，执刀匕，遍割诸肉，以啖汉使。”辽国的历史比北宋要长，从晚唐时就开始进入封建社会，社会体制受唐朝人的影响，但在饮食上还是有非常明显的游牧民族的粗犷食风。这个特点在王安石的诗《北客置酒》中也有描写：“紫衣操鼎置客前，巾韝稻饭随粱饘。引刀取肉割啖客，银盘擘臑薨与鲜。殷勤劝侑邀一饱，卷牲归馆觞更传。山蔬野果杂饴蜜，獾脯豕腊如炰煎。酒酣众史稍欲起，小胡捽耳争留连。为胡止饮且少安，一杯相属非偶然。”辽人设宴招待了宋人，等客人们在正式的宴会上吃饱，竟然又将筵席上的菜品打包回馆驿与客人纠结饮酒，还强留不胜酒力的客人们。

（二）金朝宴会

金人在北方的时候，饮食是极粗糙的，灭辽及北宋后，他们在饮食上也受到了汉族人的影响，宴请南宋使者的筵席如南方斋筵。北宋末，宋使在咸州受到款待，具体仪式：“未至州一里许，有幕屋数间，供帐略备，州守出迎，礼仪如制。就坐，乐作，有腰鼓、芦管、笛、琵琶、方响、筝、笙、箜篌、大鼓、拍板，曲调与中朝一同，但腰鼓下手太阔，声遂下，而管笛声高，韵多不合。每拍声后继一小声。舞者六七十人，但如常服，出手袖外，回旋曲折，莫知起止，殊不可观也。酒五行，乐作，迎归馆。……次日早，有中使抚问，别一使赐酒果，又一使赐宴。赴州宅，就坐，乐作，酒九行。果子惟松子数颗。胡法，饮酒食肉不随盏下，俟酒毕，随粥饭一发致前，铺满几案。地少羊，惟猪、鹿、兔、雁、馒差距、炊饼、白熟、胡饼之类，最重油煮。面食以蜜涂拉走，名曰茶食，非厚意不设。以极肥猪肉或脂润切大片一小盘子，虚装架起，间插青葱三数茎，名曰肉盘子，非大宴不设。人各携以归舍。虏人每赐行人宴，必有贵臣押伴。”可见宴会的仪式感不及南方的宋朝。

（三）元朝宴会

元代统治者将人口分为一等蒙古人，二等色目人，三等汉人，四等南人。虽说是有种族的歧视，但也可看出当时多民族融合的情况。除蒙古人外，色目人主要指西域人，是最早被蒙古征服的，如钦察、唐兀、畏兀儿、回族等，另外，蒙古高原周边的一些较早归附的部族，也属于色目人，如汪古部等；汉人指淮河以北原金国境内的汉、契丹、女真等族以及较晚被蒙古征服的四川、大理人、东北的高丽人；南人指最后被蒙古征服的原南宋境内各族，淮河以南不含四川地区的人民。在这种情况下，元代宴会呈现了与前代不同的面貌。元代是一个民族大融合的时代，食风粗犷。《居家必用事类全集》中“筵上烧肉事件”可以看作是一场大型宴会上的烧烤菜品：“羊膊（煮熟，烧），羊肋（生烧），獐、鹿膊（煮半熟，烧），黄羊肉（煮熟，烧），野鸡（脚儿生烧），鹌鹑（去肚，生烧），水扎、兔（生烧），苦肠、蹄子、火燎肝、腰子、膂肉（以上生烧），羊耳、舌、黄鼠、沙鼠、搭刺不花、胆灌脾（并生烧），羊奶房（半熟，烧），野雁、川雁（熟烧），督打皮（生烧），全身羊（炉烧），右件除炉烧羊外，皆用签子插于炭炎上，蘸油、盐、酱、细料物、酒、醋调薄糊，不住手勤翻，烧至熟，剥去面皮供。”

四、宋元宴会主题

（一）朝廷宴会主题

皇家、贵族及政府的重大庆典是高等级宴会常见的主题。

1. 皇家、贵族宴会

宋人著作中所记载的这类高级宴会除前面所介绍的天宁节宰执亲王宗室百官入内上寿宴会与张俊宴请宋高宗的宴会外，常见的还有公主出降、皇后归谒等主题宴会。

（1）公主出降与皇子冠礼。《武林旧事》中记载有理宗朝周汉国公主出降慈明太后侄孙杨镇的婚礼宴会，饮宴部分，先是宣召驸马至东华门便殿对御赐筵五盏，用教坊乐。婚礼当天迎娶公主，赐御筵九盏。三朝，公主、驸马一起入宫内谢恩，宣赐礼物，赐宴禁中。其他仪式上的烦琐盛大自不待言。皇子行冠礼也有宴会，具体流程仪式从秦汉的仪礼中演变而来，仪式感大于饮宴的内容。

（2）皇后归谒。皇后归谒家庙也是宫庭贵族重要的宴会主题，礼仪排场如其他皇家宴会一样繁缛，但具体内容稍有差别。

2. 政府宴会

（1）科举宴会。科举高中，皇帝在集英殿拆号唱进士名，赐状元等三人酒食五盏，余人各赐泡饭。这是最简易也是对读书人来说最高级的宴会。数日之后，进士们赴国子监谒谢先圣先师，皇帝赐闻喜宴于局中，还将高中者题名石刻。

（2）外交宴会。南宋时，宴请北方的金国使者是常见的外交宴会，规格较高。《武林旧事》中记载了此宴会的排场：“北使到阙……赐宴于垂拱殿。酒五行，从官已上与坐……朝见之二日，与伴使偕往天竺寺烧香，赐沉香三十两，并斋筵、乳糖、酒果。次至冷泉亭呼猿洞游赏。次日又赐内中酒果、风药、花饧。赴守岁，夜筵用傀儡。元正朝贺礼毕，遣大臣就驿赐御筵，中使传宣劝酒九行。三日，客省签赐酒食，禁中赐酒果，遂赴浙江亭观潮，酒七行。四日，赴玉津园燕射，命善射者假官伴之，赐弓矢酒行。乐作，伴射与大使射弓，馆伴与副使射弩，酒五行。五日，大燕集英殿，……复遣执政就驿赐燕，晚赴解换夜筵。……又次日，遣近臣赐御筵。”集英殿宴会的详细菜单在陆游《老学庵笔记》中有记载：“九盏：第一肉咸豉，第二爆肉双下角子，第三莲花肉油饼骨头，第四白肉胡饼，第五群仙炙太平毕罗，第六假圆鱼，第七柰花索粉，第八假沙鱼，第九水饭、咸豉、旋鲊、瓜姜。看食：枣䭔子、髓饼、白胡饼、环饼。”

（二）节令宴会

宋代每个时节都有主题宴会。正月孟春岁节家宴、立春日迎春春盘、人日煎饼会、社日社饭、三月季春生朝家宴、重午节泛蒲家宴、七月孟秋丛奎阁上乞巧家宴、立秋日秋叶宴、中秋摘星楼赏月家宴、九月季秋重九家宴、十月孟冬旦日开炉家宴、立冬日家宴、冬至节家宴、除夜守岁家宴。北宋东京十月一日暖炉宴，有司进暖炉和炭，民间常见置酒作暖炉会。金盈之《醉翁谈录》：“旧俗十月朔开炉向火，乃沃酒及炙脔肉于炉中，围坐饮啖，谓之暖炉。”可见暖炉宴是一种家庭小型烤肉宴。节令宴会朝野都有，朝廷的节令宴会更隆重，民间的则活泼些。图 2–9 为白沙宋墓壁画宴会场景。

图 2–9　白沙宋墓壁画宴会场景

元日冬至行大朝会仪，百官冠冕朝服，备法驾，设黄麾仗三千三百五十人，用太常雅乐宫架登歌。太子、上公、亲王、宰执并赴紫宸殿立班进酒，上千万岁寿。上公致辞，枢密宣答。及诸国使人及诸州入献朝贺，然后奏乐，进酒赐宴。这一天，皇宫后苑排办御筵于清燕殿，用插食盘架。午后，修内司排办晚筵于庆瑞殿，烟火赏灯与元夕相同。

立春日临安府有鞭春宴。在立春前一天，临安府造进大春牛，设于福宁殿庭中，皇帝驾临，内官用五色丝彩杖鞭牛。还造了很多小春牛作为礼物分赐各殿，后宫还制作了很多春盘（寓意类似今天的春饼）由皇帝分赐群臣。官员之间这一天的宴会及馈遗基本是仿宫庭的做法。

（三）辽金元的宴会主题

1. 辽国的宴会主题

《辽史》记载，辽国皇帝有四时捺钵的习俗，每年的春捺钵，往往在挞鲁河、混同江上“卓帐冰上，凿冰取鱼”“得头鱼，辄置酒张宴”，名为“头鱼宴”。丹主在挞鲁河钓牛鱼，以其得否，为岁占好恶，因此头鱼宴有庆贺之意。头鹅宴，辽国皇帝放海东青捕天鹅，然后以头鹅荐庙，随后举行头鹅宴。头鱼宴与头鹅宴都与祭祀主题有些关联。辽国祖先本是北方的游牧民族，但立国后很快就接受了汉族人的节令文化，如重阳节的饮食活动。《辽史》：“九月重九日，天子率群臣部族射虎，少者为负，罚重九宴。射毕，择高地卓帐，赐蕃、汉臣僚饮菊花酒。兔肝为臡，鹿舌为酱，又研茱萸酒，洒门户以祈禳。”这样的宴会可称为重阳宴。

2. 金国的宴会主题

金建国以后，虽在制度上很多模仿宋辽，宴会主题也有相似，如元夕、中秋等宴饮活动，但也有一些宴会有着自身的特点。皇帝生日宴会称为圣节宴，在仪式上与元日宴会相同。花宴从金建国之初就有，宴会中“酒五行”之后君臣需戴各色绢花。这样的簪花仪式在曲宴、生辰宴上也有。金国的曲宴一般是用来招待前来朝贺的外国使臣，金国皇帝的册礼也会用到曲宴的礼仪。

3. 元朝的宴会主题

元朝在辽金元三朝中汉化的程度最低，宴会方面与宋朝的差别也最大。《蒙古秘史》记载：“成吉思汗定天下，大享功臣，设全羊名为乌查之宴。”这个乌查宴应该就是蒙古风格的。最著名的当属“诈马宴”，也叫“只孙宴”或“质孙宴”，这是从分食整牛整羊发展而来的奢华宫廷宴。周伯琦《近光集》记载：“国家之制，乘舆北幸上京，岁以六月吉日，命宿卫大臣及近侍，服所赐只孙珠翠金宝衣冠腰带，盛饰名马，清晨自城外各持采杖，列队驰入禁中，于是上盛服御殿临观，乃大张宴为乐。惟宗王、戚里、宿卫大臣前列行酒，馀各以所职叙坐合饮，诸坊奏大乐，陈百戏，如是诸凡三日而罢。其佩服日一易；太宜用羊二千，马三匹，他费称是，名之曰只孙宴。”只孙，也写作质孙，意思是一色衣，欢宴三日，不醉不休，赴宴者穿着只孙服，一日一换，颜色一致，体现了蒙古王公重武备、重衣饰、重宴飨的习俗。

五、宋元宴会食器的组合使用

（一）酒水具组合

1. 酒注温碗配酒盏

酒注是细颈圆腹的执壶，在宋以后的宴会中很常见。与酒注配的是温碗，保温用的。酒盏是一盏配一托的结构，盏托中间是一个高台，也称为台盏。这样的台盏在敬酒饮酒时都要小心，以免酒盏翻了，使得饮酒的仪式感上升，显得隆重。元代的酒盏中，有一类高足杯比较流行，这本是便于游牧民族生活方式的酒具，在元以后的时代也保留下来了。

2. 酒船

酒船也称为酒舟，是各种娱乐性场合常见的饮酒具，功能上有的类似于盏，有的类似于壶。司马光诗："白玉舟横酒量宽。"和苏轼："明当罚二子，已洗两玉舟。"这里的玉舟都是类似于盏的酒舟。图 2–10 为宋代酒注、温碗与酒盏的搭配。

图 2–10　宋代酒注、温碗与酒盏的搭配

（二）餐具组合

1. 盘碗碟的组合

宋代宴会的菜品基本是烹调成熟后才盛装上桌的，所以在宋代的餐桌上，除了火锅，很少会出现加热功能的餐具了。餐具的礼器功能所剩无几，因而器型也就少变化了。主要是平底的盘、碟、高脚盘和碗，尺寸、花色、釉彩的区别比较大。从前面所列天宁节上寿宴会与张俊宴宋高宗的菜单可以看出，餐桌上的餐具组合主要是盘、碗、碟的组合。

尺寸较大的高脚盘在餐桌上有一定的仪式用途，主要用作饾饤的器皿。图1–8宋徽宗《文会图》所描绘的餐桌上，六份饾饤放在桌子的中间，只是用来观赏。周围的盘子有圆形，也有很多长方形的小碟。那里面盛的才是供客人食用的菜品。碗是桌上必不可少的餐具，一盘用来盛汤、羹或主食。宋代正式的宴会还是分餐，宴会上的餐具常见的是盘与盘的组合，或者是盘与碗的组合。以张俊宴宋高宗的宴会为例，每盏酒上两个菜，都是一个用盘子盛的少汁或无汁的菜，另一个用碗来盛的多汁的羹菜。

2. 名贵餐具的组合

京城的消费水平比较高，即使普通酒店在餐具使用上也有一定的组合格式。《东京梦华录》："都人风俗奢侈，度量稍宽。凡酒店中不问何人，止两人对坐饮酒，亦须用注碗一副、盘盏两副、果菜碟各五片，水菜碗三五只，即银近百两矣。"从材质上来说，宋代的餐具品质优良，品种丰富。瓷器有号称五大名窑的汝窑、定窑、官窑、哥窑、钧窑，其他还有耀州窑、吉州窑、建州窑、湖田窑。耀州窑、吉州窑、磁州窑所产的瓷器主要是普通百姓使用。金银餐具贵族、皇家用得比较多，在京城的食肆里，也经常用金银餐具来招揽顾客。南宋临安城里，一些叫"碗头店"的小店也常用"银马勺、银大碗"招徕顾客。

元代由于疆域辽阔，其宫庭、贵族宴会餐具中有来自很多外国的贡品，金银器使用很普遍。安徽合肥曾出土元代的地窖，其中有金银碟、金银杯、银匜、银碗、银勺、银果盒、银筷子。其他一些元代墓葬中也出土有大量的金碗、金盘、八棱银果盒、梅花银盒、银尊、银匙。其中还有夹层的银碗，这样的碗用起来不太烫手。

瓷器方面，窑场大多是继承了宋代的瓷窑，但器型上比宋代的餐具要大。龙泉窑曾烧造过直径60厘米的瓷盘和直径42厘米的大碗，这显然与蒙古人豪放的食风有关。

第四节　明清时期的宴会

一、明清宴会类型

明朝初期，蒙元退出了政治舞台，食物的品种虽然在人们的生活中有遗留，但饮食制度上，传统的儒家礼仪又占据了主导地位。

（一）宫庭宴会

1. 明代宫庭宴会的类型

明代的宫庭宴会有大宴、中宴、常宴、小宴四类。

大宴的地点从明朝建立有多次改变，洪武元年，大宴群臣于奉天殿，三品以上官员列于殿内，其余列于丹墀，并决定以后正旦、冬至圣节宴会安排在谨身殿。洪武二十六年，大宴改在奉天殿举行。永乐年间也曾宴于文华殿，宣德、正统年间宴于午门外。大宴的时间大多数与节令有关，每逢节令，必然有相应的节令食物：立春日赐春饼，元宵日团子，四月八日不落荚（嘉靖中，改不落荚为麦饼）。端午日凉糕粽，重阳日糕，腊八日面。除节令外，祀圜丘、方泽、祈谷、朝日夕月、耕籍、经筵日讲、东宫讲读、纂修校勘书籍、开馆、书成、科举等都有大宴。在季春时节的亲蚕礼上还有面向命妇（官员的妻母中有封号的人）的大宴。赏赐新科进士的大宴有专门的名称叫“恩荣宴”。

宴会的排场一如前朝，有乐舞侑食。没有乐舞的宴会规格就要低一些。与重要祭祀相关的宴会必须是有乐舞的，宴于午门的宴会则是没有乐舞的。大宴进酒九爵，中宴进酒七爵。大宴与中宴的仪式差不多。常宴的仪式与酒食要简单一些，一拜三叩头，进酒或三爵或五爵。命妇参加的大宴由皇后主持，除命妇外，皇妃、皇太子妃、王妃、公主也出席参加，但并不需要穿盛装。亲蚕礼的宴会上，进酒七爵，上食五次，其他相应礼仪不可少。

2. 明代大宴的格式

《大明会典》的记载介绍明代宫廷大宴基本格式：茶食、果盘、五按酒、四菜、三汤、主食、酒五盅。如正旦节宴会，“永乐间定制，上桌：茶食像生小花，果子五盘，烧炸五盘，凤鸡、双棒子骨、大银锭、大油饼、按酒（即下酒菜）五盘，菜四色，汤三品，簇二大馒头，马牛羊胙肉饭，酒五盅。上中桌：茶食像生小花，果子五盘，按酒五盘，菜四色，汤三品，簇二大馒头，马牛羊胙肉饭，酒五盅。中桌：果子五盘，按酒四盘，菜四色，汤二品，簇二馒头，马牛羊胙肉饭，酒三盅。随驾将军，按酒，细粉汤，椒醋肉并头蹄，簇二馒头，猪肉饭，酒一盅。金枪甲士、象奴、校尉，双下馒头。教坊司乐人，按酒，熬牛肉，双下馒头，细粉汤，酒一盅。”这里规定了上桌、上中桌、中桌以及不上桌的随驾将军、金枪甲士、象奴、校尉、教坊司乐人的饮食安排。这是永乐时期宫廷宴会的基础格式，其后明朝的宴会视情况有所增减。明英宗天顺元年郊祀庆成宴会食物就比较永乐年间要丰盛很多，其上桌“宝妆茶食，向糖缠碗八个，棒子骨两块，大银锭油酥八个，花头二个，凤鸭一只，菜四色，按酒五盘，汤三品，小银锭笑靥二碟，鸳鸯饭二块，大馒头一分，果子五盘，黑白饼一碟，胙一碟，每人酒五盅。”这种变化与明英宗时期经济发展食物丰富的社会背景有一定的关系。

（二）官府宴会

与朱元璋的反腐禁贪有关，也与经济发展水平有关，明代初年官府的饮食消费水平普遍不高，据《扬州府部汇考》记载，直到明代隆庆、万历之初，“燕会尚简，物薄情真。每大会，二人一席，常会四人一席，肴五簋、果五六碟、酒数行止。”万历中后期，宴会日趋豪奢，“珍异罗列，争为豪奢，杯盘狼籍，欢哗无度矣”。隆、万年间的苏州宴会奢侈更过，“寻常过从，大小方圆之器，俭者率半百，而《食经》未有闻焉。”官府的宴会参加者均为官员，随从人员不能作为客人出现在宴会上，但宴会主办者为另择一处安排简便的筵席款待他们。这也是历朝历代的官府宴会的惯例。

（三）民间宴会

各个社群都会有这类宴会，按经济能力大小，丰俭不同。从婚诞丧葬到入学科举到社交往来，这类宴会就是社会的黏合剂与人际关系的润滑剂。明清两朝经济繁荣时期，宴会往往突破旧时的格局。明朝正德十六年，官府曾经出台了限制民间饮宴消费的一些规定，其中包括不可使用银器等。但明朝中后期，江南经济富裕，宴会的种种限制也就被频频打破。宴会中间会有炉瓶三事，香烟缭绕，氛围雅致，餐具中除了紫砂外不见有陶瓦器，精致的瓷器、漆器乃至金银器在富人的宴会中很常见，甚至“求良工仿古器仪式打造，极为精美，每一张燕，粲然眩目”。

素宴是《西游记》中最常见的宴会。作为一部神魔小说，书中的描写自然是有很多夸张的成分，如寇员外宴请唐僧师徒：“帘幕高挂，屏围四绕。正中间，挂一幅寿山福海之图；两壁厢，列四轴春夏秋冬之景。龙文鼎内香飘霭，鹊尾炉中瑞气生。看盘簇彩，宝妆花色色鲜明；排桌堆金，狮仙糖齐齐摆列。阶前鼓舞按宫商，堂上果肴铺锦绣。素汤素饭甚清奇，香酒香茶多美艳。虽然是百姓之家，却不亚王侯之宅。只听得一片欢声，真个也惊天动地。”在这夸张的描写中，还是可以看出高级别民间素宴的场景：用帘幕与屏风隔出来的用餐环境、寿山福海的中堂与春夏秋冬四壁挂画、龙文鼎与鹊尾炉内焚着的香、餐桌上装饰精美的饾饤看盘、果品桌上排列着狮仙糖、素汤素饭香酒香茶清奇精美。此外宴会中还有乐舞。这其实也就是明代江浙地区富裕人家的素宴规格。

宴会的规格及流程方面，与官宴类似但简省了很多礼仪的环节。民间宴会因为经营的需要也都是格式化的。《调鼎集·铺设戏席部》所记载的筵席菜单格式有十八碟、十六碟、十二碟等不同款式。

“十八碟、八热炒（十簋、四烧碟、二茶、二汤二点）。”

“十六碟、四小暖盘（每人点心一盘，装二色，面茶一碗），彻净进清茶（每位置酱油、醋各一小碟，四色小菜一碟，调羹连各一件），四中暖碗（二色点盘，一汤），四大暖碗（二色点盘，一汤），一大暖碗汤，清茶。”

“十六碟、四热炒（二点一汤）、四大碗（四点一汤）、四烧碟、两暖盘、两暖碗。”

“十六碟、四暖盘（二色点盘、一汤）四中碗（二色点盘，一汤），二暖碗汤、清茶。”

对于富裕阶层及地区，民间的宴会还经常有别出心裁的设计，花费也相当惊人。冯梦龙《古今谭概》中记载有一款巨蛋，将许多鸡、鸭、鹅蛋的蛋清与蛋黄分离后装入牛肚，小心地让蛋清裹着蛋黄。这样的奇异设计当然只会出现在争奇斗艳的富豪宴会中。

二、明清宴会主题

（一）婚诞主题

“谢媒宴”，媒人为男女双方说合，女方同意后，男方家庭须设宴款待，女方家庭也一样；“女家婚宴”，女方向媒人道谢，并宴请诸亲友，仆人先向来宾奉茶，然后上桂圆汤、扁豆汤或杏酪、鸡豆汤之类一二种，食毕，再请诸人入座上酒、上菜，席上只说一些吉祥话，席上言语及用品均忌单数；“男家婚宴”，婚礼仪式完成后，媒人及众宾入席，男家酒宴往往延续至次日早晨；“汤饼会”，孩子出生三到五天，为男孩起乳名，并请亲友来举行；“满月酒”，男女婴儿都在这一天剃胎发、沐浴、拜寿星，并于家中举办庆祝酒宴；“百日酒”，也叫“百晬”，孩子满一百天，家中再次请客庆祝；“抓周宴”，婴儿满一周岁，家中摆一张大桌，上面放着笔墨、书籍、金银、算盘等让婴儿去抓，以此预测他的前途，观礼后举办庆祝宴会。婚诞主题的宴会，来宾都需要向主人馈赠一些物品以示庆贺。

（二）丧、祭主题

七七法会素斋，安排素宴招待现场僧道及亲友；荐胙宴：元旦，主人沐浴盛装，引儿孙弟侄至家庙祭祀，备上三牲及鱼肉蔬菜等菜品，祭祀后将三牲及菜品撤下煮熟，参祭人共同进食，其他祭祀如有宴会环节，与此相仿；很多行业的祭祀通常也会有宴会，常供奉三牲点心鲜果等进行祭祀，并设酒宴邀请亲朋。

（三）雅集主题

明清文人之间的宴饮活动频繁，这些宴饮通常会有一些雅文化主题，其风俗也影响了经济文化发达地区的民间及官府宴会。宋以后，人们以吃蟹为风雅的事，明末张岱在《陶庵梦忆》中记录了蟹会："食品不加盐醋而五味全者，为蚶、为河蟹。河蟹至十月与稻粱俱肥，壳如盘大，坟起，而紫螯巨如拳，小脚肉出，油油如螾蜓 。掀其壳，膏腻堆积，如玉脂珀屑，团结不散，甘腴虽八珍不及。一到十月，余与友人兄弟辈立蟹会，期于午后至，煮蟹食之，人六只，恐冷腥，迭番煮之。从以肥腊鸭、牛乳酪。醉蚶如琥珀，以鸭汁煮白菜如玉版。果瓜以谢橘、以风栗、以风菱。饮以玉壶冰，蔬以兵坑笋，饭以新余杭白，漱以兰雪茶。由今思之，真如天厨仙供，酒醉饭饱，惭愧惭愧。"常见的雅集主题宴还有茶宴、诗宴、清明宴、赏花宴等。

（四）生活主题

这类与人们的日常生活相关，内容最多。有寿宴、延师宴、养生宴、戏席等。《清俗纪闻》延师宴流程：临近宴会时间，主人派仆人去请老师。老师到来时，主人在门口迎接，在门口相互行礼，然后把老师请上座并敬茶寒暄。稍后，主人将学童带来见老师，老师为学童开书。此时，桌上已经摆好酒菜，宾主同饮互敬酒，也有令学童向老师敬酒的，有的人家则不会让学童参与宴会。酒宴终了后，把桌子收拾干净，再摆上点心喝茶。告别时，主人带学童送老师到门口，客气道别。高濂在《饮馔服食笺》的序中说："人于日用养生，务尚淡薄，勿令生我者害我。俾五味得为五内贼，是得养生之道矣……若彼烹炙生灵，椒馨珍味，自有大官之厨，为天人之供，非我山人所宜，悉屏不录。"张岱为首的一些名士对此非常赞同，他们组织了一个饮食社，讲求正味，"割归于正，味取其鲜，一切矫揉泡炙之制不存焉。"

三、明清宴会流程

（一）以奉天殿大宴为例来了解一下宫庭宴会的流程

“凡大飨，尚宝司设御座于奉天殿，锦衣卫设黄麾于殿外之东西，金吾等卫设护卫官二十四人于殿东西。教坊司设九奏乐歌于殿内，设大乐于殿外，立三舞杂队于殿下。光禄寺设酒亭于御座下西，膳亭于御座下东，珍羞醯醢亭于酒膳亭之东西。设御筵于御座东西，设皇太子座于御座东，西向，诸王以次南，东西相向。群臣四品以上位于殿内，五品以下位于东西庑，司壶、尚酒、尚食各供事。至期，仪礼司请升座。驾兴，大乐作。升座，乐止。鸣鞭，皇太子亲王上殿。文武官四品以上由东西门入，立殿中，五品以下立丹墀，赞拜如仪。光禄寺进御筵，大乐作。至御前，乐止。内官进花。”

“光禄寺开爵注酒，诣御前，进第一爵。教坊司奏《炎精之曲》。乐作，内外官皆跪，教坊司跪奏进酒。饮毕，乐止。众官俯伏，兴，赞拜如仪。各就位坐，序班诣群臣散花。”

“第二爵奏《皇风之曲》。乐作，光禄寺酌酒御前，序班酌群臣酒。皇帝举酒，群臣亦举酒，乐止。进汤，鼓吹响节前导，至殿外，鼓吹止。殿上乐作，群臣起立，光禄寺官进汤，群臣复坐。序班供群臣汤。皇帝举箸，群臣亦举箸，赞馔成，乐止。武舞入，奏《平定天下之舞》。”

“第三爵奏《眷皇明之曲》。乐作，进酒如初。乐止，奏《抚安四夷之舞》。”

“第四爵奏《天道传之曲》，进酒、进汤如初，奏《车书会同之舞》。”

“第五爵奏《振皇纲之曲》，进酒如初，奏《百戏承应舞》。”

“第六爵奏《金陵之曲》，进酒、进汤如初，奏《八蛮献宝舞》。”

“第七爵奏《长杨之曲》，进酒如初，奏《采莲队子舞》。”

“第八爵奏《芳醴之曲》，进酒、进汤如初，奏《鱼跃于渊舞》。”

“第九爵奏《驾六龙之曲》，进酒如初。”

“光禄寺收御爵，序班收群臣盏。进汤，进大膳，大乐作，群臣起立，进讫复坐，序班供群臣饭食。讫，赞膳成，乐止。撤膳，奏《百花队舞》。赞撤案，光禄寺撤御案，序班撤群臣案。赞宴成，群臣皆出席，北向立。赞拜如仪，群臣分东西立。仪礼司奏礼毕，驾兴，乐止，以次出。”

可以看到，奉天殿大宴流程是先行礼仪，乐舞与酒相配，然后收盏进膳，撤膳后奏乐，再行礼仪，待乐止后，参宴官员依次退出。图 2-11 为清朝高官府邸中的一场晚宴的铜版画。

图 2-11　清朝高官府邸中的一场晚宴，19 世纪画家 T. 阿洛姆与雕刻家 G. 帕特森的铜版画作品

（二）清代一般大户人家的宴会进行顺序

1. 催请

至恰当时刻，派人前往催请："时间差不多就请过来。"

2. 更衣

客人来到时，主人须更衣，戴帽。一般均穿着新做的华服。虽为官员，除朝见、大祭外，均不穿朝服。

3. 门前迎客

如是贵客，则到门外迎接，一般则在厅堂门口迎接。

4. 宾主礼让

客人来后，双方作揖。主人说："今日屈驾，不胜感激。"客人答："今日打扰，不用太麻烦。"然后把客人请进厅内。

5. 寒暄定座

主客双方寒暄之后，主人将贵客引入上座，其他客人也按身份地位高低引入相应的座位，最后主人陪坐在下首位置。

6. 上茶

坐定后，主人吩咐上茶。仆人用托盘将茶碗（盖碗）端出，主人接过茶碗端送至客人面前，客人要站立双手接过茶碗，然后主人说请用茶，以贵客为首，各位客人一起施礼喝茶。喝完后，仆人按顺序收茶碗。

7. 茶点

饮茶后，仆人用盖碗上龙眼汤、扁豆汤等点，盖碗旁要配羹匙以便客人捞食。

8. 上烟

有吸烟草的客人开始吸烟。

9. 书房聊天

主人会邀客人去书房小坐聊天，外面的仆人则开始摆宴会餐桌。

10. 酒宴

餐桌摆好后，主人邀客人入席，各自坐到之前的位置上。仆人拿出锡酒壶，主人接过为客人斟酒，全部斟完后，主人向客人敬酒，第一杯饮完后，主人吩咐上菜。酒酣后则令唱戏的出场，主客之间也可猜拳行令。

11. 收席

菜上至四五碗后，上点心或醒酒汤及茶水，然后上菜劝酒。上完规定菜数后，客人告饱。

12. 洗手

撤桌后，仆人端来热水盆，请客人洗手。

13. 回千

仆人将各种糖果、点心、鲜果端来，请客人用茶。

14. 告辞

用茶完毕，客人起身告辞，互致谢意。主人送客到门口。

（三）清代宴会上菜流程

1. 茶汤

茶、桂圆汤（盛于盖碗中，放在托盘上，给每位上一碗）、扁豆汤（同上）。

2. 大菜

桌席。熊掌（大碗）、鹿尾（同上）、燕窝汤（用大碗盛）、鱼翅汤（同上）、海参汤（同上）、羊羹（盛于碗中）、猪蹄（同上）、野鸡（同上）、鲥鱼（盛于大碗中）、鹿筋汤[1]（同上）。

3. 点心

四点心（四样小吃）。雪粉糕（盛于小碗中）、饺子（同上）、红粉糕（同上）、蓑衣饼（同上）。

---

[1] 鹿为国家保护动物，此处仅为原文呈现。

4. 醒酒汤

醒酒汤（盛于小碗中，每人一碗）。

5. 大菜

炒鸡（盛于碗中）、全鸭（同上）、鹅（同上）、蟹羹（盛于大碗中）、蛏干（同上）、鱼肚（同上）。

6. 点心

四点心。藕粉糕（盛于小碗中）、肉馒头（同上）、糖糕（同上）、扁豆糕（同上）。

7. 茶

8. 饭

9. 回千

上述菜上完后，撤去桌子，摆放各式果品。

清代宴席官民均在桌上进食。即使宴请高贵客人，食器亦为磁制菜碗、茶碗、碟盘等。先吃肉菜类，最后喝汤，如果先喝汤是失礼的。上菜时，有时上一碗后就将以前之菜撤去。其中，客人少动之菜，也有不撤而留在桌上者。然而，即使留在桌上，在上新菜后再吃前菜亦属失礼。菜上齐后，陪客向贵客让菜，贵客也回让，然后下筯。主客与陪客同桌时，上菜后陪客须用自己筷子选取最佳美味向主客让菜，然后大家一起进食。

思考与练习

1. 简述周代宴会等级制体现在哪几个方面？
2. 简述宴会等级制与社会发展的关系是什么？
3. 简述周代宴会食器组合与菜品摆放位置。
4. 简述汉代官廷宴会与民间宴会的特点有哪些？
5. 简述汉唐著名宴会与主题的关系是什么？
6. 简述宋代宴会假赁与宴会市场的发展。
7. 简述了解宋代宴会的流程。
8. 简述民族融合对古代宴会有哪些影响？
9. 简述宋辽金元宴会都有哪些主题？
10. 简述宋元宴会上餐具的使用特点有哪些？
11. 简述明清宴会的格式与流程是什么？
12. 简述明清宴会的主题有哪些？

第三章　国外宴会制度

本章内容： 以欧美为主，介绍世界各地宴会制度。

教学时间： 6 课时

教学目的： 通过对世界各地尤其是欧洲宴会制度的介绍，使学生了解国外宴会的现状，并结合上一章关于宴会等级制的分析，了解现代宴会的发展走向。

教学方式： 课堂讲授。

教学要求： 1. 了解西方国家在宴会制度中的影响

2. 了解西式宴会结构的成因

3. 理解现代国际宴会的发展趋势

作业要求： 除教材中的内容，搜集整理国外的宴会资料。

历史上，日本、朝鲜，东南亚的各个岛国都受到中国饮食文化的影响，中国也同样受到来自欧美、日韩的影响。对国外宴会制度的了解有助于在设计中式宴会时能更好地融入新鲜的元素，在设计外国宴会时也不会有太大的偏差。这个时代全世界的文化交流比较频繁，宴会文化也不例外，在一线城市，宴会设计越来越国际化，这也需要设计者对于各国的宴会制度能够融会贯通。

第一节　日本与韩国宴会

日本与韩国在历史上受中国影响最大，饮食宴会甚至大量地照搬中国的宴会制度。近现代以来，日本、韩国受西方文化影响，宴会中有了很多西方的元素，尤其在一些国际层面的宴会中，宴会的形式偏于西化。

一、日、韩宴会的制度

（一）日本的宴会制度

1. 古代中国的影响

（1）宴会制度的影响。日本的宴饮文化与中国有着千丝万缕的联系。自从汉唐接触了中华文明以后，日本就全方位地吸收中华文化，其中自然也包括饮食文化。唐代，日本派了大量的遣唐使来中国学习，也有很多中国的僧人东渡日本，中国的宴饮文化在那个时候就被日本的上流社会有意识地引进吸收了。公元 8 世纪初文武天皇制《大宝令》，中国的各种节令大多已经在里面，其中重要的节令如正月初一（元旦）、正月初七（人日）、正月十六（上元）、三月三（上巳）、五月五（端午）、七月七（七夕）、九月九（重阳），还有四月八（浴佛节）、七月十五（盂兰盆会）等。文武天皇规定三月三日禊饮，至圣武天皇时于这一天为文人赋诗赐宴，名为曲水宴。嵯峨天皇时规定元旦日饮屠苏酒，其他节令节日当然也是有宴饮的。宴会的音乐也一起传入日本。如有秦王破阵乐、玉树后庭花、武德乐等。清末黄遵宪任驻日使馆参赞时，受邀参加日本某巨室家的宴会，在宴会上欣赏到了著名的“兰陵王破阵乐”。

（2）器具对宴会的影响。对古代日本宴会空间舒适度影响最大的是“火间土”的采用。早年的日本人烹制食物是在房舍的附属棚屋内，或在靠近房屋中央安置一个地炉，炊烟从房顶上的一个敞口冒出去。这样的空间不可避免地烟气比较重。公元 5 世纪，从中国大陆传到日本一种炉灶被日本人称为火间土，其构造与中国古代的甑相似，有一个烟道，使用时安放在墙边，墙上有一孔，可以排烟排到户外。这样一来室内的空气就得到了改善，人们不用闻着呛人的烟气，衣物不会染上讨厌的烟味，而且它还提高了燃料的效率，也更容易控制烹饪时的温度。

2. 宴会空间的营造

宴会当然大多数是在建筑内进行的。古代日本的建筑风格大致可以分为“神社”和“书院”两大类。

（1）神社风格的贵族府邸是一系列用走廊连接的平房亭阁，构成一个开口朝南的U字形，U形所包围的是一个园林，中间有一个小湖，湖中有岛、有桥，也有船。等级低的人家相应地要朴素。神社风格的房间铺地板。

（2）书院风格定型于16世纪，更加清晰地区分了私人的家居空间与公务空间，其中的公务空间称为“会所”。会所满铺榻榻米，可以舒服地随意坐下。与外墙平行的透明滑门以及房间之间的不透明可移动拉门可以方便地改变区域大小，向园林部分敞开时，园林也就成为会所的附属部分。会所里可以陈列唐物作为装饰。在这样的空间宴会时可以方便地欣赏能剧表演、诗歌吟诵、插花、欣赏园林中的风花雪月。

（3）庭园空间在16世纪时逐渐流行著名的枯山水，这样的景观与书院会所相结合，整体上影响了日本宴会美学（图3–1）。这种美学是区别于中式宴会的丰盛美的。

图3–1　日本桂离宫的庭园空间

（二）韩国的宴会制度

朝鲜半岛与中国的关系密切，除了传说中的开国神话，最早的开国者是商箕子，那个时代称为箕子朝鲜，后来西汉初年，又有燕国人卫满带着族人来到朝鲜半岛建立了卫满朝鲜。不论是箕子朝鲜还是卫满朝鲜，其典章制度与中原的商周都是有密切关联的。汉武帝又在朝鲜半岛设四郡进行管理，从汉朝至清朝，中原地区也有很多人因避战乱而迁居朝鲜。在很长的一段时间里，朝鲜与中国虽然风俗有异，但大的饮食制度还是一脉相承的。李朝世宗六年，把三月三、九月九设为固定的节日，其他重要的节令宴饮也与中国相似，宴会有音乐，且乐器也与中国的差不多。宋徽宗曾把宴会上所用的燕乐赐给当时的高丽国，可见当时高丽国的高端宴会水平是比较高的。明清时期，朝鲜的饮食制度逐渐形成自己的特色，但在宴会的格式上，对中国有一定程度的模仿。

二、日、韩宴会的食材、菜品与餐具

（一）食材

1. 水产类

日本、韩国都是岛国，食材中海产品的数量占多数，常用的海产食材有：帝王蟹、梭子蟹、虾类、海鳗鱼、鮟鱇鱼、章鱼、带鱼、乌贼鱼、金枪鱼以及各种海草等，但也还是有各自的特产。如明太鱼，产于朝鲜半岛东岸及日本本州西侧中部以北、日本海、鞑靼海峡、鄂霍次克海与白令海周缘、到美国加利福尼亚中部以及分布于北太平洋北部、黄海东部（很罕见）等海域，可见分布还是很广的，但这种食材在韩国比在日本要更有名；如秋刀鱼分布于北太平洋区，包括日本海、阿拉斯加、白令海、加利福尼亚州、墨西哥等海域，中国的黄海也有出产，但在日本料理中的应用更多且知名度也更高。

2. 畜禽类

猪肉与牛肉是日韩料理中常见的食材，但由于没有草原，羊肉就极少出现。市场上的羊肉基本是进口的，价格高，吃的人也少。日本的神户牛肉很有名，其中的但马牛名气尤其大，是高级宴会上的食材。韩国饮食中，也认为本国所产的牛肉质量要高于美国进口的牛肉，但价格与品质还是不及神户牛肉。禽类食材则较为普通。

3. 粮食类与蔬菜类

日本大米的品质优良，面条的制作技术也非常高，蔬菜水果本土出产品种不够丰富，需要进口，日本料理爱用的松茸也多依赖进口。朝鲜半岛的情况与日本类似，由于疆域内山地多、耕地少，很多农产品也依赖进口。

（二）菜品

1. 中国传入的菜品

日韩菜品的制作技术受中国古代的影响很大。如韩国的鱼肠酱与中国南北朝时的鳋鮧酱制法相似，泡菜的做法则是从中国先秦时的菹发展而来，清国酱则是清朝时传去的拉丝豆豉，在中国苏北地区有同样的食品称为酱豆子。日本的鲊来自于唐朝的鲊，现在常被用在寿司上。中国元代的《居家必用事类全集》中的饮食制作部分的内容也早在明清时期就被翻译成日韩文字，而这本书中的饮食制作技术基本是宋元时期的。虽然食物制作技术受中国影响，但具体食物的制作及呈现方式与中国却不同。由于岛国的特产不像大陆那样丰富，菜品在盛装的时候也就很少会采用丰盛的形式。日本的大酱汤、豆豉、刺身以及韩国的泡菜是宴会上标志性的菜品，几乎所有的宴会中都会出现。在烹调方法上，日韩食物以炸、煮、烤、渍、蒸等方法使用得较常见。

2. 其他国家传入的菜品

现代日韩宴会中，吸收西式烹调法的菜品也较为常见。起源于印度的咖喱被日本人本土化以后，咖喱菜肴在 2017 年以 100 亿盘 / 年的消费量荣登日本国民美食排行榜首位，而第二名拉面是 60 亿碗。有调查显示，超过 60% 的日本人可以接受每周两次去餐厅吃咖喱，还不包括平时在家食用速食咖喱。甚至在 2018 年秋，大塚食品还宣布要携速食咖喱进军印度，接受发源地市场的考验。

3. 菜品的盛装方式

日韩宴会的用餐方式大多是分餐，加上每一份菜品的量也比较少，相应的餐具一般也不大。小盅小碟在日本韩国的宴会中很常见。

（三）餐具

1. 日本餐具

日本料理常用漆器餐具，颜色以黑、红、金色为常见，可以把菜品衬托得华丽高端，也常用一些风格粗拙的陶瓷餐具，用来体现一些朴素的菜品。瓷器著名的窑口有九谷烧、信乐烧、有田烧、清水烧、美浓烧等，不同窑口的风格与档次不一样，在准备宴会时，主人会根据季节、场景来搭配餐具。日本的筷子多数是竹木材质，尖细，比中国的筷子要短，这与日本较小的用餐空间有关。盖碗是宴会上常见的，漆器较多，用来盛饭或盛汤。瓷碗的造型较多的是斗笠碗和拉面碗，茶碗也经常会用在宴会上。碟子有方形、长方形、圆形、椭圆形，还有半圆形的，那是模仿残破的盘子设计的。盘子上的图案常见的有水波纹、海草纹、梅花等。小瓷壶在日本通常称为土瓶，用来做蒸汤的容器，这类菜也因此称为土瓶蒸。还有更小的盛调料的小瓷壶会与寿司、刺身或煎炸的菜肴一起上。木盆、竹筒等质朴的餐具在一些乡土风格的宴会中使用较多。与席地而座的用餐形式相配的一些小型漆案在宴会上也很常见。

2. 韩国餐具

韩国餐具的形式类似日本，但区别也是很明显的，朝鲜半岛的瓷器发展较早，有著名的高丽青瓷，因此瓷器餐具在韩国宴会中应用相当广泛，以粉青瓷器较为多见，其他还有金属餐具也比较常见，碗筷大多是铜或不锈钢的。由于地形多山，所以在韩国料理中，石器餐具也比较多，主要是石锅。各式面条在韩餐中的地位很高，经常出现在不同等级的宴会上，因此，用来盛面条的碗也就成为韩国宴会中常见的餐具。

三、日、韩宴会的格式

日本与韩国的宴会形式不似中国宴会那样丰富，但比较讲究仪式感，下面以一些典型的宴会格式来说明这个仪式问题。

（一）日本宴会

日本宴会的格式大概可以按料理的类型来分，因为各种类型的料理往往是对应一些固定主题的宴会的。比如，本膳料理是举行仪式用的，以传统文化、习惯为基础，属于制度型的宴会；怀石料理是茶会前的简单食物，是侘寂风格的日本茶会上用的，属于文化型的宴会；会席料理是用于普通婚宴与酒会的，一般没有严格的礼仪要求，属于生活型的宴会。

1. 本膳料理

本膳料理大约起源自室町时代，特征是料理具有很强的仪式感，是一种非常正式的，礼法繁多的日式料理。菜碟或碗会置于“折敷”，就是一种四方形的小桌子上呈上来，放在宾客面前。第一个折敷叫本膳，接着往下是二膳、三膳。料理以一汁（汤）三菜为基本，视招待与场面大小增加膳的数量和料理品数，如二汁五菜、三汁七菜、三汁十五菜，但菜数一定是奇数（图 3–2）。

本膳：汤为日本酱汤，米饭在左汤在右，源自古代祭祀神灵时，摆放祭品的习惯。菜品有醋拌凉菜、一膳炖菜、米饭、咸菜（米饭与咸菜不计入菜品数量）。

二膳：汤为清汤，菜品有拌凉菜、二膳炖菜。

三膳：汤为海鲜汤，菜品有生鱼片、小碗煲汤。

与膳：烤制食品（多为烤鱼）。

五膳：羊羹、煮甜豆、鸡蛋卷、鱼糕类的小吃。“与膳”与“五膳”是送给客人的礼物，应只看不吃，最后打包带走。

除膳之外，还有献，献的意思是供大家喝酒，每一献也有相应的食物供应。最基本的仪式为“式三献”，这是吃本膳之前，按一定的顺序先喝三轮酒。酒过三巡之后开始吃正餐。所有的膳用完之后，再接着喝酒，则从四献算起，历史上有贵族举办的宴会有多达二十一献。

本膳料理于明治时代日渐式微，到了现今已经只出现在少数仪式场合了，并且基本会遵循以前的制度，没有发生太大的变化。

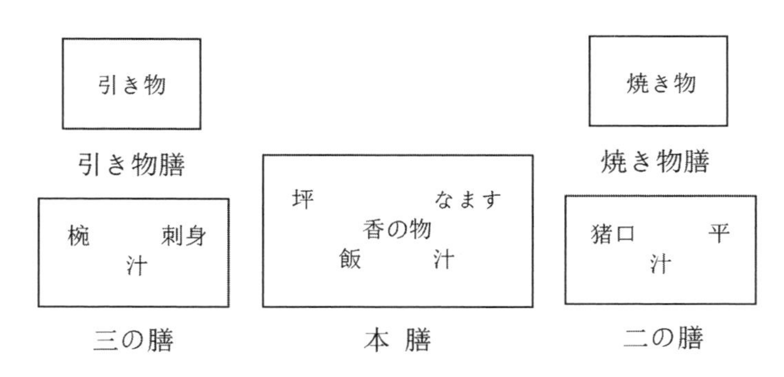

图 3-2　本膳料理器物与菜品的摆放

本膳料理器物的摆放形式，上菜顺序，出席服装等都有着严格的做法和顺序。本膳（一膳）上到客人的面前，二膳上到客人的右手边，三膳上到客人的左手边。上菜的顺序也是事先决定好的，先给上座的客人上菜，再给下座的客人上菜，最后给主人上菜。现代日本家庭食用和食时是“左边米饭、右边汤、中间菜”，这样的摆放方法就是从本膳料理那里继承来的。

2. 怀石料理

怀石料理以茶道起源，诞生早于本膳料理。镰仓时代左右，日本人过着一天两顿饭的生活。特别是寺院里严格修行的僧侣们，抱着一块加热的石头来抵抗饥饿。所谓“怀石料理”就是用来代替那块石头来点饥御寒的，所以量很少，不是用来充饥的料理，是日本茶道中请客人到茶室享用“茶汤”“茶道”时，“点茶”之前送出的简单料理。

怀石料理通常是一汁三菜，当然也有种类很丰富的时候。怀石料理的季节性强，每个季节的食品搭配都不一样。以春季怀石料理为例，包括生鱼片、大酱汤、白饭，用完后再端出的是煮菜、烤食。现在通常又多一道小菜叫“寄放钵”。用完了汤、饭，可饮一杯清酒，再进“寄放钵”。除材料外，怀石料理很讲究食器、座席、庭园、挂轴画、花瓶等所塑造的空间美。在各种日本传统料理中，怀石料理的品质，价格，地位均属高等级的。

怀石料理的特征是得全部吃完、每次刚做好马上上菜、传递季节感和祝福的信息。怀石料理按照米饭、清汤、生鱼片、烩菜、烧烤、主菜、箸洗、下酒菜、汤桶、酱菜、点心的顺序上菜。在安土桃山时代，茶道的创始人千利休确立茶道的时候，为了品味茶的美味而创立的规则。怀石料理的制作方法也根据茶道流派的不同有着不同的严格制作要求。

3. 会席料理

会席料理由本膳料理简化而来，源于江户时代后期，据说会席料理源于俳句诗人们举办诗会后享宴。诗会大多在日本式酒家举办，江户中期以后，器物和料理都精致了，渐渐成为豪华料理，是日本代表性的宴请料理。一开始会席料理的基本规格是三菜一汤。但越到后来规格越高，从三菜两汤、五菜两汤，直到九菜三汤，种类也越来越丰富，而且色、香、味、器、形也讲究起来。菜肴是按菜单顺序一道一道上桌供客人享用。

会席料理是以酒为中心的宴席料理，与茶会怀石料理相反，先上前菜、烩菜、生鱼片、烧烤等食物，最后上米饭和汤。有时也会从一开始就将所有菜肴摆在餐桌上。由于会席料理的根本目的是饮酒，所以菜品也都是配合酒水准备的。在会席料理上，常常是最先上酒和菜，其次才是米饭、汤。会席料理的菜品数量一般为奇数，因为认为奇数比偶数更加吉利。而在一般的日本旅馆、料亭里品尝到的宴席料理，大多都是会席料理。

4. 卓袱料理

卓袱料理是指日本式的中国宴席菜，是在日本锁国时代传入日本的，一般是用以接待客人专用的宴会料理。卓袱料理是将各种菜品放置于圆形青花瓷盘中分食，与一般日本会席料理是各人以较小的食器装盛显然不同。

折叠矮脚餐桌最初被称为“卓袱台”。江户时代末期，长崎的料理店使用的就是这种餐桌。后来随着中国人的到来，中餐开始盛行，且逐渐被融入了日本特色，各自分食的料理便开始普及，这种料理被称为“卓袱料理”。“卓袱”一词原指中国人铺在餐桌上的桌布。“卓袱台”的原始模样类似于中式椅子，而后演变成与日本住宅相匹配的坐式圆形餐桌。

（二）韩国宴会

相对于中日两国，韩国民间的宴会格式相对要简单。宴会菜品基本上是由几个主菜配上不同品种的几个泡菜，还有一些小菜，菜品与格式受中日两国影响较大，与日本宴会相似但更朴实一些。韩国宴会的主流是韩定食。

1. 韩定食的历史

韩定食继承了朝鲜时代的宫廷料理，也有来源于士大夫家的饭桌。朝鲜王朝灭亡后，1908 年御厨安熟桓开了一家料亭明月馆，开业以后大受欢迎，当时只有权贵富户才可以来明月馆品尝。由于这些客户，明月馆不仅在饮食界有影响，还被认为是初期韩国政治的符号，称为料亭政治。当时的韩国人是通过明月馆来理解想像宫廷宴会的。现代韩国国宴也是以韩定食为基础的。

2. 韩定食的组成

韩定食讲究排场，由前菜，主食，副食，饭后食组成，共分成 3 碟，5 碟，7 碟，9 碟，12 碟。韩国摆餐桌的特点是所有菜都同时摆出。一道传统的韩定食，除了饭和汤，泡菜，炖汤，还有小碟装的酱油、醋、酱等，基本料理为生菜，熟菜，烧烤类，酱类，煎类，酱果类，干餐，鱼酱类，生鱼片，片肉（猪肉）等。全州韩定食是韩国传统饮食的代表。全州韩定食一般由泡菜等18味小菜、6种海鲜和肉类食品以及6种蔬菜、水果等组成。除了泡菜外，不加辣椒粉是其区别于普通韩国饮食的特征。韩国料理讲究色彩斑斓的视觉美感，韩定食还陈设着韩国传统家具，仿佛走进了古代的朝鲜。

第二节　欧洲的宴会

欧洲的宴会整体上风格相近，文化源头上大多可以上溯到希腊、罗马。中国人所说的西餐主要就是指欧洲的饮食，其中以法国、意大利最有代表性，其他如英国、德国、俄罗斯也有特点。19世纪欧洲的上流社会的宴会美食是集雅典的优雅、罗马的奢华和法国的细腻于一体的。15世纪后的大航海时代，欧洲人的足迹遍布全球，欧洲的饮食文化影响也遍布世界，以美国、加拿大和澳大利亚最为突出。16世纪的宗教改革与大航海对于欧洲的餐桌影响很大。新教很少追求和赞扬美食，各国也有不同。意大利与法国受希腊影响较大，虽然宴会奢侈程度减弱，但美食氛围依然是欧洲最为浓厚的；英国受新教影响较大，饮食较为简朴；德国北部受新教影响大，饮食朴素，而南部天主教地区则受法国与意大利影响较大。

一、意大利的宴会

（一）意大利宴会的历史

1. 早期的意大利饮食

意大利的菜肴源自古罗马帝国宫廷，有着浓郁的文艺复兴时代佛罗伦萨的膳食情韵，被称“西餐之母”，饮食烹调崇尚简单、自然、质朴。罗马帝国时代结束之后，随着公元6世纪的蛮族入侵，意大利传统饮食几乎消失。在中世纪时期，公元8世纪的查理大帝对美食和聚会的热爱与公元9世纪时阿拉伯人征服西西里并带来了面粉，使意大利烹饪由此再次出现；在这之前，基督教文化一直认为沉浸于美食之人有罪。公元13世纪城市生活再次发展，这段时间恢复了一些烤箱烘焙或壁炉烘烤的方式、炖肉、酱汁和摆盘装饰等传统艺术复活。

2. 中产阶级的影响

意大利烹饪艺术的革新发生于公元14世纪的托斯卡纳。在这个时期，做饭慢慢从大众饮食变成一种美食试验，并由此蔓延到全欧洲。托斯卡纳的中产阶级创造了当时城市的繁荣，在他们家中都配有私人的厨房服务。也就是从这里开始，现代厨师诞生了。烤面包的技艺也促进了甜点技术的发展。富裕的家庭开始使用珍贵的餐具，并由此诞生了餐桌礼仪和对用餐环境绝对清洁的要求。美第奇家族

（Medici）的厨师一定要使用当地地道的食材，他们通常被家族的主人指挥管理。美第奇家族厨师做的菜都是托斯卡纳传统菜肴，而其灵感通常来自乡村饮食。这一时期艾米利亚地区的埃斯特宫廷名厨梅西斯布戈写成了他的著作《盛宴：美食与排场的结合》。1891 年，意大利现代烹饪之父佩勒格里诺·阿图西（Pellegrino Artusi）出版了《厨房科学和饮食艺术》，为意大利中产阶级提供了美食范本。他精心选择逐一尝试了意大利传统菜肴，并在全意大利展开宣传，由此，意大利各个地方的地域美食在全境传播开来。1930 年，菲利波·托马索·马里内蒂出版了《未来主义烹饪宣言》。

3. 大航海与文艺复兴的影响

来自于南美洲的食材玉米、火鸡、番茄、甜椒、土豆、咖啡、可可和一些新豆类慢慢进入了意大利烹饪文化，如玉米糊变成了意大利人的日常菜肴，也是从这时候开始，意大利面中开始有西红柿出现。文艺复兴时期，新的烹饪方法出世了：果酱，果冻和小糕饼。很多人也开始看重德拉卡萨（Monsignor Della Casa）在《礼仪》（意大利语：Galateo）这个作品里阐释的餐桌卫生和礼仪规定。栗子糊，面包汤，各类豆汤等也开始广泛传播。公元 17 世纪和 18 世纪，宫廷普遍消失，意大利烹饪也失去了往日的光辉；但在这个历史背景下，各个区域的烹饪技术开始蓬勃发展并着重强调彼此的区别。1634 年乔瓦尼·巴蒂斯塔·克里希（Giovan Battista Crisci）在那不勒斯出版了《朝臣的油灯》（*Lucerna de corteggiani*）。这本书里按照季节集合了各类菜谱，也正是从这个作品开始，意大利南部的菜肴开始，被编入书籍之中。

4. 意大利的地方风味

意大利半岛形如长靴，南北气候和风土人情差异很大，各个地方城邑因长期独立发展，逐渐产生独特的地方风味。北部、中部、南部和小岛四个大区域的饮食都各有特点。

意大利北部喜欢用牛油烹调食物，面食的主要材料是面粉和鸡蛋，尤以宽面条以及千层面著名。此外，北部盛产中长稻米，适合烹调意式多梭饭和米兰式利梭多饭。

意大利中部以多斯尼加和拉齐奥两个地方为代表，特产多斯尼加牛肉、朝鲜蓟和柏高连奴芝士。

意大利南部喜欢用橄榄油烹调食物，善于利用香草、香料和海鲜入菜，特产包括榛子、日干番茄、莫撒里拿芝士、佛手柑油和宝仙尼菌。面食的主要材料是硬麦粉、盐和水，其中包括通心粉、意大利粉和车轮粉等。

小岛以西西里亚为代表，深受阿拉伯影响，食风有别于意大利的其他地区，以海鲜、蔬菜以及各类干面食为主，特产盐渍干鱼籽和血柑桔。

（二）意大利宴会的食材与餐具

烹制意大利菜，总是少不了橄榄油、黑橄榄、干白酪、香料、番茄与马沙拉白葡萄酒。这六种食材是意大利菜肴调理上的灵魂，也代表了意大利当地所盛产与充分利用的食用原料，意大利菜多以海鲜作主料，辅以牛、羊、猪、鱼、鸡、鸭、番茄、黄瓜、萝卜、青椒、大头菜、蘑菇、香葱、白菜、胡萝卜、龙须菜、莴苣、土豆等食材。著名的肉制品有风干牛肉（Drybeef）、风干火腿（Parmaham）、意大利腊肠、波伦亚香肠、腊腿等，这些冷肉制品非常适合于开胃菜和下酒佐食，享誉全世界。主食中最有名的是意大利面，简称意面，分为线状、颗粒状、中空状和空心花式状四个大类，用面粉加鸡蛋、番茄、菠菜或其他辅料经机器加工制成。意面中最著名的是通心粉、蚬壳粉、蝴蝶结粉、鱼茸螺丝粉、青豆汤粉和番茄酱粉，有白、红、黄、绿多种颜色，这些粉大都煮熟后有咬劲，佐以火腿、腊肉、蛤蜊、肉末、鱼丝、奶酪、蘑菇、鲜笋、辣椒、洋葱、虾仁、青豆和各式佐料，馨香可口。意大利年产各种面条多达 200 万吨，每年人均食用 30 千克。

（三）意大利宴会的形式与流程

意大利人请客，星期天和节日多在家中。开席时先喝点香槟酒，以开胃为主，还有软饮料，配有各种小吃，如花生米、炸土豆片、橄榄等。开瓶时，让瓶内的气体慢慢外推，发出“嘭”的一声，弹出瓶塞，以此为吉兆，然后依次上各式菜品。达芬奇的名作《最后的晚餐》（图 3-3）可以看作是极简版的意大利宴会，实际上意大利宴会在西餐中菜品是比较多的。

图 3-3　达芬奇《最后的晚餐》

1. 前菜

前菜也叫开胃菜，字面意思是餐前小吃，作用是刺激客人的食欲，但不能吃饱。现代意大利宴会中的前菜，起源于19世纪中叶，当时的用餐礼仪从原来的“法式餐礼”——由文艺复兴和巴洛克时期的大型宴会发展而来的形式，所有菜品同时一起上桌，食客可以在自助冷盘和新鲜出炉的热菜之间随意取用——转变为更合理和优雅的“俄式餐礼”——不同的菜品依照精确的顺序，逐一渐次上桌。意大利前菜通常包含一个腌肉拼盘配腌渍或油浸蔬菜，还有一卷新鲜黄油或水果，如帕尔马火腿配甜瓜、无花果或葡萄。前菜可以是冷盘，也可是热菜，可以是很简单的菜品，也可以是复杂工艺的菜品。也可以分为肉类前菜、鱼类前菜或蔬菜前菜。现代意大利宴会的前菜分量越来越少，但地位却越来越重要。

2. 头盘

头盘的意思是在主菜之前，原本并不是太重要的菜品，但在现代意大利宴会中，经常将头盘作为唯一优质主菜来对待，食材中的蛋白质与碳水化合物都非常丰富。也可以简单地用意大利面配番茄酱作为头盘。头盘的组合变化非常丰富，与宴会所处的区域或厨师的创意关系密切。意大利最受欢迎的头盘是各种意大利面，在意大利有超过100种不同形状的面食。其次受欢迎的是意大利团子，这类团子是用面包、粗面粉、土豆、奶酪、蔬菜制作而成，配制方法很多，味美软糯。大航海时代从东方传来的大米也在各类饭、饼及菜品中有广泛应用。汤也是头盘中不可或缺的部分，一般制作简单，经常加入大蒜、洋葱、香料、猪油、熏肉、猪脸、蘑菇、鸡杂等一起煮。

3. 主菜

主菜是宴会的灵魂，位于头盘之后，是第二道与第三道菜。主菜的食材通常是鱼或者肉，由于多个世纪以来的古老基督教传统倾向于低脂肪饮食，所以大多数时候鱼的用量比较多，是主菜中的主角，是“地中海饮食”的基本元素之一。在意大利宴会里几乎不把肉和鱼放在同一道菜里。肉类食材中白肉与红肉都有，但最受欢迎的是鸡肉。牛肉是红肉，但小牛肉也被认为是一种白肉。其他还有专门养殖的羊肉、马肉、驴肉、猪肉与各种腌肉。意大利中部地区，复活节的主菜经常会选用小乳羊肉。野味在贵族阶层的宴会上使用得比较多。配菜是与主菜搭配的。受欢迎的配菜有香菜炒保鲜尼菌、番茄芝士沙拉等，而现代主菜会配以更多的蔬菜和淀粉食物来平衡营养，无须另选配菜，驰名的主菜有酿花枝、香草生腿煎牛仔肉片和烧牛柳配蘑菇红酒汁等。蔬菜与豆类不仅在配菜里，也可以当作主菜来用，如以豆类为原料的“番茄炖菜”“烤千层茄子”等。

4. 甜品

甜品是宴会的结尾。意大利所有地区都有经典的甜品，很多品种全国有名。

如果馅卷饼、复活节馅饼、朗姆酒海绵蛋糕、意式芝士饼等等。甜品之后，侍应生会推上芝士车，芝士在意大利是十分普遍的食物，种类大概有400种，可以入菜或者伴红酒进食。常见的意大利芝士有戈尔根朱勒干酪（Gorgonzola）、宝百士（BeiPaese）、芳汀那干酪（Fontina）、帕尔马森芝士（Parmesan）、波萝伏洛干酪（Provolone）和马苏里拉芝士（Mozzarella）。用餐后，可以喝一杯浓缩咖啡帮助消化，还可以搭配一点杏仁曲奇。

二、法国的宴会

（一）法国宴会的历史

法国历史上对于饮食一直非常重视，尤其是国王路易十四对于饮食及宴会有着深厚的兴趣，在他的影响下，法国社会纷纷模仿贵族的饮食习惯与排场，王宫的美食成为饮食文明转变的风向标。在发展和演变过程中，意大利的饮食文化对法国的影响很大，1533年卡特琳娜·德·美第奇嫁给法王亨利二世时带来的意大利厨师为法国菜带来新鲜元素，从此她开始帮助法国建立法国烹饪文化。之后，法国人学会了怎么用叉子，学会了把甜点和咸味菜分开，而且法国宫廷开始食用面条。在拿破仑之前，欧洲最为流行的是法式宴会，把所有的食物都放在桌子中间，用精致的托盘盛放各种肉类、蔬菜、水果、甜点，餐叉和酒杯都提前放好，由就餐者自取食用。这样的宴会摆桌形式因浪费和卫生原因被拿破仑废止。法国美食被认为是一种艺术，因此画家和作家十分重视法国烹饪，这也使之成为欧洲最重要的代表性美食。

到了近代，法国国宴的菜式逐渐不再讲究奢华和珍贵，而更强调法国的特色风味。在第一次世界大战之前，法国国宴有13～14道菜，战后则减少到6～7道菜。现在，法国国宴一般由前菜、主菜、应季蔬菜沙拉、奶酪和甜点组成。戴高乐将军上台后，决定将以前冗长的国宴时间缩短到1个小时40分钟，并将菜品数量减少至5道。他还重新排列了宴会厅的座位，使其形成一个以国家元首座位为底座向两边散开的“U”形。这种“阵型”使得200位宾客可以共聚一堂，在享受美食的同时进行愉悦的交流。

法国菜在西餐中的用料是很广泛的。偏重牛肉、蔬菜、禽类、海味和水果，特别是蜗牛、黑松露、蘑菇、芦笋、洋百合和龙虾。其他如鹅肝、塌目鱼、扇贝、奶酪也是经常选用的食材。调味料上喜欢用奶油用酒，菜和酒的搭配有严格规定，如清汤用葡萄酒，火鸡用香槟等。法国菜中的名菜，也有些用极普通的原料制作而成的，如“洋葱汤”，所使用的就是普通的洋葱。香料在法餐中应用也很多，如蒜头、芹菜梗、胡萝卜、香叶、迷迭香、百里香、茴香等。此外，法国国宴食材强调应季新鲜，而且要是各地的名优产品。

（二）法国宴会的类型

1. 国宴

法国国宴一般在爱丽舍宫节日大厅举行。总统和第一夫人会在大厅门口迎接来访的外国领导人及其夫人。在法国共和国卫队乐团现场演奏的迎宾曲中，受邀宾客踩着红地毯鱼贯而入。金碧辉煌的大厅里，巨型水晶吊灯豪华气派，宾主通常会先喝一杯香槟作为开胃酒，然后等待晚宴正式开始。按照惯例，国宴菜单由总统府厨师长和礼宾官提出建议后，最后由总统或总统夫妇决定，因此法国国宴菜品的选择在一定程度上受到总统个人喜好的影响。法国国宴菜式设计也会充分考虑宾客的饮食习惯。从第四共和国开始，爱丽舍宫便有了记录贵宾来访时菜单的传统，以保证同一位宾客不会吃到同一道菜式。每一位宾客入座后都会在餐桌上看到一份菜单，菜单封面一般是法国知名画作，别具匠心的设计不仅让人赏心悦目，还能让宾客感受到法国厚重的文化底蕴。

2. 贵族宴会

法国18世纪洛可可时代的代表性画家让·弗朗索瓦·特鲁瓦（1679—1752）的作品《牡蛎宴》（图3–4）反映了法国贵族的酒宴场景，餐桌是现代宴

图3–4 让·弗朗索瓦·特鲁瓦《牡蛎宴》

会中少见的圆桌，画中酒宴已过半酣，牡蛎壳狼藉满地，有的仍握住酒瓶不肯罢休，有的争强好胜地在对酌，更有的已酩酊大醉。左边一个贵族在让仆人擦去衣服上溅着的油迹。桌前的酒箱上露出两只酒瓶颈，远处的仆人又端上来一大盘牡蛎。这家宴会厅的背景上，现出充满浮雕装饰的豪华建筑内壁。后面有一演奏台。这里可以举宴，也可作大型舞池。

3. 乡村宴会

传统的法国乡村宴会食物与场景都是比较朴实的，但现场还是有乐队伴奏，见图 3–5。在《乡村婚宴》这幅作品中，描绘的是 16 世纪一对贫穷农民的婚礼，宴会的场景看上去像一个谷仓，墙垛用干草堆成，人们坐在用树干制成的简陋板凳上，围在长方形桌前就餐。

图 3–5　彼得·勃鲁盖尔《乡村宴会》

（三）法国宴会的形式与流程

法国菜的上菜顺序是，第一道冷盆菜，一般沙丁鱼、火腿、奶酪、鹅肝酱和沙拉等，其次为汤、鱼，再次为禽类、蛋类、肉类、蔬菜，然后为甜点和馅饼，最后为水果和咖啡。

1. 13 道菜单传统菜单上菜顺序

13 道菜传统菜单每道菜分量不大，味美精致，上菜顺序如下：

第一道菜　冻开胃头盘（Hors–d’oeuvre Froid）

第二道菜　汤（Potage）

第三道菜　热开胃头盘（Hors–d’oeuvre Chaud）

第四道菜　鱼（Poisson）

第五道菜　主菜（Grosse Piece）
第六道菜　热盘（Entree Chaude）
第七道菜　冷盘（Entree Froide）
第八道菜　雪葩（Sorbet）
第九道菜　烧烤类及沙拉（Roti & Salade）
第十道菜　蔬菜（Legume）
第十一道菜　甜点（Entremets）
第十二道菜　咸点（Savoury）
第十三道菜　甜品（Dessert）

2. 5 道菜菜单的上菜顺序

第一道菜　冻开胃菜（Hors-d'oeuvre Froid）
第二道菜　汤（Potage）
第三道菜　热头盘（Hors-d'oeuvre Chaud）
第四道菜　主菜（Grosse Piece）
第五道菜　甜品（Dessert）

3. 3 道菜菜单上菜顺序

第一道菜　冻 / 热开胃菜（Hors-d'oeuvre Froid/Hors-d'oeuvre Chaud/Potage）
第二道菜　主菜（Grosse Piece）
第三道菜　甜品（Dessert）

三、英国的宴会

（一）英国宴会的历史

1. 早期的英国宴会

英国宴会的历史可以上溯到罗马时期，但这时期的宴会并不能称为真正意义上的英国的宴会。中世纪的亨利二世时期，英国社会相对平静，统治阶层也比较新潮，食物的品种开始丰富起来。金雀花王朝的理查二世对 15 世纪宴会的奢华做出了贡献，他把华丽、雅致、炫耀的美学追求带到了宴会中，他首次在宴会中使用餐巾，在宴会中，最高级的人全在餐桌的一侧，另一侧是侍者与切肉的厨师，这些侍者很多来自乡绅人家，而切肉的厨师工作往往也由侍者来承担。侍者将菜端到贵宾席上后要先试吃，以免贵宾中毒。这一时期的社会阶层流动较大，新兴的阶层虽不一定和贵族们一样享用奢侈的宴会，但会模仿贵族们的饮食礼仪，这使得整个社会的宴会都显得举止得体。

2. 都铎王朝时期的宫廷贵族宴会

都铎王朝的宗教改革使得人们的饮食习惯受到清教徒的影响，清教徒认为享用太精致的菜肴是一种罪过，吃猪牛羊肉在普通的日子里是被禁止的，但在复活节、圣灵降临节与圣约翰节是可以吃肉的。可以吃肉的宴会使得节日受到人们的普通欢迎。

对于贵族来说，斋戒对他们的宴会并没有太大的影响。在《切割之书》中详细解说了宴会中非常复杂的上菜的艺术，如在分割鹿肉时，侍者不可以用手碰到肉，只能用刀具将鹿肉分成十二片，放到牛奶燕麦粥上。同样的规则也用于培根、牛肉和羊肉。

当时的英王亨利八世是一位热衷于宴会的人，他在 1517 年 7 月举办了一场盛大的国宴，客人们在餐桌边坐了 7 个小时，现场的一位威尼斯客人记载了这场宴会："有一个餐台，长 30 英尺，高 20 英尺，上面摆放着镀银的花瓶，还有价值不菲的黄金花瓶，这些东西都是全新的，所有供餐用的长圆形托盘，碟子、盘子、盆子、盐罐和酒杯都是纯金的。餐碟一直在不停地移动和更换，大厅里到处都在忙着上新鲜美味的菜肴；在这个王国里，任何一种可以想象得到的肉应有尽有，鱼亦是如此，甚至包括虾肉馅饼，大约有 20 种肉冻，令人叹为观止。它们被制作成堡和各种动物的形状，美轮美奂，让人赞叹不已。"

亨利八世的大法官沃尔西是一位来自社会底层的新贵族，同样沉溺于宴会的快乐，他拥有伦敦最大的宴会场地——格罗夫纳豪斯酒店的宴会厅，可以容纳 2000 人。沃尔西垮台后，他的豪华宫殿与大宴会厅被亨利八世接收了。在伊丽莎白统治时期，宫廷的厨房曾在一年用过 240 头牛、8200 只羊、2330 只鹿、760 头小牛、1870 头猪和 53 头野猪。据史料记载，在查尔斯二世的一场国宴里，共上了 145 道菜。

3. 维多利亚时期的宴会

大航海时代，英国被称为日不落帝国，来自世界各地的特产供养着大英帝国的奢华宴会，但是贫穷的阶层宴会也是非常寒酸。

维多利亚时期的英国美食作家伊丽莎白·比顿在《家庭完全管理手册》中为富人们列出了一份七月的 12 人晚宴菜单："头盘：园丁汤、鸡汤、鸡汤三文鱼配欧芹（或黄油鳟鱼配细丝鲱鱼）；主菜：小牛肉配豌豆泥、烤羊肉配酸黄瓜；第二道菜：调味烤牛腰、烤羊前腿；沙拉蔬菜：红烧火腿肉配蚕豆；第三道菜：烤鸭、雏火鸡、法式烩豌豆、龙虾沙拉；甜品：樱桃馅饼、树莓塔、高脚杯奶油冻、柠檬冰激凌、布丁冰激凌、葫芦布丁。"同一书中还记载午夜舞会供应的宵夜，这样的宵夜也是按正餐的方式来摆放的："牛肉、火腿、牛舌三明治、龙虾牡蛎肉饼、香肠卷、肉卷、龙虾沙拉、切碎的家禽；混合火腿片、牛舌片、牛肉片和小牛肉片的拼盘，各种果冻、牛奶冻和冰激凌；用高脚杯装的奶油水果、果酱挞、小盘子装的糕点、新鲜水果、棒棒糖、糖果以及两三块海绵蛋糕和饼干，自助餐桌上摆放着装饰用的装有鲜花或人造花的花瓶。这些菜足以称得上是一顿正餐了，要是宾客们要求加菜。”从伊丽莎白·比顿的记录来看，富人们的食物还是比较丰盛的，但同一时期的乡村宴会的食物却非常粗陋简单，而且肉食很少。

维多利亚时期的英国作家芙洛拉·汤普森在《雀起乡到烛镇》中描写了一场猪肉宴：

“如果这户人家恰好没有烤箱，他们就得向住在其中一间茅草屋里的老夫妇寻求帮助了。老夫妇家的洗衣房中有一个大大的烤箱，烤箱看起业像是一个巨大的碗柜，外面装有一扇巨大铁门，内衬的砖块一直延伸进墙体内部。往烤箱里堆满木柴，点火，关上铁门，不一会儿炉子就烧热了，这时候再打开铁门，扫净灰烬，放入猪肉、土豆、面糊布丁、猪肉馅饼等食物，偶尔再添上两个烤蛋糕，然后等着吃大餐吧！

与此同时，家里也是一片忙碌景象。人们会煮上3～4种不同的蔬菜，还有塞满肉馅的布丁，要是宴会上没有这道菜的话，根本就不能算得上是宴会。这份肉馅不能与任何蔬菜搭配，食用者要一次性将其吃光，之后才能享用其他美食。平时，布丁是一种含有水果、醋栗或果酱的圆形食物，但也不乏肉馅布丁这种特殊的形态。这道菜的主要目的是让人们控制食欲，以迎接接下来的大餐。猪肉宴上根本就不会出现甜口布丁，试问谁想在好不容易开荤时吃到这道如此稀松平常的食物呢？可是，我们每年只有1～2次机会享用如此丰盛的大餐……”

茶传到英国以后，很快就影响到了每一个英国人的餐桌。对于上流社会的人来说，茶进入了他们的社交场合，并形成了填补正餐空隙的一种简单宴会“下午茶”。而对于中下阶层与工薪阶层来说，茶几乎是他们每餐必备，下午茶更是他们午餐后的第二顿饭，虽然他们喝到的茶很淡，质量也不好。在英格兰北部，下午茶完全就是一顿大餐：“香饼、黄油面包、火腿三明治、沙拉、火腿、熏鳕鱼、煮鸡蛋、饼干和麦芬蛋糕，搭配加了朗姆酒的茶水。”这样的风格不同于东方人的茶会、茶宴上的食物安排。

（二）英国宴会的食材

1. 古代英国宴会食材

中世纪的英国宴会食材主要局限在英伦三岛与欧洲大陆上。牛肉（分为普通的牛肉与小牛肉，小牛肉更鲜嫩也更珍贵些）、山羊肉、绵羊肉、猪肉、驯鹿肉等是一直延续到今天的食材。猪肉除了直接当作食材，还经常拿来做成咸肉和火腿，其中咸肉是穷人们的食物。猪血以及猪的内脏也是重要的食材。当时有谚语说，“除了猪叫声，猪身上任何部位都可以食用。”獾肉与海狸尾也是农家菜单上常见的食材。古罗马人与诺曼人把野兔带到了英国，此后直到20世纪中期英格兰还有养兔场。中世纪的英国人喜欢吃3个月大的兔子肉，他们认为这个月龄的兔子不算肉，是可以在斋戒期间吃的，炖煮兔肉与兔肉饼是那时常见的美食。

鸽子在当时还不是和平的象征，乳鸽是常见的食材。人们饲养最多的家禽是鸡、鹅以及作为副产品的蛋类。

奶酪是中世纪的重要食物。当时的奶酪有硬干酪、软干酪、grene 干酪和 spermyse 干酪四种。现代的德比干酪被认为是由 spermyse 干酪发展而来，且是唯一的遗存；软干酪是由乳清制成，是穷人的食物；硬干酪是由脱脂牛奶制成，耐于存放。黄油是牛奶的副产品，中世纪的厨师们用它来制作很多糕点，当然也用来作烹调用油。

鱼肉因为食物储存的需求，也因为宗教的原因成为重要的食材，因为基督徒们在大斋期是不可以吃热血动物的，而这个大斋期正好与动物的繁殖、哺育后代的时间重叠。

可食用的淡水鱼以鲤鱼和梭鱼最常见，梭鱼更昂贵些，在 13 世纪末，一条大梭鱼相当于两头猪的价格。其他还有鲈鱼、丁鲷、鲮鱼、鳗鱼等。当时社会有不成文的规定，社会阶层越高就能享用越大的鱼。

作为一个岛国，海鱼当然是常用的食材。鲱鱼价格便宜，大约 100 条鲱鱼价值 10 便士，而一个劳力一天可以挣到 1 ～ 3 便士。当时人们制作盐腌但不熏制的白鲱鱼和腌制风干后再烟熏的红鲱鱼，还有不去内脏直接腌制的鲱鱼——布鲁打鱼。鲑鱼一直是英国人食谱上常见的鱼，多到以至于城市的学徒工们会因为饮食里有太多的鲑鱼肉而抗议。鲑鱼可以盐腌，可以热熏，在罐头流行后更是被做成鲑鱼罐头。在那个时候的家庭食谱上还有海鲂、鲭鱼、鲻鱼、比目鱼、鲽鱼、鳎鱼、鳕鱼、海螺、小龙虾、螃蟹等。还有从外国运来的鲸、海豚和鲟鱼[1]，鲸和鲟鱼是献给国王的，国王会把鲸的头尾留下，其余部分分发给大臣们。这些鲸肉算得上是奢侈品了。

中世纪的主食主要是面包。当时英国南方产小麦，在一些贫瘠的地方产的更多的是大麦、黑麦和燕麦，这些都是用来制作面包的材料。据说中世纪的一些宴会会用方形面包来做食盘，食物就分发在食盘上，当宴会结束之后，这些可以吃的食盘会被搜集起来分发给穷人。

中世纪蔬菜的品种也不少。有酢浆草、亨利藜、洋葱、大葱、蒜、韭菜、欧洲萝卜、胡萝卜、甜菜根、豌豆及各种豆类、从法国传入的普伊扁豆等等。梨子、苹果、樱桃、树莓是常见的水果。总的来说，蔬菜水果的种植是都铎王朝时发展起来的，也是此时人们才普遍食用生的果蔬。

2. 现代英国宴会食材

对现代英国宴会食材的考察应该从大航海时代开始，这个时候为英国的宴会餐桌带来了很多重要的食材，并影响到了现代的西餐。

---

[1] 鲸、海豚和鲟鱼都是我国国家级保护动物，不可食用，下文同。

西红柿从南美洲传来，最初这是作为观赏植物的，后来人们发现它可以食用，从此成为西餐中不可缺少的食材，既作为蔬菜来使用，也制成番茄酱作为调味品使用。从南美洲传来的食材还有土豆、火鸡、红辣椒、南瓜、可可。

从非洲传来的咖啡和从中国传来的茶叶改变了英国人餐桌上的气氛，人们不再完全沉浸在醉醺醺的宴会氛围里。

印度咖喱影响了英国人的餐桌，并通过英国成为影响全世界的调味品。1615年，牧师爱德华·特里随托马斯·罗伊爵士奉英国国王詹姆斯一世之命拜访印度莫卧尔王朝皇帝沙贾汗。在一次宴会上，特里发现印度厨师加各种香料调制咖喱酱非常美味，于是在他的文章中不吝赞美之辞。

从英国人食谱中消失的食材是兔子，第二次世界大战前英国的兔子急剧繁殖，这解决了第二次世界大战中英国人的肉食问题，但战后从民间到官方对兔子都很嫌弃。民间从澳洲进口了一种专门抑制兔子生长繁殖的病毒，最终使得兔肉在英国人的食谱中消失了。另外一个受影响的食材是猪肉，第二次世界大战后英国的养猪业迅速萎缩，猪的品种原来有林肯郡卷毛猪、埃塞克斯卷毛猪、格洛斯特猪、英式卷毛猪，现在只有纳维亚半岛的长白猪，这种猪主要用来制作培根，英式卷毛猪也还有少量的养殖。

（三）英国宴会的形式

传统的英式宴会上每种鱼和肉都有固定的配菜：辣根配牛肉、薄荷酱配羊肉、熏猪肋肉配欧芹酱等。中世纪的英国宴会与欧洲其他国家的宴会一样，在几百年间都没什么变化。如今天西餐中常见的餐叉，在1491年意大利就已经出现了，但直到200年后在英国的贵族日常生活中才开始使用，但仍然被人们认为是不必要的外国玩具。

在宴会的形式与流程上，英国宴会先是罗马宴会的影响，后来又受法国宴会的影响，到19世纪，又受到俄国宴会的影响。法式宴会需要在餐桌上同时摆上许多种具有高度鲜明对比的菜品。俄式宴会的餐桌则不再随时摆满食物，这样就有更多的空间可以摆放一些不可食用的装饰品。从维多利亚时代开始，宴会中男女宾客间隔而坐。

乔治五世1821年的加冕宴会被认为是文艺复兴风格的最后一场宴会。在国王到达威斯敏斯特宫之前，女花童进入大厅，将花瓣撒在地板上。男性宾客们穿着都铎王朝时期的服装出现，现场每样东西都闪闪发光，显得非常华丽。人们花了两个小时，在餐桌上摆放336个银盘子，每个盘子边上都放着两把银勺子，还有一个餐具柜里展示着纯金的盘子。这是一种体制性的排场，在1952年伊丽莎白女王的加冕礼上，她身后的长椅上也有着许多相同的陈设。乔治五世加冕礼宴会在时尚圈被认为是非常糟的品位，此后的加冕礼都以私人晚宴的形式庆祝。

在进入20世纪后，英国宴会菜单与传统菜单大不相同。1947年公众调查人们认为的“完美一餐”的菜单：“雪莉酒、番茄汤、比目鱼、烤鸡、烤土豆配豌豆和豆芽、红酒或白酒、奶油蛋糕、奶酪饼干和咖啡”，1973年英国人心目中的“完美一餐”的菜单：“雪莉酒、番茄汤、鸡尾酒虾、牛排、烤土豆或薯条配豌豆和豆芽蘑菇、红酒或白酒、麦芬蛋糕或奶油苹果派、奶酪和饼干、咖啡、利口酒或白兰地”。这两份菜单可以看出英国在20年里口味发生了比较大的变化。

四、德国的宴会

（一）德国宴会历史

早期生活在欧洲的日耳曼人以畜牧业为生，食物以动物的肉食为主，粮食很少。当时日耳曼人放牧的是猪，这是他们主要的肉食来源，养牛是为了获得乳品。在后来的迁徙过程中，日耳曼人向罗马人学到了很多先进的饮食文化，如烹调、酿酒等，因此，罗马的宴会文化也是德国宴会的源头。

中世纪前期，宗教文化对饮食强劲渗透，罗马的饮食礼仪被放大到极致，餐桌礼仪逐渐形成固定模式，等级制也更加明显，有了贵族菜与农民菜的区别。贵族们吃的是白面粉、鱼、牲畜、家禽，喝葡萄酒，农民们吃粗面包、黑麦、燕麦。其中吃肉多少与吃什么肉成为划分饮食等级的重要尺度。但因为基督教的斋戒期是禁止食用四足动物的，所以，鱼和蛋类就成为人们饮食中重要的食物。中世纪前期，啤酒还不同于今天的啤酒，只是一种谷物酒的别称，主要流行在不产葡萄的地区，是下层人的饮品，上流社会自然以喝葡萄酒为荣。到9世纪时，酿制啤酒已经在中欧平原的乡村里普及了，今天则成为德国人的日常饮料。中世纪的中期与晚期，德意志封建主的向东扩张使得饮食受到了东方阿拉伯世界的影响，来自东方的调料与香料在食物中被大量使用。中世纪的贵族宴会已经很讲究排场。贵族们花很多时间来筹划菜谱、请客赴宴，对宴饮的规模、具体的菜肴、烹饪方法、香料的使用和餐桌礼仪都非常讲究。

受意大利文艺复兴时期宴会的影响，中世纪后的德国宴会菜品是一道一道陆续上桌的，而且每道菜都由多种不同菜式组成。对进餐的举止要求更加高雅，用餐所需要的器具不仅讲究实用性，还要精致美观。餐巾、桌布、餐具和酒具的设计更加漂亮，制作与材料也更加精细。这种对于器具的雅化要求也延伸到菜肴本身。

17世纪的“三十年战争”使德国陷入分裂状态，破坏了中世纪形成的许多传统，底层人的饮食变得粗野，但对于贵族们的饮食没有大的影响。这一时期，茶、咖啡、巧克力等丰富了饮料的品种。土豆与面包在18世纪成为德意志人的主食，而这一时期的普鲁士国王带头倡导节俭的饮食。到1871年德意志统一之前，并没有形成正宗的德国特色菜品，上层社会流行的是法国菜，地方上有的是各种特色食品，如普鲁士食品、萨克森食品、巴伐利亚食品等。到19世纪后期，德国中产阶级的家宴已经显得很有仪式感，宴会有铺垫、有序幕、有高潮、有结尾，丰盛是餐桌审美的标准，而装饰餐桌对于女主人来说是非常重要的面子需求。

（二）德国宴会的形式

1. 骑士餐

“骑士餐”是现代德国的乡土风味菜品。德国人推出“骑士餐”是为了重现中世纪骑士饮食和骑士生活。骑士餐厅很多选在各地的古堡中，这样更能够引起人们对于中世纪骑士生活的联想。进入城堡，会有骑白马的中世纪骑士打扮的侍者出来迎接，请客人品尝用德国中世纪流行的锡杯盛的葡萄酒。之后在燃着蜡烛的餐厅中，一位中世纪打扮的侍者为客人端上肉品。餐厅的桌椅都是粗实的实木制成。骑士餐的食物以猪肉为主，也有一些野味，所有食物都用烤的方法制作，这也是中世纪盛行的方法。骑士餐的菜品分量很多，但并不精致，都是德国的乡土菜品。为了表现中世纪的风味，骑士餐的烤肉一般都不经过事先腌制，也没太多香料，只需要撒上盐与黑胡椒；用餐时也只有一把刀子切肉，然后用手取食，因为餐叉是大航海之后才在西餐中普遍使用的。

2. 德国宴会的上菜流程

正宗德国宴会由前菜、汤、主菜、配菜、甜品和咖啡组成，这也是西餐通常的流程，详细参见前面意大利宴会的相关内容。与法国宴会相比，德国宴会的上菜流程要简单一些。由于德国人无论是在家里还是在餐馆都是按这样的顺序用餐，时间长了就养成习惯，即使吃的是一个盘子里盛着的搭配几种菜的套餐，也会按这个顺序来吃。

德国宴会的前菜以冷盘为主，不像意大利与法国那样讲究。在盛宴上会有几个冷盘，普通的家宴上也常常简单放一盘蔬菜沙拉，配上黄油、火腿、奶酪、面包。但即使是高端宴会，冷菜也就是香肠、火腿、熏肉、鱼、鸡、蔬菜沙拉等。味道清淡，以酸咸为主。

汤是宴会上的第一道菜，是宴会正式的开始。汤以各种浓汤为主，常用意式蔬菜汤、俄式罗宋汤、法式洋葱汤等，但在汤里会放肉和鱼。德国浓汤中著名的则是豆子汤、土豆汤。德国宴会浓汤的口味一般辛香浓郁偏咸。

主菜一般是肉类，配菜是水产类、蛋类、面包、面条、沙丁鱼等。德国宴会中的主菜与配菜的区分不是很明显，常常把主菜与配菜放在一起，只有在很正式的宴会上才会专门上配菜。

五、俄罗斯的宴会

作为一个地跨欧亚大陆的世界上领土面积最大的国家，虽然俄罗斯在亚洲的领土非常辽阔，但由于其绝大部分居民居住在欧洲部分，因而其饮食文化更多地受到了欧洲大陆的影响，呈现出欧洲大陆饮食文化的基本特征，但由于特殊的地理环境、人文环境以及独特的历史发展进程，也造就了独具特色的俄罗斯饮食文化。

（一）俄罗斯的食物发展

面包在俄罗斯称为列巴。在大约9世纪的时候，在俄罗斯就有了黑列巴，黑列巴是用发酵了的面粉、荞麦、燕麦等原料烘烤制成的，到15世纪的时候达到了其巅峰时期。黑列巴是用面粉烤制而成的，颜色很深，是俄罗斯人的主食。黑列巴的形状像一个小枕头，外壳烤得很是坚硬。如果放了两天不吃，它就会硬得根本嚼不动，这倒保证了它不会变质。

除黑列巴之外，俄罗斯人大名远扬的特色食品还有鱼子酱、酸黄瓜、酸牛奶等。吃水果时，他们多不削皮。在饮食习惯上，俄罗斯人讲究量大实惠，油大味厚。他们喜欢酸、辣、咸味，偏爱炸、煎、烤、炒的食物，尤其爱吃冷菜。总的讲起来，他们的食物在制作上较为粗糙。公元10世纪上半叶，在俄罗斯（当时称基辅罗斯）开始出现萝卜、豌豆、洋白菜等。食物的种类开始丰富起来，不再局限于热量高的食品。到18世纪的时候土豆开始普及开来，人们发现居然还有一种食物可以起到主食的作用，同时又是那么的香甜美味。18世纪彼得大帝迁都，使得首都靠近西欧，也使得很多俄罗斯人的饮食习惯随之改变。俄罗斯人的餐桌上开始出现了很多西欧式的菜品，19世纪西红柿从欧洲传来，很快就受到了俄罗斯人的喜爱。

（二）宴会形式

1. 普通宴会菜品

俄式大菜脍炙人口，口味浓郁，用油较重，酸甜咸辣俱全，是享誉世界的美食。而红菜汤和土豆是俄式大菜中的两款特色。俄式宴会中最常用的第一道菜是用牛肉或别的肉类、新鲜的或经酸渍的白菜和别的蔬菜所做成的菜汤。新西伯利亚市面上、伊尔库茨克州的居民喜欢吃红菜汤。红菜汤在俄罗斯久负盛名。做法是先用甜菜、格瓦斯放在罐中焖煮，煮开后放入白菜、甜萝卜，煮烂后放入葱、蒜、油、盐、肉，这是最基本的程序。在夏季，人们喜欢制作冷杂拌汤。这是用格瓦斯和切成碎块的肉、新鲜蔬菜或加煮鸡蛋做成。吃时浇上一层酸奶油，有清暑除烦、提神醒胃的作用。在餐厅，较为普遍的菜汤是牛肉块、土豆块或土豆丝、胡萝卜块、红甜菜等一起熬成的大杂烩汤。或者是加入鸡块，一般肉块都切得较大。一餐多半一大盘汤，加面包、奶油就足够了。除了黑面包外，面粉烤制的食品也多种多样，如大馅饼、油炸饼、牛肉煎包、奶渣饼、软圆面包等。第二道菜中最普通的还是炖牛肉，或是与土豆或其他配菜一块炒的牛肉，有时吃土豆泥、沙拉、大红肠、鱼块。但当地居民一般不吃鲫鱼，很便宜的大鲫鱼大多是华侨买了吃。而俄罗斯人都喜欢吃生鱼块、腌成红肉色的。

2. 国宴

一直以来，欧洲其他国家和地区的宴会都是将食物满满地摆在桌上，以丰盛为美。俄式宴会的桌面则将大部分空间用来装饰，增加了宴会的美感（图 3–6）。在俄式宴会上，餐桌被极有品位地装饰着鲜花和水果，还有精美的艺术糕点，热菜则是切成一块一块地分给每一位客人，而所有切割的工作都在厨房完成，这样就不会弄脏桌布。相比传统的欧洲宴会而言，俄式宴会服务意味着不再有堆积的吃不完的食物。但 20 世纪苏联成立，宴会文化走向了粗犷，而这时的欧洲宴会主流却是精致化的。

图 3–6　圣彼得堡叶卡捷琳娜宫骑士餐厅

苏联时代的国宴是在长长的餐桌上进行的，上面摆放着丰盛而大份的食物，如果要寻找苏联时代最高水平的美食，那它一定就在克林姆林宫。到 20 世纪 20 年代，为了和其他国家建立外交关系，才开始重新出现庄重的官方国宴。1936 年，克林姆林宫为政治局成员举行了第一次新年晚宴，举办新年晚宴也成为了克林姆林宫的一项传统。

第一次新年晚宴的食物包括俄式馅饼、三文鱼、格鲁吉亚哈恰普里、法式清汤、冻糕和帕尔玛干酪，融合了欧洲、俄罗斯和高加索的美食。克林姆林宫的酒几乎是无限供应的，而在苏联时代，提供的主要是伏特加和干邑。

1942年的国宴菜单上冷开胃菜有颗粒状鱼子酱，压制鱼子酱，极北鲑，三文鱼，鲱鱼和配菜，油白鱼干，冷火腿，野味舒芙蕾配蛋黄酱，鸭肉冻，星状鲟肉冻，番茄沙拉，沙拉，酸黄瓜，番茄，萝卜，高加索黄瓜，奶酪，黄油，吐司，馅饼。热开胃菜有酸奶油白蘑菇，野味开胃肉酱，西葫芦。主菜有奶油汤，法式清汤，罗宋汤，火鸡，鲟鱼，鸡肉，榛子，牛奶羊肉配土豆，黄瓜沙拉，花椰菜，芦笋。甜品和饮品有奶油水果冰淇淋，咖啡，利口酒，水果。

赫鲁晓夫时期宴会菜单极具多样性，从海鲜、螃蟹、野味到血肠，应有尽有。当时的国宴上有些什么呢？以1965年接待阿拉伯国家代表的宴会举例：炖野味，卡查普里（格鲁吉亚的一种发酵烤饼，饼上可放上鸡蛋、奶酪等），清蒸鳟鱼配大虾，白酱（一般是用肉汤、蛋黄、面粉制作的，花尾榛鸡肉片），烤杂蔬，桃子冰激凌，时令水果。

勃列日涅夫时期，宴会食物基本都是俄式或乌克兰风格的。根据传统，当时克林姆林宫的宴会总是供应着整条的鲟鱼[1]、整头的烤猪这样的硬菜，客人们常常能吃掉好几斤食物，和欧美的精致国宴形成鲜明对比。

1973年，苏联在大使馆中宴请美国客人，菜品有黄油鱼子酱、coulibiac馅饼、水产拼盘、林地猎鸟、闪光鲟配精制菌菇、红菜汤（罗宋汤）、俄式番茄肉汤、草莓慕斯、新鲜黄瓜和番茄。国宴中林地猎鸟这道菜特别考究，需要先用面包做一个底座，然后制作一个鸟形支架，用心地为它装上酒精消毒过的羽毛，而这样的装饰方法是欧洲中世纪宴会中常用的。

20世纪80年代，戈尔巴乔夫时期的饮食比较简单，猎奇的蛇肉、蛙肉被鸡肉取代。厨师们从欧美学到了新的饮食礼仪，上菜的方式又回归了19世纪俄式服务，并以英国风格进行装饰摆盘，同时还出现了饮用咖啡的风潮。

普京时期的国宴长桌被圆桌代替，桌子上没了大份的硬菜，也没有整瓶的酒水，只剩下馅饼和水果。大多数时候，正餐只提供两种开胃菜、两种主菜（鱼和肉）以及一种甜点，菜品以法餐与俄餐相结合。国宴主要用酒改为葡萄酒，而不是过去的伏特加。2017年，在中国贵客访问莫斯科期间，普京为其准备了一份这样的午餐，包括扇贝沙拉、黑鱼子酱配煎饼、羊肚菌奶油汤、柿子冰糕、猪里脊配土豆慕斯、三文鱼配胡萝卜慕斯、黑巧克力冰激凌。

第三节 美洲的宴会

美洲大陆的土著与世隔绝地生活了几万年，因为大航海时代才出现在人们的视野中。这个改变对于土著民族的文化来说是灾难性的，来自欧洲大陆的移民

[1] 鲟鱼现在是我国国家级保护动物，不可食用，下文同。

迅速地挤压了原住民的生存空间与文化空间。北美洲的加拿大以英国、法国的移民占大多数，其他欧洲国家移民也不少；美国的欧洲移民也占多数，因为英国移民来得最早，英语也就成为美国的官方语言；南美洲受葡萄牙与西班牙的影响比较大，语言也多以葡萄牙语和西班牙语为官方语言。从这个历史背景来说，美洲的宴会也是受欧洲宴会文化影响的。1962 年美国科学家安塞尔·基斯（Ancel Keys）开始研究意大利健康的饮食：基本食材是面包、面条、水果、蔬菜、豆类、初榨橄榄油、鱼肉和一些其他肉类。这种饮食被称为“地中海式饮食”，2010 年它成为人类非物质文化遗产。

一、美国的宴会

美国虽然以英语为官方语言，但作为一个移民国家，人民来自不同的国度，文化习俗各异，因此宴会文化并不像英国那样讲究，相对来说比较简易。以北卡罗来纳州为例，在州宴上，州长和第一夫人通常不会坐在同一张餐桌上，为的是能够更好地招待他们的贵客。不管怎样，每张餐桌上都至少要有一位州政府的工作人员。每张餐桌坐八位客人，各桌的性别比例都相当。嘉宾名单确定后，将提交给州长。宴会中的食物制作只要不影响质量，有些准备工作在宴会的前一天就可以进行。调味汁可以事先准备好并冷藏起来；脆皮可以事先制作、烘烤并储存起来；蔬菜也可以事先洗好，以节约晚宴前的宝贵时间。宴会厅和餐厅可以用来举办正式活动宴会，但是非正式聚餐可以在书房或晨间起居室进行，如午餐或下午茶。这些房间里一年四季都陈设着来自全州各地的古董。

官邸的菜单根据开宴时间（午宴或晚宴）和宴请对象（受勋军人、北卡罗来纳州商会、特殊奥运会董事会等）的不同而有所变化。大多数情况下，晚宴都包括三道菜，具体菜式根据参宴人员而定，另外还会对有特殊饮食要求的客人给予特别考虑。如果在晚宴就座之前有一段等待时间，那么会先提供一些开胃食品和不含酒精的饮料。之后再顺次上第一道菜（汤、沙拉或一道开胃菜）、第二道菜（主菜）和最后一道菜（甜点）。一次完整的 24 人正式晚宴大概需要 4.5 千克牛肉片和 5 棵生菜。如果是在宴会厅举办的晚宴（最多可容纳 72 人），那么厨房要准备大概 13.6 千克牛肉和 15 棵生菜。葡萄酒会随每道菜一起上来。

活动开始后，安保人员负责指挥官邸内的交通，官邸内部的一些工作人员迎接宾客，此外还有托管人员负责保管外套。工作人员都力求让晚宴顺利进行。每一桌都有四位服务人员负责上每一道菜，每人拿两个餐碟。官邸内的工作人员和托管人员轮流工作，以保证客人能够尽情享用晚餐：随时补充冰茶和水，并适时提醒厨房的工作人员为客人准备下一道菜或清理餐桌。

美国国宴制度始于 1874 年，是美国总统对外宾最尊贵、最隆重的邦交礼遇，也是一件展示国家魅力和影响力的大事。总体来说，20 世纪 30 年代到 50 年代的美国国宴比较简朴，约翰·肯尼迪到老布什执政期间，随着美国国力的恢复，国宴菜肴变得越来越精致，更偏向于法餐。20世纪70年代，美国兴起了加州美食运动，注重选用新鲜的本地食材，之后，美国的饮食变得越发精致。受此风潮影响，从克林顿开始，美国国宴菜品变得更加多样化，注重选用本土食材，并根据客人口味调整菜单。

总的来说，美国国宴中出镜率比较高的肉类是牛羊肉，尤其是牛肉。虽然在过去，火鸡是国宴中的常见食材，但在艾森豪威尔之后，美国国宴中再未出现火鸡，猪肉也很少在国宴中出现。

接替肯尼迪的林登·约翰逊对国宴进行了许多超前改造。在约翰逊任内，国宴菜单发生了很大的变化，牛羊肉比重大大提升，美国本土葡萄酒也登上台面。

在比尔·克林顿任总统前，白宫厨师推崇法式菜肴，菜单也是用法语写的，宴会当然也是法式的，尽管可能有些简化。直到1994年，第一夫人希拉里·克林顿聘请沃尔特·沙伊布担任首席厨师，他在这个岗位工作了10年之久，美式菜肴才成为白宫宴会的重要菜式。美国国宴座次安排非常讲究，坐在不同的位置意味着不同的地位。谁和总统坐在一桌，谁又和第一夫人坐在一起，都在国际政坛和社交界具有风向标的作用。另外，基于对来客的尊重以及西方的传统，虽然每次国宴和菜肴都有具体的官员负责，但很多重要细节，如贵宾名单、菜肴、餐桌布置等，均由美国第一夫人及助手亲自操办。国宴菜谱通常会由4～5道菜组成，主要以美式菜为主，但为了照顾外宾的特殊口味，也会加一些来宾常吃的菜肴。

2011年1月26日，美国驻华大使馆举办了一场融合东西方饮食特色的新年晚宴。菜品有来自美国的威斯康辛花旗参、阿拉斯加帝王蟹、阿拉斯加鳕鱼、火鸡、美国猪肉、加州杏仁、华盛顿苹果等，结合了中式的烹饪方式，烹制了一场东西方文化交流的大餐。菜单如下：

威斯康辛花旗参炖螺头汤

中式焗牛排

花雕芙蓉蒸阿拉斯加帝王蟹

宫保大鸡丁

红烧阿拉斯加鳕鱼

加州大杏仁什锦蔬菜

美国猪肉荸荠水饺

拔丝华盛顿苹果

美国加州佩尔蒂埃红葡萄酒

二、墨西哥的宴会

墨西哥合众国位于北美洲，北部与美国接壤，东南部与危地马拉与伯利兹相邻，西部是太平洋和加利福尼亚湾，东部是墨西哥湾与加勒比海，首都为墨西哥城。大约9000年前，古代墨西哥人驯化玉米，并推动农业革命，从而导致形成了许多文明，其中最有名的是阿兹台克和玛雅人。1519年，西班牙来到墨西哥，并在1521年，征服了阿兹台克，由此墨西哥的古文明逐渐被西班牙人带来的欧洲文明所取代。1821年墨西哥独立，但在文化上已经被欧洲文化深深影响了，除了食材外，古墨西哥的饮食文化基本没留下痕迹。

墨西哥古印第安人培育出了玉米，故墨西哥有“玉米故乡”之称，各种玉米饼是墨西哥的特色美食。玉米和菜豆、辣椒，它们被称为墨西哥人餐桌上必备的“三大件”。玉米食品多，有用细玉米粉制成的塔尔薄饼卷着熟肉、奶酪吃，有用玉米面熬成的阿托莱浓粥，有用青玉米制作的粽子、玉米饺子、甜食点心，有用玉米酿成的酒等。作为辣椒的原产地，墨西哥的饮食免不了以辣为主，连松饼都是以辣椒制成，有人甚至在吃水果时也要加入一些辣椒粉。正宗的墨西哥菜主打以辣椒和番茄，味道有甜、辣和酸等，而酱汁九成以上是辣椒和番茄调制而成。大名鼎鼎的“莫雷”辣酱，这种辛辣美味的沙司是西班牙殖民者和印第安土著居民食品的完美结合，需要混合包括不同种类的辣椒、巧克力、玉米粉、药草和坚果等100多种原料才能制出它那特有的口味和诱人的深棕色，通常与当地火鸡及玉米饼和米饭搭配食用。墨西哥人吃辣椒也是花样百出：或新鲜干吃，或调汁佐餐，或晒干与番茄和仙人掌拌菜煮汤，还可以与水果、糕点、糖果、零食、饮品和冰激凌混合享用。墨式沙拉奇特无比，其用料配备了与青瓜口感相近的仙人掌和杂菜等材料，再加入橙香的酱汁，入口清爽，配以墨式鸡尾酒制作而成。

墨西哥人赴宴很讲究着装，不管是家宴、工作餐还是正式宴会，墨西哥人都穿正式服装。参加宴会，如果大家是初次见面，就握手表示问候；如果是比较熟的朋友，男士之间先拥抱，再用右手拍拍后肩，然后再握握手，以示亲密无间；男女之间，则习惯互相贴贴脸，亲吻一下。

在墨西哥，工作早餐比较常见。工作早餐一般是大家落座后，主人先寒暄几句，然后开始就餐，餐后谈工作。早餐一般先上一盘水果，然后是热菜。热菜多为煎鸡蛋之类，也有肉类的热菜。饮料有咖啡、茶、果汁、冰水等。面包放在每个人前面的小筐里，有白面包和甜面包之分，都是按需自取。不管宴会还是一般就餐，墨西哥人吃面包都先用双手把面包掰成小块然后送到嘴里，没见过他们抄起一个面包举起来就是一口的。吃墨西哥菜可以不拘泥于餐桌礼仪，用手、用叉随心所欲，也很适合与家人或朋友们围坐在一起分享各式美味，充分反映了其民族爽朗豪气的特征。午宴或晚宴的菜要多一些，一般先是一盘蔬菜沙拉，然后是一道汤，再就是热菜，最后是甜点、餐后酒和咖啡。餐桌上小筐里也摆放着面包，但都是白面包，不像早餐有甜面包。墨西哥人吃正餐都有佐餐酒，吃海鲜喝白葡萄酒，吃肉类喝红葡萄酒。墨西哥人从来不劝酒，喝什么酒，喝多少，完全由自己决定。宴会和中档以上的餐馆，都为每个客人准备餐巾。客人落座后，把摆放在桌上的餐巾拿起来，铺放在双腿上，必要时，可用它擦嘴。餐馆一般不备餐巾纸。

在国际宴会上，菜品以墨西哥菜为主，但宴会流程还是与欧洲宴会差不多。如2002年的亚太经合组织会议（APEC）会议在墨西哥召开，晚宴的流程首先是个鸡尾酒会，各位领导人可以品尝白、红葡萄酒、墨西哥特有的龙舌兰或用龙舌兰酒调制的各种鸡尾酒，享受几种非常有特色的墨西哥风味小吃，如鸡肉卷（玉米面饼卷鸡肉）、托斯塔达（玉米小脆饼上加蔬菜丝、奶酪和辣椒汁的一种食品）、克萨迪拉斯（一种用油炸的玉米饼，加奶酪或南瓜花等蔬菜，类似中国饺子的形状的食品）等。正式宴会开始，第一道菜，棕榈嫩芽汤；第二道主菜，韦腊克鲁斯风味的瓦奇南科鱼（一种海鱼，外表为红色，把鱼做熟后，浇上用番茄、葱头等炒成的汁，为墨西哥韦腊克鲁斯州的一道名菜）；第三道甜点，浇巧克力汁加椰子丝、芒果丁的冰激凌。

三、南美洲的宴会

（一）巴西宴会

巴西的农牧业发达，是世界蔗糖、咖啡、柑橘、玉米、鸡肉、牛肉、烟草、大豆的主要生产国。巴西是世界第一大咖啡生产国和出口国，素有“咖啡王国”之称。巴西又是全球最大的蔗糖生产和出口国、第二大大豆生产和出口国、第三大玉米生产国，玉米出口位居世界前五，同时也是世界上最大的牛肉和鸡肉出口国。主要粮食作物玉米，分布在东南沿海一带。

巴西种族和文化差异显著。南部居民多有欧洲血统，可溯源到19世纪初来自意大利、德国、波兰、西班牙、乌克兰和葡萄牙等国的移民。而北部和东北部的居民部分是土著，部分具有欧洲或非洲血统。东南地区是巴西民族分布最广泛的地区，该地区主要有白人（主要是葡萄牙后裔和意大利后裔）混血、非洲巴西混血以及亚洲和印第安人后代。因此巴西的宴会饮食也是相当多元的，但基本还是以西餐宴会风格为主。

大多数巴西人都爱吃红辣椒（pimenta），放多了的话可能辣得令人吃不消，放得适量的话，可能辣得非常过瘾。辣椒酱多半另外备置，随客人喜好自行取用。大多数餐厅供应独家调制的辣椒酱，有时还小心翼翼的谨防调制秘方为人所悉。

巴西的招牌菜是八宝饭（feijoada），是将黑豆与各式各样的烟熏干肉，以小火炖煮而成。起初做这道菜时，用的是厨房切下不要的材料，因为那是给奴隶吃的。而今，猪尾巴、猪耳朵、猪脚等都成了慢熬煨煮的材料。在里约热内卢，周末午餐吃feijoada已成了当地人的习惯，全餐（completa）包括米饭、切得细碎的甘蓝（coure）、奶油树薯粉（farofa）和切片的柳橙。

巴西菜里口味最特别的，首推巴伊亚菜。仅从其中的“dente”棕榈油和椰奶，就不难发现是受非洲的影响。巴伊亚人喜欢吃辣椒，许多菜里都采用花生、腰果、虾米为配料。巴伊亚最著名的菜有：vatapa（用鲜虾、虾米、鲜鱼、花生、椰奶、dende 油、佐料和面包熬成的浓汤）；moqueca（用鲜鱼、鲜虾、螃蟹或什锦海鲜加 dende 油、椰奶酱熬煮而成）；xinximdegalnha（鸡丁加 dende 油、虾米和花生快炒而成）；caruru（鲜虾加秋葵荚与 dende 油拌炒而成）；bobodeCamarao（作料是树薯泥、鲜虾、dende 油和椰奶）；acaraje（一种小薄饼，用 dende 油炸过的花生加入 vatapa、虾米和红辣而成）。

巴西的烤肉是著名美食，主要有烤牛肉、鸡腿、猪肉、香肠甚至是菠萝。巴西的畜牧业比较发达，肉类食品较多。把这些原料腌味处理后分别串在一个长约 1 米的带凹槽的扁平铁棍上，放在炭火上慢慢烘烤。期间刷几次油，直至两面金黄，肉香扑鼻，就可以尽情享用了。巴西烤肉是比较注重原材料，也就是肉质的原汁原味，与此同时，在肉香中还被赋予了一股松木的芬芳。正是这种充满原始味道的滋味，让巴西烤肉闻名天下。巴西烤肉可以作为国宴登大雅之堂。巴西烤肉的餐厅都是欧式风格装饰，舞台上偶尔有外国人拉小提琴和跳舞。服务员手里拿个大叉子，都是烤熟的肉，有牛肉、羊肉、鸡肉、猪肉、香肠、香蕉、菠萝等。

（二）阿根廷的国宴

阿根廷位于南美洲南部，为南美洲的第二大国，仅次于巴西。东濒大西洋，南与南极洲隔海相望，西同智利接壤，北接玻利维亚、巴拉圭，东北部与巴西和乌拉圭为邻，陆上边界线长 25728 千米，海岸线长 4000 余千米。阿根廷也是一个移民国家，白人占 97% 以上，多数为西班牙和意大利人的后裔。阿拉伯人和犹太人亦占一定比例。其中，最具阿根廷特色的当属由欧洲人和南美印第安人结合而成的高乔人，为在潘帕斯草原、格兰查科和巴塔哥尼亚高原的居民，属混血人种，保留较多印第安传统，语言为西班牙语，信天主教。由于阿根廷人多为西班牙和意大利人的后裔，在一定程度上受欧洲文化的影响。饮食习惯以西餐为主，肉食方面主要以牛、鸡、驴为主，甚少吃猪，尤其喜欢各式各样的烤肉，也喜欢吃中餐（不喜欢吃辣）。马黛茶是阿根廷的特色，据说这种茶是被阿根廷誉为“国宝”“国茶”，在当地语言中“马黛茶”就是“仙草”“天赐神茶”。

2018 年 11 月 30 日至 12 月 1 日，二十国集团领导人第十三次峰会（G20 峰会）在阿根廷首都布宜诺斯艾利斯举行。素有“世界粮仓”之称的阿根廷准备了怎丰盛的国宴招待全球最具影响力的领导人。

11 月 30 日（周五）的午餐菜单

前　　菜： 烤阿根廷香肠三明治（choripán criollo）；

主　　菜： 阿根廷牛眼肉配番茄和小土豆；

饭后甜点： 焦糖牛奶酱果酱饼（flan con dulce de leche）、椰子冰激凌、咖啡。

12 月 1 日（周六）的午餐菜单

前　　菜： 特色牛肉馅阿根廷饺子（empanada de carne cortada a cuchillo）；

主　　菜： 巴塔哥尼亚羊肉炖豆子配番茄和杏；

饭后甜点： 巧克力配梨馅饼、开心果冰激凌、咖啡。

科隆大剧院正式晚宴菜单

前　　菜： 火地岛帝王蟹卷配牛油果和杏仁酥；

主　　菜： 阿根廷里脊肉配洋蓟及烟熏奶油牛后颈肉（morrillos sobre crema ahumada）；

饭后甜点： 红色水果奶油蛋白酥皮配冰激凌、咖啡。

佐餐酒则是提供阿根廷不同地区的精选葡萄酒（来自北部省份、卡法亚特、巴塔哥尼亚地区及门多萨等地的酒庄）。此外，会议还为素食等不同饮食习惯的来宾提供了特殊菜单。

第四节　其他国家和地区的宴会

一、中东地区的宴会

中东地区是指地中海东部与南部区域，从地中海东部到波斯湾的大片地区，指西亚和北非的部分地区，包括除阿富汗外的西亚与非洲的埃及，约 23 个国家（含巴勒斯坦），1500 余万平方千米，4.9 亿人口。除以色列和塞浦路斯外，都是伊斯兰国家。而在这些中东伊斯兰国家中，土耳其、伊朗为非阿拉伯国家。气候类型主要为热带沙漠气候、地中海气候、温带大陆性气候。其中热带沙漠气候分布最广。该地区联系亚洲、欧洲、非洲三大洲，沟通了大西洋和印度洋，中东自古以来是东西方交通枢纽，为“两洋三洲五海”之地。

中东以阿拉伯菜为代表，扩散到了其他的国家去，所以从整个中东地区来看，菜的味道都十分相似，即使是在一个国家内，也不会出现不同地域有不同的菜式。比较有名的菜式有油浸秋葵、油浸青豆、油浸番茄欧洲节瓜等，从菜式上不难看出，中东人喜欢用橄榄油来烹调食物。因为黎巴嫩菜崇尚天然和健康，所以，中东人在菜式里不仅用大量的橄榄油，同时还会用新鲜的柠檬汁和大蒜作为调味，几乎所有菜都是以此作为基底进行烹饪的。在烹调方法的选择上，黎巴嫩乃至整个中东都喜欢用无烟烧烤的方式进行烹调，他们认为这样子既能吃出肉的香味，也不会对环境造成过分的污染。中东口袋面包是中东特色食物，受地域影响食材上结合了东西方的米面文化，加上当地独特的大饼，在主食的选择上更为多元一些，而且所有中东饮食都离不开米类、麦类、豆类和羊肉。据了解，麦类的生长源于中东，最常用于制作面包，如阿拉伯口袋面包等，还有阿拉伯人餐桌上常见的大饼。中东酱料式冷菜是中东特有的食物，第一次见到时让人以为是豆腐脑一类的食物，然而浅尝一口却充满无限的惊喜。用鹰嘴豆做成的豆蓉，加上芝麻糊、盐和柠檬汁等调味，滴上新鲜的橄榄油，搅拌均匀，看似样貌平平，却让人回味无穷，口留余香。在中东，人们还喜欢用开心果来作为甜品的配料之一，开心果味的冰激凌，开心果搭配的各种甜点等，随处可见开心果的踪影。

埃及宴会次序是先上饮料随后便是汤，接着是主菜。埃及外长艾哈迈德·马希尔举办的一场官方宴会中有两道主菜分别是鱼、虾和羊肉，副菜是蔬菜。主食有面包和米饭。饭后有甜点，最后是咖啡及茶。

阿拉伯人请客，一般有四大特点。第一是主菜原料主要是鱼虾及牛羊肉。饭店里虽然也有龙虾、鸽子、鸡和鸭子等，但却完全没有各种稀奇古怪的“野味”。第二是宴会不上酒，官方宴会如此，私人聚会也是如此。其实开罗一些大饭店都有酒供给，如威士忌、白红葡萄酒、啤酒等，但这些主要是供外国客人饮用的，当地人极少在公开场合饮酒，即使有也是自己付费。最有意思的是当埃方邀请来访的外国客人时，即便是埃方付费，他们也会讲清楚“消费含酒精的饮料”费用自理。埃及人对此毫无“丢份”的感觉。第三是公费宴请在现代社会的交际中也许是免不了的，但在埃及这种情况并不很多，除了必要的礼节宴请，全无借机大吃大喝，甚至千方百计“吃公家”的现象。最后一个特点是，在埃及的饭店和餐厅，用餐环境一般都比较安静，灯光也比较暗，为讲究情调还点上蜡烛。服务生一般站立一边，随时上菜及撤盘子。餐厅里既无大呼小叫，也无劝酒划拳，而且没有任何娱乐活动。

总的来说，在国宴上，中东宴会大多是西餐和阿拉伯餐相混合，主食有面包、阿拉伯大饼、米饭，而菜既有汤、牛肉、鸡肉等，也有蔬菜沙拉以及传统的阿拉伯泡菜和霍姆斯酱等。餐后是甜点、冰激凌、水果、咖啡和茶等。

二、东南亚地区的宴会

（一）印度宴会

1. 古印度时期的食材

古印度曾经是四大文明古国之一，随着孔雀王朝被推翻，古印度也灭亡了。

对于古印度的饮食状况我们可以从考古资料中一窥究竟，虽然古印度与现代印度的文化没有太大的关系，但历史多少还是会在现实中留下一点痕迹的。在考古中发现，公元前8000至公元前6000年，印度次大陆开始种植小麦、大麦和枣，并且驯养了绵羊和山羊。在公元前4530年和公元前5440年之间，印度北部的贝兰和恒河谷地区就出现了野生稻。印度河流域文明的遗址挖掘出现了古印度食物的最早证据。哈拉帕文明为后来的印度河流域文明留下了大量技术产物，比如犁。印度河流域的农民种植豌豆、芝麻、枣和大米。

（1）古印度的肉食。在古印度，肉不仅可以食用，而且被认为是最好的食物。一些牛、羊肉是古印度人的美味佳肴。别看现在牛肉在印度是被禁食的，但曾经它是国王或贵宾的盘中餐。在佛经里也有明确的吃肉记载。佛经里提到了允许和禁止食用的肉类，如一部分的鸟类、公牛、水牛、马甚至狗肉是允许的，但像是海豚之类的水生生物是被禁止食用的。不过随着佛教的逐渐深入，素食主义成为了常态。在古普塔时期，人们主要食用蔬菜、谷物、水果、面包和牛奶等。

（2）古印度的水果和蔬菜。在水果中，芒果似乎很常见。佛经中经常提到的水果还有枣。在蔬菜中禁止食用的有红蒜、大蒜、豆芽、蘑菇等。

（3）古印度的饮品。古印度常见的饮料包括苏拉、蜂蜜、牛奶和果汁。苏拉是一种从草药中提取或从大米发酵而来的饮料。在佛教盛行的年代，除了牛奶外，流行的饮料还有塔克拉（酪乳与水混合物）和曼塔（一种用牛奶、凝乳、水或融化的黄油加上干麦粉的混合物）。在《四吠陀》中，还提到了包括酒和一种叫“somarasa”的饮料，somarasa似乎仅供祭司阶层享用。而酒精以苏打酒或烈酒最为常见。在古印度有一种很受欢迎的饮料叫“surd”，尤其是在结婚和某些仪式上。但是婆罗门特别禁止surd和另一种被叫作“Parisrut”的半发酵酒精饮料。其他酒精饮料还有madhu和maireya。

（4）古印度的调味品。在古印度，盐和糖作为调味品已经出现。除此之外，还记载了长胡椒和黑胡椒等。

2. 吠陀时代与婆罗门时代

（1）吠陀时代的食物。公元前2000年，雅利安人迁移到了印度，他们一边耕种一边畜牧，这段时间被称为“吠陀时代”。通过对哈拉帕和印度河谷的挖掘发现，古印度人的主要食物都是来自农业。雅利安人在这里种植大麦、小麦、瓜类和棉花。他们驯养了牛、猪和羊。而住在海边和河边的人捕捞鱼类、海鲜和河鲜等。根据吠陀时代的传统，食物可以分为三类。

Sattvik Bhojan。煮熟的蔬菜、牛奶、新鲜水果和蜂蜜被认为是“Satvika”。这些食物被认为是最简单、最纯净的食物，而且还是纯素食的。它们主要供给伟大的学者和圣人食用。

Tamasik Bhojan。肉类、酒类、大蒜和酸辣食物等被归类为“Tamasik”。据说 Tamasik 会导致人类出现低级、粗鲁的行为。在古印度，这些食物被认为是属于那些邪恶的人。

Rajasik Bhojan。能为日常工作提供能量的食物被归类为“Rajasik”。Rajasik 主要有扁豆和绿色蔬菜，可以提供大量营养来保证能量。Rajasik Bhojan 属于古印度社会的普通人群。这些普通人是古印度社会中维持社会正常运行的阶层，如农民。

（2）婆罗门时代的食物。大米和小麦似乎是婆罗门时代的主食。大米和小麦可以做成不同形式的食品，可以煮也可以炸。另外也有大麦、小麦、芝麻和豆类等。这个时期的牛奶和奶制品包括净化奶油，凝乳，奶粥，黄油，凝乳和牛奶的混合物，牛奶、凝乳、蜂蜜和黄油的混合物，浓牛奶等。在婆罗门时代的记载中提到的可食用水果有无花果、枣、浆果、甘蔗等。

3. 现代印度饮食

（1）素食。素食是印度饮食的一大特点。印度虔诚的佛教徒和印度教徒都是素食主义者，耆那教徒更是严格吃素，吃素的人占印度人口一半以上，因此，素食文化是印度饮食文化中最基本的特色之一。古吉拉特邦是印度有名的美食之乡，同时也是素食之乡，整个邦的人们绝大多数都素食主义者，莫迪本人也是一位素食者。印度总理莫迪在他的家乡古吉拉特邦招待中国国家主席习近平的国宴上有超过 100 道菜，但这 100 道菜都是素菜。印餐的食材都是很普通的米、面、豆类和蔬菜，古吉拉特的素食更是如此。在这个把鸡蛋都算作非素食的地方，在它的菜单里是绝对找不到海参、鲍鱼、熊掌这些山珍海味的。此外，印餐的传统菜品是没有爆炒这一加工方式的，主要是以蒸煮和油炸为加工手段，所以蔬菜在加工后很难看到原本的色和形。荤食者普遍食羊肉和鸡肉。因印度教教徒奉牛为神，所以忌食牛肉。印度菜多汁，味道厚重。印度人一般用手把米饭、面饼和菜和在一起食用。

（2）香料与咖喱。考古学家在印度河谷的先民洞穴发现，已有舂香料用的研钵和杵棒，以及姜、姜黄、孜然、小茴香等数种香料。根据科学家们对 4000 多年前古印度哈拉帕遗址出土的锅具碎片（有烹调香料痕迹）分析显示，那时的人们恐怕就已经吃上了“咖喱”。药食同源，对古印度人来说，香料不仅可食，且可医，胡椒便是治疗多痰和肠胃气胀的良方。公元 1500 年之前，胡椒是印度饮食保留菜单中最辣的调味品，咖喱的辣味多仰仗于它。

以香料王国著称的印度，印餐的菜品真正下工夫的就是那纷繁复杂的香料。哥伦布时代的大航海为物种大交换为咖喱提供了各式香料：姜黄、生姜、肉豆蔻、桂皮、丁香、小豆蔻、芫荽、辣椒、洋葱、大蒜等。印度人制作咖喱前，会在当天早晨把新鲜素材研磨好，做成烹调用的糊和酸辣酱。在传统的印度厨房里，咖喱粉不存在。没有什么比新鲜香料更能确保食物浓郁的香味。基于每种香料释放味道的时间不同（比如姜黄释放迅速而芫荽释放缓慢），印度厨师在将香料碾碎前，会根据时间需要对其烘烤，然后再相互混合。

咖喱其实是一个很宽泛的概念，它是17世纪英国人对印度饮食的一种概述，用来指代印度各地加有混合香料的浓稠酱汁或汤汁的菜肴，由印度南部泰米尔语“kari”发展而来，有“许多的香料加在一起煮”的意思，混合肉、蔬菜、豆子等食材，做成浓汤般稠密的酱汁，搭配米饭食用，便成了英国人眼中的咖喱。此外还有日式速食咖喱、泰式咖喱。所以著名的印度咖喱其实并不是一种调料，而是多种香料混合在一起的统称。印度当地人不会在菜单上标注“咖喱”字样，他们更愿意使用“马莎拉”（Masala）。

（3）食养与食疗。印度饮食有一点和中国很像，两国都有药食同源的说法，在餐饮中讲究食物的禁忌和搭配。比如古吉拉特餐中如果上了“卡德黑”这道鹰嘴豆粉配油炸蔬菜的浓汤，则餐后甜点中就不会上酸奶和蔬菜做的“莱塔”；主食如果是以木豆为主的“达尔”，则甜点就会上小麦粉做的“拉珀塞”。

（4）用餐形式。印度人餐桌上佐餐的水都是凉水，用玻璃杯盛着喝；而在餐后则会给每个人上一碗热水，碗里还飘着一片柠檬，这是用来洗手的。因为传统上，印度人习惯用右手抓着食物直接送入口中，餐后用热柠檬水可洗去手上的油腻。在较正式的场合，人们吃饭使用叉和勺，但在家中，用手抓来得更痛快，每人面前摆放一个大盘子，把米饭盛上，再浇上菜和汤，然后用手稍加混合，捏成团，就抓着送进嘴里。通常在一顿印度大餐的最后，侍者会端上来一盘五颜六色的香料，这香料是起到口香糖的作用的，一般在吃完又咸又辣又香的印度餐后，嚼一嚼香料确实能起到清新口气的作用。

4. 现代印度宴会

（1）普通宴会。印度人的正餐常以汤菜开始，通常是稀薄咖喱，其余菜肴一般全部同时搬上，不分几道上菜。正餐之外有辅佐食物，最普通的是凝奶或酸奶、咖喱拌青菜、凝奶拌蔬菜、蔬菜泥和酸辣酱。餐后食品通常有阿月子果仁冰激凌、用米做的布丁、用玫瑰水提味的奶油奶酪球、加糖水的煎饼、用奶酪和牛奶做成的糖和鲜水果等。饭后印度人常用一种槟榔子、熟石灰和香料做成的包在槟榔叶中的调制品招待客人，以助消化。不过寻常百姓家用餐没有这么复杂。

（2）国宴。印度国宴一般在总统府中举行，总统府修建于英国殖民期间，是世界上面积最大的领导人官邸之一。在英国殖民时代，总统府供应的主要是欧式菜肴。印度独立后，总统府食物的印度色彩逐渐增加，终于在20世纪60～70年代全面转向印度传统食物风格。总统府的国宴厅可容纳104人同时用餐，墙面装饰着印度领导人的画像。总统府外围的莫卧儿花园装饰着花灯、蓝果丽等，是举行室外国宴的露天场所。期间，将有来自拉贾斯坦邦的乐手进行伴奏，舞者也会在宾客面前起舞，展示印度的几种古典舞蹈，宾客们则在大型帐篷中享用国宴餐点。

2014 年，莫迪在古吉拉特邦以古吉拉特传统的素食（蛋奶素）食品招待了来访的中国贵客。食物包括菜肴拼盘，葫芦巴叶烧茄子，古吉拉特慢煮酸甜豆泥，杂蔬配菠菜泥，秋葵酿花生泥，芥子调和的土豆番茄咖喱，蒸巴斯马蒂香米饭，炖小扁豆米饭，古吉拉特 Kadhi 酱，由鹰嘴豆面粉、酸奶、咖喱叶、芥子等调和而成，恰巴提全麦烤饼，鹰嘴豆粉和葫芦巴混合制作的烤饼，粗粮烤饼，胡萝卜、洋葱、番茄、黄瓜、香菜沙拉。咸味点心：鹰嘴豆粉制作的调味烘糕，用发酵鸡豆大米面糊制作，夹着杂色蔬菜的糕点，油炸鹰嘴豆酸奶面糊卷，酸甜味小扁豆粉零食，豆类混合馅的油炸 kachori 饼，甜点，藏红花牛奶坚果米布丁，芒果 Shrikhand，这是种酸奶制成的甜点，葛拉姆马萨拉甜菜哈尔瓦酥糖，新鲜水果，无糖全麦拉杜球，薄荷香菜调味的白脱牛奶。

2020 年，印度接待了美国总统特朗普一行。晚宴包括素食和非素食，融合了一些美国的口味，分素食和非素食餐。

开胃小点：烟熏陈皮意式奶冻，汤，柠檬草香菜汤。

前菜：烤调味土豆饼配香脆菠菜，佐排干乳清的奶酪。

主菜：绿豆羊肚菌佐阿瓦迪酱汁，时令蔬菜杂煮，配印度香料；油炸无花果馅饼佐嫩菠菜酱汁，低温慢煮黑扁豆泥；蔬菜香米香饭（和抓饭类似）。Assorted Indian Breads（印度面饼总汇，包括藏红花牛奶酥饼、鹰嘴豆面粉无酵薄饼、Naan 馕、馕坑无酵薄饼、小麦葫芦巴发酵饼），薄荷酸奶。非素食餐除了这三道菜之外，和素食餐菜品相同的有卡真风味烤三文鱼，卡真是美国南方的法国移民的一种口味，慢火炭烤羊腿佐 Rogani 酱汁，羊肉香饭。

甜点：榛子苹果派佐焦糖酱，印度松饼佐厚牛奶，时令鲜果。

饮料：香料绿茶、无咖啡因咖啡、烤丁香咖啡。

（3）菜单。印度虽说通行英语，但印餐的名称却是以印地语为主的。菜单上一般是把印地语音译成英语，外国人即使会念却也不解其意。更麻烦的是，除了印地语和英语，印度各邦大多有自己的地方语言，比如古吉拉特邦通行的就是古吉拉特语，要搞清楚当地的菜名就更多了一层麻烦。

（二）马来西亚娘惹菜

娘惹菜是华人菜肴在东南亚的演变形式。娘惹不但在居住方面有了转变，而且在饮食习惯上也有所变化，娘惹精通厨艺，把中国与南洋菜相结合，“娘惹菜”就是他们以传统中式食物和烹饪方法，配合马来常用香料用中式的烹饪方法做出来，形成了自己特别的味道特点的菜肴。娘惹菜其实就是东南亚饮食文化与华人饮食文化的碰撞。

娘惹菜的特色是味道香浓，带有酸、甜、辣香、微辣等多种风味，口味浓重，所用的酱料都由起码十种以上香料调配而成及刺激性味道，为了能随时煮出适合家人胃口的食物，一般一个娘惹家庭的厨房里都会备有各种不同的香料，例如：小葱头、蒜头、姜、南姜、山姜、香茅、香花菜（姜花）、辣椒、薄荷叶、亚参膏、咨拉煎、肉桂、兰花、酸柑、班兰叶等。而材料方面，一般鸡鸭、牛羊、海鲜及蔬菜，都是做菜时会用到的。在娘惹菜中，娘惹糕是有名的甜品代表，个个色彩斑斓，晶莹剔透，现在已经成为东南亚的特色甜品，在马来西亚，娘惹菜是独特的文化风情，跟传统的中华文化有点接近，却又加了点热带民族的奔放情怀，做出来的菜充满了热带风味。

（三）泰国宴会

泰国原名暹逻。公元1238年建立了素可泰王朝，开始形成较为统一的国家。先后经历了素可泰王朝、大城王朝、吞武里王朝和曼谷王朝。全国共有30多个民族。泰族为主要民族，占人口总数的40%，其余为佬族、华族、马来族、高棉族，以及苗、瑶、桂、汶、克伦、掸、塞芒、沙盖等山地民族。泰语为国语。90%以上的民众信仰佛教，马来族信奉伊斯兰教，还有少数民众信仰基督教、天主教、印度教和锡克教。

泰国烹调实质上是由有几百年历史的东方和西方影响有机地结合在一起，形成了独特的泰国饮食。泰国美食的特点要根据厨师、就餐人、场合和烹饪地点情况而定，以满足所有人的胃口。泰国烹饪最初反映了水上生活方式的特点。水生动物、植物和草药是主要的配料。因为有佛教背景，所以泰国人避免使用大块动物的肉。大块的肉要被切碎，再拌上草药和香料。泰国传统的烹饪方法是蒸煮、烘焙或烧烤。由于受到中国影响，引入了煎、炒和炸的方法。自17世纪以来，烹饪方法一直受到葡萄牙、荷兰、法国和日本的影响。在17世纪后期，葡萄牙传教士在南美洲习惯了红辣椒的味道，于是在泰国菜中引入了红辣椒。

2016年12月1日，泰国哇集拉隆功王储完成即位仪式，正式成为泰国新国王。这场典礼上招待客人的菜品有泰式点心、冬阴功、泰国马沙文咖喱、泰式大龙虾、康托克餐、蒸红咖喱鱼、仙框炒芥蓝斋菜、泰式炒面。

思考与练习

1. 简述日本与韩国宴会的特点。
2. 简述日本宴会的流程与餐桌菜品器物摆放。
3. 简述意大利宴会的历史与风格特点有哪些？
4. 简述意大利宴会的结构与流程是什么？

5. 简述法国宴会的历史与特点。
6. 简述法国宴会的流程与形式。
7. 简述英国宴会的历史与特点。
8. 简述英国宴会的食材应用有哪些?
9. 简述德国宴会的历史与特点。
10. 简述美洲宴会的历史与特点。
11. 简述大航海时代对欧洲宴会的影响有哪些?
12. 简述19世纪的俄国宴会对近现代西式宴会的影响有哪些?
13. 简述东南亚国家宴会中的外来文化的影响有哪些?

第四章 宴会主题设计

本章内容： 宴会的类型及主题设计方法。

教学时间： 6 课时

教学目的： 通过对宴会类型的分析来理解社会制度、风俗、文化等与主题的作用，并掌握现代宴会主题的作用及设计方法。

教学方式： 课堂讲授。

教学要求： 1. 了解宴会类型与客户关系

2. 了解主题设计与制度、文化、风俗的关系

3. 掌握宴会主题命名方法

作业要求： 根据现代宴会市场需要，设计几类主题，并与同学分组讨论。

所有宴会都是根据主题来设计的。有些主题是显性的，在宴会任务下达的时候就明确了设计的目的与要求；有些主题是约定俗成的，以至于让人觉得是无主题宴会。宴会设计的恰当与否，首先就是看其与主题的契合度。

宴会主题与宴会类型并不是天然对应，同一类型的宴会可能会有不同的主题，因为每场宴会所关联的人和事都是不同的。宴会主题与主题名称也不是一成不变的，同一名称的宴会也可能关联不同主题、不同类型的宴会。主题与名称是对宴会最具体的规定与统摄，会因为场景与心情的改变而改变，是宴会文化风格最简约的文字定义。

第一节　宴会类型

一、制度型宴会

制度型宴会是国家、政府层面的政务宴会。根据政体、国情的不同，宴会的具体形式、内容及流程也各有不同。制度型宴会的主题大多是由政府的相关管理机构决定的，宴会的管理、策划人员在运作过程中只是各种决策的执行者，并没有太大的设计空间。只要体制许可，制度型宴会历来是其他类型宴会模仿的对象。

（一）制度型宴会的种类

按照宴会主办方层级的不同，可以分为国宴与一般政务宴会。

1. 国宴

国宴是国家元首或政府首脑为国家庆典及其他国际或国内重大活动，或为外国元首、政府首脑来访以示欢迎而举行的正式宴会。国宴是最高等级的宴会，礼仪形式最为隆重。说是最高端，是因为其接待的客人身份地位及宴会的目的是最高端的，并不是因为宴会的豪奢。根据宴会目的不同，现代国宴主要有庆典、欢迎、接待、答谢、沟通五大主题类型。

（1）庆典类宴会。以国庆宴会为例：这是党和国家主要领导人、党政军各部分负责人、各群众团体、民主党派、无党派、社会各界人士等出席参加的宴会，还会邀请重要外宾、各国驻华使节、我国港澳台同胞、外国专家和记者等。请柬、菜单及座位卡上均印有国徽，宴会厅内悬挂国徽和国旗。中华人民共和国的第一场国庆宴会应该是 1949 年 10 月 1 日的国庆大典后的宴会。

（2）欢迎类宴会。欢迎类宴会一般在客人刚抵达酒店的当天举行，以表示对客人的尊敬及重视，一般在宴会前会举行很隆重的欢迎仪式。这是国家元首或政府首脑为欢迎来访的外国元首或政府首脑而举行的正式宴会。邀请主要随行人员、有关国家驻华使节等出席。请柬、菜单及座位卡上均印有国徽，宴会厅内悬挂国徽和国旗。随着我国主办的对外文化体育活动越来越多，各种面向非政治领域的欢迎宴会也越来越多，如2008年北京奥运会的欢迎午宴、2010年上海世博会开幕式欢迎宴会等。

（3）接待类宴会。这是国家元首或政府首脑为国内国际重大活动举行的宴会。工作宴会也是接待类宴会常见的形式，是主、宾双方在进行谈判或会谈、会见中所进行的宴会，过程较为简单。

（4）答谢类宴会。答谢类宴会一般在来访的客人离开酒店的前一天举行，客人落座后主宾会进行简短的讲话，向主人表示谢意。答谢类宴会除了会发生在国家之间外交互访活动中，也常见于国内各地区政府之间的交流活动中。

2. 一般政务宴会

由各级地方政府部门举办的政治、经济、文化类的宴会，其中以经济、文化类为主。如地方的旅游推介会、招商会以及港澳台同胞及海外侨胞的联谊会等。此类宴会既有省际之间的，也有上下级政府之间的，还有政府与社会各界之间的，虽不是国宴，但也是按体制的制度来安排和运转的，在宴会的类型上与国宴相仿。

（二）制度型宴会的功能

制度型宴会是体制秩序的重要组成部分，每一场宴会都在各种活动的某一阶段，其功能也是该活动的重要补充。主要功能有三点：展现国家形象、调和社会关系、联系政商业务。

1. 展现国家形象

制度型宴会从制度层面展示了一个国家或地区的政治形态、历史文学、音乐舞蹈、消费理念、民俗风情、审美趣味、饮食文化等，是实力的展示平台。古代中国朝廷招待前来朝贡的周边蕃国与部落，通过宴会向他们展示了天朝大国礼仪之邦的礼乐文明。G20杭州峰会时，宴会的安排既展示了中国近些年来文化艺术的发展，也向各国贵宾推介了杭州的美食与美景。日本G20大阪峰会的宴会饮食，传统日本料理与西方现代料理的形式相结合，菜品的呈现又努力表达日本的美学观念，这正是日本在保持自身文化特点的情况下融入西方的秩序的社会现状。对于国家形象的理解认识也是不断发展的，古代中国的制度型宴会以丰盛为美，礼仪烦琐、排场很大。中华人民共和国的开国第一宴从冷菜、热菜到点心共有21道，虽比旧社会的宴会要简省，但党和国家领导人还是指出这与现代社会的食物消费观念不相符，提出宴会改革的构想，逐渐将国宴的食物控制在四菜一汤左右，极大地降低了宴会的成本，树立了清廉的政府形象，也带动了民间宴会简化的潮流。

2. 调和社会关系

政府部门经常会有一些联系社会各界的活动，活动中少不了有宴会，宴会的功能当然是为这些活动的目的服务的。

3. 联系政商业务

这是当前各级地方政府比较重要的工作内容。政府部门根据本地经济发展的需要，请来各地投资人、企业家共商投资发展经济的事宜。这一类宴会通常会联系本地的旅游、文化、历史以及物产等资源。通常会有文化搭台、经济唱戏与经济搭台、文化唱戏的不同做法，但不论如何做，宴会都是围绕着联系招商的主题。

（三）制度型宴会的特点

体制的各种活动总体来说政治性是第一位的，文化性则是必备的要素，此外还应该表现出体制应有的大气、层次。在这种情况下，制度型宴会的流程也就表现出体制化与形式化的特点。

1. 体制化

体制化是指制度型宴会在不同层级的政府部分安排时的等级差异，这种差异也与所在国家、地区、民族的文化传统有关。如先秦时期，商人重鬼神，周人重祖先，在宴会的仪式流程上自然祭祀的对象就会有不同。今天不同宗教信仰的国家与民族，其宴会的流程差异也是如此。游牧民族的宴会流程一般比较简单，农耕民族的宴会一般比较复杂，这与生活方式的不同有关。现代中国的宴会与封建社会宴会的差别，主要是因为政治体制的不同，封建社会的政治制度是以特权阶层为核心的，而现代中国政治制度是以人民利益为核心的，因此现代中国制度型宴会比封建社会的宴会要简约得多。从中央到地方各级政府在主办宴会时，所面向的客人与宴会的目的是有层级的，因此宴会的标准、礼仪也是有层级的。

2. 形式化

体制型宴会的形式是基本固定的，宴会的组织者不可以随意作出改动。《仪礼》是春秋战国的礼仪汇编，其中宴会的形式、流程繁缛复杂，需要有专门的人员经过严格的训练才能使宴会顺利进行，因此其中没有具体岗位上某个个人发挥的空间。历朝历代的宴会流程虽然并没有完全按《仪礼》中规定的来做，但当它们一旦定下来也是不能随意改动的。当一个朝代比较长的时候，往往在宴会中出现一些不合时宜的菜品，但因为是有着最初的纪念意义，所以即使已经没有人吃了，这些菜品依然会出现在宴会中。如清朝入关建国以后，为表示不忘本，把传说是努尔哈赤所做的黄金肉列为庆典宴会必备的菜品，但清中期以后接触了山东以及江南精致菜品的贵族们其实已经不爱吃这道菜了。食品雕刻是明清时期高端宴会必备的饰品，是中国饮食文化的一朵奇葩，近几十年来的社会餐饮发展中已经基本不会用到食品雕刻，但在国宴中依然经常出现。

体制化与形式化保持制度型宴会相对固定的规格，对于既有规格的增减都会招来批评。商纣王用象牙筷子，箕子就认为这是商王走向腐败、王朝走向衰败的开始，因为用了象牙筷子，陶土的餐具就要升级了，餐具都升级了，食物的数量与质量也要升级了。春秋时子贡为了节省开支建议去掉告朔礼上的活羊，孔子就表示反对，“尔爱其羊，吾爱其礼”，要维护先人定下来的祭礼制度。我们前面已经介绍过，古代的祭礼很多时候是与宴会连在一起的。

二、民俗型宴会

民俗是指一个民族或一个社会群体在长期的生产、生活中逐渐形成并世代相传、较为稳定的风尚、习俗。宴会是这些风尚习俗中比较重要的内容，在很多群体性的民俗活动中都会出现。当民俗上升进入国家或地方的政治宗教秩序中时，这一类宴会也就会成为制度型宴会；当民俗与学术、文化、艺术结合时，就会向精英文化发展，这一类宴会也就会成为文化型宴会。民俗是群体共同创造或接受并共同遵循的，所以民俗型宴会是各个类型宴会的基础，是社会全员都可以参与的宴会。

（一）民俗型宴会的种类

1. 婚诞类

在中国传统观念中，婚姻是终身大事，不仅是男女两个人的事，也是双方家族的联盟，因此，婚礼都是非常隆重的。现代婚礼虽然传统的意义已经淡了，终身托付的色彩少了，个人的情感色彩多了，但隆重程度并没有减少。而且，正由于传统婚礼的仪式简化了，婚宴反而显得更加重要，因为在现代婚礼中，婚宴几乎成为最重要的现场秀。

2. 丧祭类

《论语学而》中曾子说：“慎终追远，民德归厚矣。”慎终说的是丧事，追远说的是祭祀。这两件事是中国人自古以来就非常重视的，在丧事与祭祀中间以及结束时也都会用宴会来招待前来参加的亲友。丧事相关的宴会中没有娱乐的内容，但是会有道士或和尚的超度仪式。祭祀相关的宴会中会有一些娱神的礼乐。因为近代以来家族的解体，祭祀类宴会在民间少见了，只是在一些修订族谱家谱的活动中还可以看到。

3. 迎送类

中国人在亲人、朋友、同事、上司长时间出远门时会有送行宴会，在他们回家、到任、客至的时候会有迎接的宴会。最初是因为古人旅途风险较高，所以送行也有壮行的说法，为远行人加油打气，后来演变成习俗。如果远行人是科举高中、升迁，那送行宴会也有祝贺的意味。接风也称为洗尘，客人远来一路辛苦，宴会有慰劳之意，如果是官员到任，这样的接风宴又有祝贺的意思。

4. 聚会类

聚会类的宴会在民俗中最为常见。同事因为工作进行到一个节点，聚宴可以沟通彼此的意见；亲友因长时间不见，聚宴可以联络彼此的感情；也可能是朋友间的偶然想念，并没有实际的目的而聚宴。这类宴会是主题性最弱的，但也因此可以安排很多主题，如踏青、赏花、采见等。

5. 尾牙类

尾牙是我国港台地区对于公司年终聚宴的一种说法。尾牙来源于打牙祭的说法，意思是吃点丰盛的食物，另一种说法是“祭五脏庙”。我国东南沿海地区传说每月的初二、十六，是福建商人祭拜地基主和土地公神的日子，称为“做牙”。二月初二为最初的做牙，叫做“头牙”；年尾十二月十六的做牙是最后一个做牙，所以叫“尾牙”。而拜祭后的菜肴大餐即称为打牙祭。每到年尾，各商家行号会在尾牙期间宴请员工，以犒赏过去一年的辛劳。尾牙发展到今天，最流行的风俗是各公司企业在当日举行聚餐晚会和员工联谊活动，称作尾牙宴，尾牙聚餐，或者企业年会。

（二）民俗型宴会的功能

民俗型宴会有三大功能，维护人际关系、展现民俗文化和体验民俗风情。第一个功能是民俗型宴会的基本功能，是民俗型宴会存在的基础。后两个功能针对的是文化的围观者，在旅游及文化交流类的宴会中体现的较多。

1. 维护人际关系

人是处在各种关系当中的，有亲属、朋友、同事、同学、同好等，宴会就是处于关系中的人们互相交流的平台。人际关系有亲疏、高下之别，在这样的关系中，民俗型宴会也就可以分为两大类，一类是对等关系宴会，另一类是不对等关系宴会。一般情况下，生日宴、同学聚会、同事聚会、朋友聚会之类属于对等关系宴会，参加宴会的客人们在这个平台上地位相当；婚宴、开业宴会、升迁宴会、庆功宴属于不对等关系宴会，宴会的客人们按照在体制里的地位被区别对待。这类宴会俗称“应酬”，总的来说参与人员都是关系比较近的人，关系近了就有各种关于工作、合作、学习的机会，诸如这些年在网络上备受关注的“巴菲特饭局”等财富宴会，也有常见的各种同学会的宴会、拜师宴会等。

2. 展现民俗文化

民俗型宴会与所在城市的民俗文化关系密切，有着浓厚的地方文化特点。在一般的民俗宴会中，客人们对于本地民俗文化的元素不太注意，而对于外地民俗文化则会有注意。基于这一注意特点，以本地民俗文化为标签的餐厅，经常被人忽视其文化特色，而以外地民俗文化为标签的餐厅的文化特点更容易被关注。

3. 体验民俗风情

宴会中食物的特殊食用方法、服务员的服饰及地方特色的待客之道，这些都属于民俗风情。宴会设计中的民俗风情往往与本地实际的民俗状况不符，很多是基于旅游经营的需要而牵强附会地添加进去的。现代社会文化交流的渠道很多，导致很多地方的特色文化风情逐渐淡化乃至消失，可是人们在各种文字中依然能够看到这些，于是在很多的旅游目的地及文化古城又将这些消失的民俗挖掘出来以供游客观赏体验。

（三）民俗型宴会的流程

民俗型宴会在流程上有地区性、主题型、互动性三个特点，这三个特点决定了民俗型宴会在形式上丰富多彩，在内容上轻松活泼，在流程上简易、温暖、人情味浓。

1. 地区性

不同地区的地理与气候条件决定了人们不同的生产生活方式，反映在宴会上也就必然产生地区性的差异。平原地区人口流动与物资流动都很方便，所以位于一个平原上人们的宴会文化也就比较接近，国内的如华北平原、关中平原、成都平原、东北平原等，国外的如东欧平原、多瑙河平原等。山地、海岛在古代社会交通不便，位于这些地区的饮食宴会也就会有较大的差别。如四川盆地周围都是险峻高山，这里的宴会文化与周边地区的差别也就比较大。因此，我们可以看到苏北的宴会与苏南的宴会流程有些差别，整个华东华北与岭南地区的差别又大一些。大致上，我们可以按地区将宴会分为华北、华东、闽台、广东、云南、广西、贵州、两湖、中原、山陕、青藏、西北、内蒙、东北这几大块，西南、闽粤因为山地复杂，宴会的风俗差异很大。

2. 主题型

民俗型宴会大多是约定俗成的主题，如婚宴、寿宴、乔迁宴等，这类主题其实更准确地来说应该是大的宴会类型下面的小的类型，但在没有特别文化设计的时候，这些就是民俗宴会的主题。还有一些是属于隐性主题的，如与朋友聚餐、同学会等，此类宴会在筹备时并不会给宴会设定一个话题，但这样的聚会本身就是主题。虽然如此，为了明确宴会的目的，人们在召集民俗型宴会时，还是会设定一个显性主题。如婚宴，宴会主人的身份不同，婚宴具体的主题应该有所不同，比如“往后余生”这个词就不适合做年轻人婚宴的主题。

3. 互动性

民俗型宴会的人情味比较浓，沟通人际关系是此类宴会的主要目的，而为了达到这个目的，互动就显得不可缺少。具体的如少数民族宴会中常见的歌舞，汉族民俗宴会中常见的猜拳，中式婚宴中常见的闹洞房、闹新人等。民俗宴会中的互动环节各地都有不同，这些互动有些属于助兴的民俗传统，有些则属于民俗中的陋习，在进行宴会设计时需要加以区别使用。

三、文化型宴会

文化广义地来说是能够被传承和传播的国家或民族的思维方式、价值观念、生活方式、行为规范、艺术文化、科学技术等，它是人类相互之间进行交流的普遍认可的一种能够传承的意识形态，是对客观世界感性上的知识与经验的升华。狭义地来说，在宴会领域，主要是指艺术、文学、宗教、价值观等。更窄一点的范围，就是大众消费者们所理解的琴棋书画诗文曲艺。而在宴会中聚集了这些元素，最终要体现出来的是一种生活方式。

（一）文化型宴会的种类

文化型宴会区别于制度型宴会与民俗型宴会最大的一个特点是它的自由多样。自古以来，文化型宴会就是文人雅集的重要平台，而文人的情趣通常需要打破传统的条条框框，所以宴会的主题、形式经常是不遵守制度型宴会与民俗型宴会的格式的，因此也就比较难区分种类。下面列举一些常见的种类。

1. 文宴

文宴也称为诗文酒宴。自古以来，文人聚会宴饮都会有诗文，而讨论、欣赏诗文的时候也大多会有酒宴。著名的诗文酒宴有很多，如留下千古名篇《滕王阁序》的宴会；北宋欧阳修在平山堂上“坐花载月”的宴会。总体上来说，文宴以简约清雅为主要风格，但到明清时期，商人参与文化活动日益频繁，文宴也因他们的加入增加了一些奢华。清代著名盐商小玲珑山馆的主人马曰璐、马曰琯兄弟兼有商人和文士的双重身份，在小玲珑山馆中宴请汪玉枢、厉樊榭等名士，席间以明代嘉靖龙舟芙蕖雕漆盘饷客，大家盛赞此盘之精美：“丽盘出摩挲，髹漆工刻缕，式自果园遗，法匪扬汇授。”这算是非常高端的文宴了。

2. 修禊宴

修禊宴也是文宴的一种，结合了古上巳节的祓禊活动演化而来的，有春禊、秋禊。历史上最著名的春禊宴会是东晋时王羲之与文友们的兰亭修禊曲水流觞，从那以后，历代都有很多人模仿这样的修禊宴，如清代王士祯在扬州发起的虹桥修禊。不仅是普通文人喜欢这样的宴饮游戏，王公贵族们也喜欢，清代乾隆皇帝就在宫中建了一个禊赏亭，亭中凿了一个流杯渠，亭子周围是假山，亭子四周石栏板上浮雕竹子，以对应兰亭雅集“崇山峻岭、茂林修竹”的意境。秋禊与春禊的意思相仿，只是举办的时间在秋天，天高云淡，与春天有不同的意境。

3. 拟古宴

中国人对古代文化历来有着浓厚的兴趣，在宴会中常常喜欢加入古代的礼仪、菜品、餐具等元素。中华人民共和国以后，拟古宴作为研究古代文化的手段也逐渐受到人们重视。各地先后研究推出的拟古宴有北京的仿膳宴、山东的孔府宴、杭州的仿宋宴、西安的仿唐宴、徐州的仿汉宴、扬州的乾隆宴等。以朝代为主题的拟古宴通常要求宴会的仪式、菜品、环境及流程有一定的历史依据。近些年来随着汉服文化的流行，也出现了一些架空时代的仿古宴会，而主题可以是赏花、赏月，或者其他一些古典生活的主题。

4. 文学宴

文学宴是以文学作品为底本设计的宴会，依据古典名著设计的宴会拟古宴相似，但对于菜品、宴会场景的要求是来源于文学作品而非作品所处的年代。这方面的宴会有红楼宴等。现代的文学作品也有人拿来作宴会设计的底本，比如依据金庸的小说《射雕英雄传》设计的“射雕宴”，还有背景更模糊的“武侠宴”等。文学作品中的宴会及美食的描写是服务于作品的，很多并不是实写，所以文学宴的设计空间比较大，如果是依据诗词意境来设计宴会及其菜品的话，设计者个人创意的空间就更大一些。

5. 茶宴

茶宴在中国宴会中是特别的一类。汉唐以后，古人在简便的生活宴会中经常是茶酒同饮的，到宋元明清时期，饮茶风俗日益兴盛，茶宴上酒的存在感也越来越低，与饮茶相应的茶菜、茶点、茶果日益成熟并形成自己的体系。在主题设置上，茶宴与文宴相似，但相对于文宴来说，茶宴的文化氛围更为浓厚，并且经常与禅宗的意境有关联，因此茶宴在我国长时间存在于一个小圈子里。历史上著名的茶宴有“清明茶宴”、宋徽宗“文会图茶宴”、苏东坡“石塔寺茶宴”和“径山茶宴”等。南宋的茶宴传到日本后，逐渐形成专门的茶宴形式称为“茶怀石”，这也是今天我国茶宴设计重要的参考对象。

（二）文化型宴会的功能

文化型宴会是围绕人们的精神生活而设计的，大概来说有休闲娱乐、文化体验、社会教化等三个方面的功能。当然它也经常与制度型宴会或民俗型宴会结合，作为那些宴会的文化背景而存在。

1. 休闲娱乐功能

这是文化型宴会最早的功能。古代文人诗文唱和，佐之以酒，是日常生活中最常见的娱乐。《古诗十九首》：“今日良宴会，欢乐难具陈。弹筝奋逸响，新声妙入神。令德唱高言，识曲听其真。”李白诗《将进酒》：“烹羊宰牛且为乐，会须一饮三百杯。岑夫子，丹丘生，将进酒，杯莫停。与君歌一曲，请君为我倾耳听。”描写的都是这样的场景。从这些描写可以看出，这些宴会只是为了抒发情感、释放情绪，以娱乐为主要目的。宴会上除诗文以外，音乐、歌舞也是必不可少的，而表演者常由参加宴会的主人或客人来担任。在著名的《韩熙载夜宴图》中我们可以很直观地看到这样的情形。中国古代的文官都是知识分子，他们有文化、有生活情趣，会表达，也有经济能力组织这一类的宴会。在他们的影响下，当社会经济发展，普通百姓有这样的消费能力时，也会成为此类宴会的消费者。

2. 文化体验功能

很多人对于现实生活以外的风景有兴趣，古人的生活方式、神仙的生活方式、诗人的生活方式对于现代普通人来说都有一抹神秘色彩，而文化型宴会则可以让人沉浸式地体验一下那些遥不可及的生活。当客人参加一场仿宋的宴会时，他们要穿着仿宋代的服装，在仿宋代的环境里，听着仿宋的音乐、宋词，按宋代的宴会流程品尝着仿宋的食物，而盛放食物的餐具也是仿宋的，这样的用餐体验会让人产生一种新奇的穿越感。当然这种体验功能并不一定都是以沉浸的方式来实现，如以《西游记》为底本设计的宴会更多的是让体验到素宴的风味，以及场景设计中的异域风情，神仙鬼怪可以增添宴会中的趣味，但并不会让人觉得真有其事。与此相似的还有武侠类的、游仙类的宴会。以诗词为底本的宴会设计也并不能直接让客人学古人那样现场作诗，但通过宴会流程的设计可以让人体验古代文人饮宴活动的风雅，如曲水流觞宴，宴会节目中除了有诗词还有饮酒的方式，这其实是酒令的一种形式。

3. 社会教化功能

宴会作为礼的一部分，自古以来就有着社会教化的功能。其一是诗教，以诗教化民风民俗是从孔子编定《诗经》后延续下来的，《诗经》分为《风》《雅》《颂》三个部分，颂是天子宴会所唱的，雅是诸侯宴会所唱的，风则是各个诸侯国的民歌，大多适合在文化型宴会上唱。之后唐诗、宋词、元曲也都可以作为宴会的唱词。其二是礼教，在拟古的宴会中，一定会有古代的礼仪，这些礼仪在现代社会中虽然已经不用，但通过它可以提醒人们在日常的人际关系中所应有的尊重、文明、规则。其三是雅教，文化型宴会大多数格调高雅，从环境到流程到菜品的盛装方式都提醒客人我们曾经有过的文明雅致的生活方式。

（三）文化型宴会的流程

文化型宴会的流程有三个特点：主题化、趣味化、互动型。体制化与民俗化宴会的举办都有其固定的主题与形式，而文化型宴会则是在这之外设定的主题，形式上也灵活很多。现代文化型宴会的流程可以模仿古代同类的宴会，也可以模仿古代的制度型宴会或民俗型宴会，因为时代的间隔，那些宴会也都具有了作为文化体验的价值。

1. 主题化

文化型宴会因为不在制度里，也不在民俗中，因此，每次宴会的召集都会有一个主题，而这样主题并不是格式化一成不变的，而是根据宴会举办者的情绪、时间而随机安排的。如曲水流觞宴的时间古代是在三月三这天，但是否能按时举办，要看主人、客人与天气的具体情况而定；《红楼梦》里贾府的小姐们因为写诗而结社，有海棠社、菊花社、桃花社等，这是文人诗宴在文学作品中的反映。

2. 趣味化

现代文化型宴会的主题很多，可以有赏花（芍药开时有簪花宴、荷花开时有清莲宴等等）、听琴、品戏、游园等中老年人喜欢的主题，也可以有仙侠、游戏、穿越、动漫等年轻人喜欢的主题。在主题的选择与流程的安排上，趣味化是文化型宴会设计中的重要方向，有趣味，一场宴会也就成功大半了。

3. 互动型

文化型宴会中的等级色彩较淡，宾主之间的气氛比较和谐，因此在宴会流程中的互动环节也就比较多。文宴、曲宴中的朗诵唱和需要有客人的参与才会有气氛；游园、拟古的园林、插花、茶道的欣赏以及汉服的穿着和礼仪的学习也都需要有客人的参与才能完成。可以说，文化型宴会几乎所有的主题都需要客人主动的参与才能使宴会的主题突出，才能使宴会的趣味设计得到体现。

第二节　主题设定

一、场景与主题

场景可以分为园林场景、住宅场景、城堡场景、古风场景、现代场景、室内场景、露天场景、娱乐场景、宗教场景等，场景本身的属性由其建筑、历史、环境、装饰、文化、空间大小等决定，而主题的设计也就与这些场景有关联。

（一）东方场景

近代以来的西化潮流使得很多建筑都带有西式建筑的痕迹，而明显带有东方文化特点的大多是一些古典场景。中华文化圈的古典场景大多比较相似，因此这里以中式场景为主，结合日本、韩国及东南亚国家的特点一起解说。

1. 园林

东方的古典园林几乎都是生活与观赏一体化的。中国的园林依据占有者身份可以分为皇家园林、宅第园林、寺观园林和名胜园林四大类，其中的名胜园林的生活气息较弱。

（1）从风格上来说，皇家园林气势宏大，富丽庄严，有皇权的象征意义，比较适合政治主题、奢侈品主题、古董文物主题、婚宴主题的宴会。中国现存的皇家园林基本在北方，整体风格精致中有粗犷气息，不太适合温婉、小资主题的宴会。在现实中，除极个别的地方或特例的原因，皇家园林不大可能成为宴会的场所，而一些因为影视拍摄需要而搭建的皇家园林场景就成为较好的替代场景。

（2）宅第园林透出的休闲、隐逸气息是中式园林中所独有的，并且对于皇家园林有影响。宅第园林是古代士大夫在城中或郊外所建，有京师派、江南派和岭南派，其中以江南派水平最高，数量也最多，且在历史上多有用来经营餐饮的传统。现在中国南方的一些地方私人造园的很多，其中不乏用作餐饮场所的。结合园林的文化特点，比较适合隐逸主题、艺术品鉴主题、婚宴主题、艺文雅集主题的宴会，也适合文化交流主题的政务宴会。

（3）寺观园林多数建于山水名区，宗教氛围浓厚，而中式的宗教文化经唐宋以来的儒释道三教合一的演变，更多一些玄思禅意，不仅是宗教信徒活动的场所，也是很多文人流连的地方。这样的场所比较适合宗教主题、艺术主题、奢侈品主题、学术主题的宴会。寺观园林大多数区域还是宗教活动场所，但也有一些区域如客堂、香积厨都是可以举办此类宴会的。由于寺观特殊氛围，这里的宴会必须是符合相关宗教戒律的。很多城市里的寺观并不包含园林部分，会缺少一种山水林泉的情境，但那种宗教的氛围还是一样的，适合的主题与园林寺观相仿，更多一些烟火气。

2. 宅第

并不是所有宅第都会有园林的，有更多的古旧大宅只有生活功能，如山西著名的王家大院、乔家大院，号称百宴厅的扬州卢氏盐商宅邸、西南沿海地区的土楼和碉楼等。卢氏盐商宅邸虽然也有一个小花园叫意园，但在名园聚集的扬州城里，也就只能算长了几棵树的一个小院子而已。古宅很多被拿出来进行利用性保护，在消防等要求过关的情况下作为宴会场所。古宅作为不可再生的资源在现代化的社会里属于稀缺资源，其氛围比较适合一些艺术主题、轻奢主题、隐逸主题的宴会，作为高端的家宴主题、婚宴主题也非常合适。

3. 宫殿

宫殿作为最高统治者工作生活的场所，在中国目前都是不向宴会开放的。在日本还是有天皇的，他们的宫殿里经常会有一些宴会，但也都是围绕政治主题的，且这样的场所如何来策划宴会都由国家的礼宾部门来负责。

4. 农庄

农庄作为农业文明的东方社会中最常见的场景之一，在消费者中有着广泛的接受度。在中国文化里一般称为乡村，但受现代西方农庄的影响，现在很多地方也把乡村称为农庄。中国的农庄有中国人最留恋的田园风光，非常适合乡村主题、隐逸主题、休闲主题的宴会，也适合一些农产品推介主题、乡村旅游主题的宴会。

（二）西式场景

这里说西式场景不说西方场景，是因为自公元15世纪以来，西方文化对全世界的建筑、园林都产生了不可磨灭的影响。这里以西方国家的相关场景为主，兼具中国的一些西式场景来解说。

1. 城堡

城堡是西方与东方场景区别最大的。城堡原本是为了战争防御而建，多用石材，所以质地相对比较紧固。城堡的主人都是当时的贵族领主，并不因此就在饮食上很铺张，但对于饮食宴会的仪式感是不马虎的。城堡独特的文化氛围使其更适合奢侈品主题、艺术主题、玄幻主题、婚恋主题、古代文化主题的宴会。欧洲很多古堡现在还属于私人财产，政府也会将一些古堡交由私人保护性使用，因此在这些地方的宴会并不少见。中国国内也有一些仿建的城堡，也可以用作类似主题的宴会场地。

2. 园林

西方的园林受法国的影响很大。17世纪下半叶，法国造园家勒诺特尔主持设计凡尔赛宫苑，根据法国这一地区地势平坦的特点，开辟大片草坪、花坛、河渠，创造了宏伟华丽的园林风格，被称为勒诺特尔风格，各国竞相仿效。18世纪中叶以后，英国的自然风景园开始流行，在法式园林的基础上吸收了中国园林的一些做法。19世纪下半叶，美国风景建筑师奥姆斯特德把传统园林学的范围从庭园设计扩大到城市公园系统的设计，以至区域范围的景物规划。英法的传统园林在宴会场景中较为常见，尤其是大片草坪在婚宴主题、政治主题以及一些下午茶会中较为多见。

3. 酒庄

酒庄原本是生产与贮藏酒的地方，近些年来也成为宴会的备选场景。酒庄的建筑不同于住宅、教堂、宫殿，它是为生产而设计的，这让客人们在此得到了新奇的宴会体验。酒庄的环境更适合品酒主题的宴会，也适合一些文学、艺术品、奢侈品主题的宴会，这个场景中的宴会多少都会与西方的酒神文化有一些关联。

（三）现代场景

现代场景从空间用途与美学风格上是迥异于传统的东西方宴会场景的，是以现代美学概念与功能来构建的。从美学观念上来说，现代派与后现代的风格较为多见；从空间大小来说，因为建筑技术的发展，柱子在空间里越来越少，因而空间也就显得比较大；在空间的功能上趋向于多功能，没有太明显的场景功能设定。

1. 体育场馆

现代大型体育场馆往往可以容纳上万人，在赛事结束以后，这些场馆除了运动区域以外，需要转向经营以免空置。由于空间较大，而装饰又较简洁，用来布置新的空间相对比较容易。这样的场馆适合运动主题、政治主题、艺术主题的宴会。

2. 美术场馆

现代的美术馆空间也比较大且空旷，建筑设计又自带艺术气息，适合艺术主题、婚宴主题、文化主题的宴会。

3. 会展场馆

会展场馆在很多城市都有，当没有会展活动的时候，这些场馆也是可以用作宴会场所的。会展的空间很大，可以容纳大规模的宴会，在主题应用方面与体育场馆相似，相对来说政务主题、文化主题或婚宴主题的宴会更适合些。

4. 老厂房

在现代空间里，老厂房的艺术性与其自身的工业文化符号相关，因此在主题设计时必须考虑到这个因素。而老厂房的陈旧的时代感，又让其与城堡、酒庄、寺观有相似之处。在这个场景里比较适合艺术主题、文化主题、奢侈品主题的宴会，也适合现代格调的婚宴或怀旧主题的宴会。

二、时令与主题

时令本来就是与宴会密切相关的，所谓不时不食，不仅仅是指食材，中外都是如此。

1. 二十四节气

二十四节气来自中国古代订立的一种用来指导农事的补充历法，是中华民族劳动人民长期经验的积累成果和智慧的结晶。2016 年 11 月 30 日，中国“二十四节气”被正式列入联合国教科文组织人类非物质文化遗产代表作名录。二十四节气中反映四季变化的节气有立春、春分、立夏、夏至、立秋、秋分、立冬、冬至八个节气。其中立春、立夏、立秋、立冬齐称“四立”，表示四季开始的意思。反映温度变化的有小暑、大暑、处暑、小寒、大寒五个节气。反映天气现象的有雨水、谷雨、白露、寒露、霜降、小雪、大雪七个节气。反映物候现象的有惊蛰、清明、小满、芒种四个节气。

在几千年的农业文明中，中国人的日常饮食生活与季节变化有着密切关系，这种关系早在《礼记·月令》中已经明确记载。与节令相关的主要有劝农主题、养生主题两大类，而劝农在古代是由州府或县乡的首脑、家族长者来主持的重要仪式，在现代则可以用作农业旅游中的宴会主题。

2. 花信

花信也称花信风，就是指某种节气时开的花，因为是应花期而来的风，所以叫信风。人们挑选一种花期最准确的花为代表，叫做这一节气中的花信风，意即带来开花音讯的风候。花信有两种说法都可以使用，一是十二花信，一月梅花，二月杏花，三月桃花，四月蔷薇花，五月石榴花，六月荷花，七月凤仙花，八月桂花，九月菊花，十月芙蓉花，十一月山茶花，十二月水仙花。二是二十四花信，南朝宗懔《荆楚岁时记》说“始梅花，终楝花，凡二十四番花信风。”顺序为：小寒：一候梅花、二候山茶、三候水仙；大寒：一候瑞香、二候兰花、三候山矾；立春：一候迎春、二候樱桃、三候望春；雨水：一候菜花、二候杏花、三候李花；惊蛰：一候桃花、二候棣棠、三候蔷薇；春分：一候海棠、二候梨花、三候木兰；清明：一候桐花、二候麦花、三候柳花；谷雨：一候牡丹、二候荼蘼、三候楝花。经过 24 番花信风之后，以立夏为起点的夏季便来临了。

花信风除了与农时有关，有些花还被赋予情感元素，更多地与古人的审美生活有关，如梅花与兰花寓意品格、海棠寓意富贵、桃花和杏花寓意情爱、棣棠寓意兄弟情义、荼蘼寓意着伤春等，这些寓意都可用作宴会的主题。

3. 节日

节日有的来自于节令，有的来自于祭祀，有的来自于礼仪活动。如清明节，由中国古代的上巳节、寒食节与清明节气组合而成，涉及到的风俗有踏青、相亲、祭祀三大类；端午节源于自然天象崇拜，结合了伍子胥、曹娥及介子推等传说和养生的内容，是集拜神祭祖、祈福辟邪、欢庆娱乐和饮食为一体的民俗大节；中秋节源自天象崇拜，由上古时代秋夕祭月演变而来，逐渐增加了团圆、思乡和祈盼丰收、幸福的元素，自古便有祭月、赏月、吃月饼、玩花灯、赏桂花、饮桂花酒等民俗；春节是中国的农历新年，由上古时代岁首祈岁祭祀演变而来，逐渐增加了除旧布新、拜神祭祖、纳福祈年等内容，近代以来人口流动较为频繁，春节也成为中国人团圆的日子，人们不管在何地工作，都期望在春节时能够与家人团圆，与友人聚会。

中国所有的节日都有关于饮食的习俗，也都会有相关的宴会，这些宴会的主题均来自于各个节日的习俗。大致来说，祭祀主题常见于清明节、端午节、中元节、乞巧节、中秋节、冬至、除夕等节日；团圆会友主题常见于中秋节、重阳节、春节等节日；文艺雅集主题常见于清明节、端午节、中元节、乞巧节、中秋节、重阳节、春节、元宵节等节日；养老健康主题常见于清明节、端午节、重阳节等。现代旅游业中也经常把这些相关的节日宴会与客户的旅游体验结合起来放到大旅游的主题中去。

三、事务与主题

事务包括民俗、社交、商务、政事等内容，是生活与工作中最主要的部分，也是宴会最常见的目的。事务本身常常就可以作为宴会的主题，在国宴中，经常用这样的名字，如纪念抗战胜利70周年的国宴主题名；也有在国宴的事务主题下，用著名宴会作为主题的，如在青岛举行的“上海合作组织青岛峰会”的宴会用的是“孔府菜”，孔府菜所联系的孔子学说“己所不欲，勿施于人”正与“上合组织”的宗旨相吻合，作为这一宴会主题自然是非常恰当的。商务宴会、民俗宴会与国宴的这种主题形式相似，都要求清楚、通俗、准确表达宴会目标。社交宴会则要看具体的情况，有明确目标的如相亲、拜师、答谢等都是以事务本身为主题的；雅集、聚会之类的往往没有明确目标，或者说是雅集聚会的形式掩藏了宴会真正的目的，这种情况下，常常会以场景、风景、节令之类作为宴会的表面上的主题。

第三节　主题名称出处

主题名称在很多场合会作为宴会的名称，尤其是在文化型宴会和一些高端的民俗型宴会中。好的主题名称在设计层面是对整个宴会内容的统摄，反过来好的宴会设计也是必须围绕主题来进行的，两者是相互关联的。

一、出自文学作品

诗词是中国语言美的典范，能给人各种意境的想象空间。按照中国人的语言习惯，名称多以二字、三字、四字为宜，也有选择六字、七字或更多的。诗词的内容有记事、有歌颂、有舒情，其中尤其以舒情的内容为人所熟知。在选择名称时，需要了解名称背后所蕴含的意思，不要选择伤感、悲情或不吉祥的词语，也不要选择古今理解有歧义的词语。例如《楚辞》虽是著名诗集，但内容多有郁郁感慨，就不太适合从中选取宴会名。小说是明清以后最受欢迎的文学形式，其中大多数对于饮食生活有比较细腻的描写，其他非饮食场景也都深入人心，因此也是主题名称的重要出处。下面略举数例。

（一）诗歌中适用的宴会名称

1. 生活宴会

摽梅宴：出自《诗经·国风·召南·摽有梅》的诗名，这是描写待嫁女子心情的一首诗，从等待的迫切心情中可以想见新人爱情的美好，适合用作婚宴的名称。

常棣宴：出自《诗经·小雅·鹿鸣·常棣》的诗名，这是歌颂、赞美兄弟亲情的诗，也因此常棣成为兄弟的代称。诗中写道：“傧尔笾豆，饮酒之饫。兄弟既具，和乐且孺。妻子好合，如鼓瑟琴。兄弟既翕，和乐且湛。”适合用作大家族的聚会的宴会名称。

满庭芳宴：满庭芳是宋词词牌名。从字面上看可以用作庆贺乔迁的宴会名字。另外，古人传说大人物出生，空中有异象，室内有异香。因此，庆贺宝宝出生的宴会可以用“满庭芳”作为宴会名，寓意孩子长大后前程无限。

2. 雅集聚会

鹿鸣宴：出自《诗经・小雅・鹿鸣》的诗名，这首诗描写的就是当时的宴会场景，主人安排了酒肴，安排了音乐，热情地招待朋友。唐代有招待乡试举子的鹿鸣宴。非常适合作为友人聚会与庆贺升学的宴会名。

辋川宴：辋川因大诗人王维而知名。这里是王维隐居之所，在这里写过很多诗歌。其中有些可以作为宴会菜品设计的出处，如《积雨辋川庄作》“积雨空林烟火迟，蒸藜炊黍饷东菑。漠漠水田飞白鹭，阴阴夏木啭黄鹂。山中习静观朝槿，松下清斋折露葵。野老与人争席罢，海鸥何事更相疑。”他还画过一幅《辋川图》，五代时尼姑梵正依据这幅画制作过拼盘“辋川小样”，后来被纳入西安的仿唐菜当中。这个名字适合用作隐逸主题的宴会，让客人们体验千年前的隐居生活情调。

春江花月宴：出自唐代张若虚《春江花月夜》诗名，这也是隋唐时期的乐府诗题。张若虚的这首诗在文人雅集中经常被拿来吟诵，同名音乐也非常优美，很适合作宴会的名称。以此为主题的宴会比较适合江平水阔的长江下游地区的城市。

桃李春风宴：出自宋代黄庭坚的《寄黄几复》诗：“桃李春风一杯酒，江湖夜雨十年灯。”原意是指朋友间聚会的温暖。这个名字适宜用在春天的雅集宴会上，主题可以是畅叙友情，也可以是桃花时节的赏春宴。

3. 风情体验

鱼丽宴：是《诗经・小雅・鹿鸣・鱼丽》的诗名，描写的是捕渔以后宴会的场景，诗中明确提到有六种鱼，“鱼丽于罶，鲿鲨。君子有酒，旨且多。鱼丽于罶，鲂鳢。君子有酒，多且旨。鱼丽于罶，鰋鲤。君子有酒，旨且有。”“鲿、鲨、鲂、鳢、鰋、鲤”，可以制作成六个菜，也恰巧与现代宴会的菜品数量相近。适合用作全鱼宴的名称、水乡的船宴或以鱼为主的农家宴的名称。

嘉鱼宴：出自《诗经・小雅・南有嘉鱼》的诗名，这首诗描写的是主人与客人快乐宴的场景。因为诗名有嘉鱼，也很合适作为以鱼为主的宴会名。或者是一语双关，招待朋友们用的就是全鱼宴。

七月宴：是《诗经・国风・豳风・七月》的诗名，这首诗很长，描写的是乡村生活的场景，其中“六月食郁及薁，七月亨葵及菽，八月剥枣，十月获稻，为此春酒，以介眉寿。七月食瓜，八月断壶，九月叔苴，采荼薪樗，食我农夫。”和“二之日凿冰冲冲，三之日纳于凌阴。四之日其蚤，献羔祭韭。九月肃霜，十月涤场。朋酒斯飨，曰杀羔羊。跻彼公堂，称彼兕觥，万寿无疆。”描写的是乡村食生的生产与宴会的场景。这样的名称可以与季节配合，也可作经营观光农业的乡村宴会名称。

烟花三月宴：出自李白诗《黄鹤楼送孟浩然之广陵》，因为这首诗与扬州有关，所以在使用时只适合用在扬州。适合用作春季扬州的宴会，此时正是扬州风景最美的季节，宜用作旅游主题的宴会名称。

4. 政务招待

皇华宴：出自《诗经·小雅·鹿鸣·皇皇者华》的诗名，这首诗歌颂的是忠于职守，为国为民的官员形象，明朝时也曾用作专门接待外国使臣的驿馆名称叫皇华亭。适合用作一些简便的公务宴会名称。

天保宴、九如宴：是《诗经·小雅·鹿鸣·天保》的诗名，是祈求上天保佑国泰民安的诗。用作政务宴会名称比较合适。诗中有九处用到“如”，“如山如阜、如冈如陵、如川之方至、如月之恒，如日之升。如南山之寿、如松柏之茂”，因此也可名为“九如”，在古代也常用作贺寿的吉语。

（二）散文小说中适用的宴会名称

1. 风情体验

桃源宴：出自陶渊明的《桃花源记》，原指与世隔绝的世外田园，后来常被人用作神仙洞府的代称，至唐代词牌中还有《宴桃源》词牌，又名《如梦令》。可以用作与桃源地名相关地区的旅游文化宴会名称，也可用作观光农业中的宴会名称。

蓬莱宴：蓬莱是传说中神仙的居所，神仙之间自然也少不了各种宴会。在清代通俗说唱作品集《聊斋俚曲集》中即有《蓬莱宴》一部。可以用作与蓬莱地名相关的旅游文化宴会名称，因蓬莱是仙人居所，所以也可作为寿宴的名称使用。

2. 雅集聚会

东坡宴：在苏轼的《东坡志林》及其它诗词中多处提到美食，他也因此成为北宋时期写美食最多的名人。适合于以苏东坡描写或提到的美食设计的宴会名称，也可用于东坡爱好者的宴会或苏东坡曾经做官地方的宴会名称。

洛阳耆英宴：出自北宋司马光的《洛阳耆英会序》。这是北宋文彦博与富弼、司马光等十三位卸任重臣模仿唐朝白居易的香山九老会而组的宴会，宴会地点在洛阳名园古刹内。这样的宴会主题适合退休官员或文人艺术家团体，具体名称也可将“洛阳”换成客人所在地或所在文化界别的名字。

3. 情境模拟

红楼宴：这是以小说《红楼梦》命名的宴会。在小说中有很多宴会场景，可以用来作宴会的名称。如贾宝玉梦游太虚幻境是中国古代游仙文学一类，其中的宴会上贾宝玉欣赏警幻仙子为他安排的“红楼梦”歌舞，因此可以命名为太虚曲宴。其它的根据宴会的情境还可以分为诗社主题的红楼诗宴，宫廷主题的元妃省亲宴，节令主题的红楼上元宴等。

西游宴：以小说《西游记》中的宴会场景设计的各类宴会都可叫西游宴，在设计时可根据宴会风格及其在小说中的情境来选择合适的名称。由于小说本身属于古代志怪、游仙文学一类，其相关的宴会也必然是带有这类风格的。如表现天宫饮宴场景的宴会可以用蟠桃宴、安天宴、盂兰盆宴名称，如果设计另类妖怪主题的宴会也可名为洞府宴、龙宫宴等。

武侠宴：这类宴会取名均与相关的武侠小说有关，其中又以金庸作品居多，以前就有人设计过金庸武侠宴，但是从宴会风格细分来说，以大漠草原为主题的可以命名为射雕宴，以江南宫庭美食为主题的可以命名为宋宫宴，以小说角色为主题的可以命名为金庸群侠宴等。

二、出自典故

历史上一些著名宴会的名称也是可以用在现代宴会设计中的，由于古今环境人文不同，在使用时需要赋予它新的内涵。

（一）史上已有宴会名

清明宴：是唐代的宫庭宴会名称，是在农历清明祭祀春神活动后进行的一场宴会。今天的清明节主题为祭扫先人，与古代不同。今天用这个名字可将其与清明的踏青、祈福活动联系在一起。

琼林宴：宋代宫庭宴会名称，用来招待新科进士的宴会。今天庆贺升学，尤其是高考录取后的庆贺宴会可以用这样的名称。

烧尾宴：唐代官场宴会，用来庆贺升官或科举高中，是历史上奢华宴会之一。今天的宴会中可以结合汉服活动采用这个名称。

（二）名人逸事

曲水流觞宴：永和九年三月初三上巳日，晋代贵族、会稽内史王羲之偕亲朋在兰亭修禊后，举行饮酒赋诗的“曲水流觞”活动，引为千古佳话。这一儒风雅俗，一直留传至今。在这次游戏中，有十一人各成诗两篇，十五人各成诗一篇十六人作不出诗，各罚酒三觥。王羲之将大家的诗集起来，用蚕茧纸，鼠须笔挥毫作序，乘兴而书，写下了举世闻名的《兰亭集序》，因此这个宴会适合文宴主题。宴会需要有一个曲水流觞的环境设计，适合作为清明前后诗文雅集等文艺主题的宴会名称。

四相簪花宴：北宋庆历五年，韩琦任扬州太守时，官署后花园中有一种叫“金带围”的芍药一枝四岔。韩琦邀请当时在扬州的王珪、王安石和陈升之一同饮酒赏花。韩琦剪下这四朵金带围，在每人头上插了一朵。此后的三十年中，四人先后做了宰相。以四相簪花作为宴会的名字，寓意参加宴会的人以后都可以有光明的前途。

乾隆宴：民间有很多关于乾隆皇帝微服私访的传说，而他本人也确实多次巡幸江南，这让他与美食结下不解之缘，乾隆宴就是在清宫饮食资料以及他的相关饮食传说的基础上产生的。作为帝王的奢侈饮食，乾隆宴不符合今天的饮食消费观念，但将其简化过后，还是可以满足一部分消费者的需求。在乾隆南巡曾经到过的地方，乾隆宴也是其地方旅游文化的符号之一。

三、出自风俗

中国幅员辽阔，各地风俗差异很大，宴会情况也各不相同，相应的宴会名称也各有特点。

（一）季节风俗

1. 春夏季风俗宴会名称

（1）春季中国很多民族都有踏青游春的习俗，时间不限，从初春到暮春都有，这中间少不了有饮宴的需要。《浮生六记》中即有芸娘为沈复与朋友们踏青准备临时用的烹饪器具的记载。这类宴会可以命名为游春宴、探春宴、赏春宴。上元节的宴会，可以用花灯宴、灯谜宴之类的名字。

（2）古人在农历上巳节（三月三）时在水边举行的袚除不祥的活动被称为“修禊”，自东晋王羲之的兰亭修禊后，这种民俗活动逐渐演变为文人、名士的文学饮宴活动。在清明节成为祭祀主题的节日之后，文人雅集多用“修禊”的名称。修禊宴在定名时宜加上地名，这样更能突出地方特点，如兰亭修禊、红桥修禊等。清代两淮盐运使卢见曾在“红桥修禊”雅集上独创出“牙牌二十四景”的文酒游戏，把瘦西湖的二十四景刻在牙牌上，与宴者依次摸牌，然后根据摸得牌上的景致当场吟诗作句，吟不出的就罚一杯酒，这种酒令的新形式很快就在全国流行起来，瘦西湖也因此而声名远播。

（3）农历五月初五的端午节是中国古代的重要节日，这一节日的风俗内容较多，有纪念屈原、伍子胥、介子推、孝女曹娥；由祭祀活动发展而来的赛龙舟、吃粽子；由纪念主题发展而来的诗会等。不同主题要求的端午宴会需要有不同的宴会名，不可简单地用端午宴，如与祭祀相关的宴会叫“端午十二红”，与屈原和诗会相关的可以叫“佩兰宴”“漪兰宴”“浴兰宴”，与赛龙舟相关的宴会可以叫“逐浪宴”“竞渡宴”“龙舟宴”“会船宴”等。

（4）夏季天气炎热，不宜举办复杂的、大型的宴会，这一时节，纳凉是最适合的宴会主题，相应的宴会名称可以用“荷风消夏宴”“赏心茶宴”等。

2. 秋冬季风俗宴会名称

（1）七月七日乞巧节也称七夕、女儿节，传说是牛郎织女相会的日子，宗懔《荆楚岁时记》：“七月七日，为牛郎织女聚会之夜。是夕，人家妇女结彩缕，穿七孔针，或以金银玉石为针，陈儿筵酒脯瓜果于庭中乞巧。有蟢子网瓜上，则以为符应”。这一天的风俗主要有两个，一是乞巧，是年轻女孩的节日，可以用的宴会名称如“兰心斗巧宴”；二是爱情，可以用“鹊桥仙”作为宴会的名字。

（2）中秋节是中国人一年中非常重视的节日，人们在这一天赏月并祈求团圆。这一天的宴会主题设计可以与一些传说结合，如结合唐玄宗游月宫的传说可以命名为“明皇游月宴”，与团圆的主题结合可以命名为“花好月圆宴”，单纯以赏月为主题的可以用“婵娟宴”等。

（3）九月九日重阳节在民俗上有两大主题，一是登高，二是敬老。这个时令的花卉是菊花与桂花，也经常用作宴会的主题。以登高为主题的宴会可以命名为“茱萸宴”“平山宴”；以花卉为主题的可以命名为“东篱菊花宴”“持螯赏菊宴”；结合高考、升学主题的宴会可以命名为“蟾宫折桂宴”；结合敬老主题的可以命名为“南山寿宴”等。

（4）冬季天气寒冷，在我国北方地区常有围炉夜话的朋友聚会形式，如白居易《问刘十九》：“绿蚁新醅酒，红泥小火炉。晚来天欲雪，能饮一杯无？”结合宴会的场地主题，可以有“林海围炉宴”“围炉赏雪宴”“梅雪迎春宴”等。

（二）婚寿风俗

1. 婚诞习俗宴会名称

（1）婚事宴会。传统的婚事内容很多，有说媒、相亲、会亲、过礼、择吉、迎娶、拜堂、喜宴、回门等，其中多个环节需要有宴会，尤以会亲与喜宴最为重要。具体的宴会名称可以用吉语如：“珠联璧合宴”“鸾凤和鸣宴”“龙凤呈祥宴”“秦晋欢好宴”“天成佳偶宴”等。如果是中老年人的婚宴也可用白头偕老宴这样的名字。

（2）孩子出生是家庭中的大事，现在一般的中国家庭都会办满月酒与百日宴。满月宴会名字可以根据男女有不同，生男孩的宴会叫“麒麟宴”“弄璋宴”，生女孩的宴会叫“弄瓦宴”“梧桐引凤宴”等；百日宴在民间也叫“百晬宴”。

2. 庆生祝寿宴会名称

（1）男性生日宴会的名称，年轻人可以用“雏凤宴”“鸣岐宴”“鲲鹏宴”等寓意奋发向上的名称；中年人适宜用“四海宴”“宏图宴”等寓意事业发达的名称。

（2）女性生日宴会的名称，年轻人可以用“静姝宴”“清扬宴”“花信宴”

等寓意美丽婉约的名称；中年人可以用“漪兰宴”“凤仪宴”“倾城宴”“牡丹宴”等名称。

（3）老年人生日宴会的名称大多数时候可以通用，如“德邻宴”“永受嘉福宴”等，如果是家中父母同时过寿，可以用“椿萱并茂宴”“松龄鹤寿宴”等名称。

思考与练习

1. 宴会的类型有哪些？不同类型宴会的功能与特点是什么？

2. 宴会中的场景有哪些？与宴会主题之间有什么关系？

3. 宴会的时令与主题有什么关系？

4. 以文学为元素设计三种类型的宴会主题，并对主题涵义与用途进行解说。

5. 以历史曲故为元素设计三种类型的宴会主题，并对主题涵义与用途进行解说。

6. 以民俗为元素设计三种类型的宴会主题，并对主题涵义与用途进行解说。

第五章　宴会菜单设计

本章内容： 宴会文化与不同规格宴会的菜单格式。

教学时间： 6 课时

教学目的： 通过对筵席菜品的组合类型分析，解读不同宴会文化需求，结合现代著名宴会的一些实例分析，使学生可以初步设计一份合格的菜单。

教学方式： 课堂讲授。

教学要求： 1. 了解近现代筵席菜品组合的规则

2. 掌握菜单类型与风味设计

3. 合理使用菜单的文化符号

作业要求： 根据预设主题拟定一份菜单，并与同学分组讨论菜单的可行性。

宴会菜单包括筵席菜单、酒水单和宴会节目单三个部分，在本章中只讲解筵席菜单及酒水单的设计。这两个部分在餐饮企业中由不同的部门负责，筵席菜单由厨房负责落实，酒水单则由餐厅负责落实。在中高端宴会中，酒水往往与筵席菜品的安排相关，因此在设计时是整体考虑通盘安排的。

第一节　筵席菜品的组合

一、筵席菜品单元

在大多数时候，筵席菜品组合是格式化的，受时代、区域及消费文化影响，这种格式会持续很长的一段时间。各地区、国家的菜品虽有不同，但在筵席中都是以单元的形式组合出现的。筵席菜品通常有前菜、主菜、点心、果品、小菜五个单元。

（一）前菜

前菜的量通常都比较小，既有开胃的作用，也是让客人少量进食，避免空腹饮酒。不同国家对前菜的叫法及做法不一样。

中餐一般称为冷菜、凉菜、冷盆、冷盘、冷碟，在明清时期一些用食案的宴会中，冷菜也常用攒盘或攒盒来盛，于是也会称为攒盘。这一类菜品通常适合开胃下酒，所以多在筵席开始的时候用，古代饮宴活动时间较长时，冷菜也会在筵席的中途再上一次。传统的冷菜多为八个或六个，但在明清时期留下来的筵席菜单中，往往把冷菜与其他一些用盘子盛的热菜、果品一起叫碟子，并且这些菜肴在宴会上的共同功能都是下酒，晚清长沙瞿氏家族的祭祀筵席通常是十六个碟子。传统筵席冷菜一般是六荤二素、四荤二素，荤菜多显得筵席高档、主人热情。冷菜的制作方法有热制冷吃与冷制冷吃两类，前者与热菜的烹调方法差不多，等冷下来切了装盘，后者用腌、拌、炝、醉等方法，不加热。现代筵席的冷菜荤素比例，中低档的还是按传统的规矩来配，中高档的通常荤素各半。传统中餐宴会中前菜的功能除了由冷碟承担，还有热碟，即炒菜，数量从二款到八款不等，通常用盘碟盛装，所以叫热碟。现代中餐中习惯上将热碟归类到热菜中。

日韩料理及西餐中大多叫前菜、开胃菜，除前菜外，还会有凉拌菜，也都类似中餐的冷菜。日本料理中烧烤菜品产生的油烟不多，量也很小，具体使用时也经常出现在前菜中。韩国料理的前菜则多由一些小型的煎菜、拌菜来担任。称为开胃菜，即指其为正式宴会前的先导，用来打开胃口引起食欲的，此类菜品大多小巧精致。开胃菜有冷、热之分，冷的开胃菜也称为冷盘。西餐中开胃菜通常是搭配香槟或伏特加作为开胃酒。

（二）主菜

主菜是宴会中主要品尝的菜品，也是筵席中蛋白质、脂肪、碳水化合物等营养素占比最高的部分，在筵席中起饱腹作用的部分。

中餐中将主菜称为大菜，此类菜品通常用碗或较大的盘来盛，习惯上红烧的肉菜与蔬菜都用碗来盛，鱼用较深的盘来盛。半汤半菜的烩菜用盘与碗都可以，炖、焖、煨、煮的菜品也常用砂锅、瓦罐之类的器皿来盛。头菜是大菜中品质、价格最高的，它代表着筵席的档次，所以很多高级筵席也会以头菜来命名，如鱼翅席、海参席、燕窝席等。大多数地方的筵席中头菜是大菜中最先上桌的，也有将头菜放在大菜中间上的情况。大碗或砂锅常被人文雅的称为“簋”，清代有著名的五簋席，并不是说只有五个菜，而是说用大碗深盘盛的菜有五个。在明清的筵席上，碟子盛的菜品往往不会计入主菜，用碗盛的菜品才是筵席的主菜，传统筵席中高级点的有八大碗八小碗，就是有十六个主菜、大菜。汤羹在筵席中起着醒酒、清口、滋润肠胃的作用，一般有两款左右。

日韩料理中的主菜一般包括烧烤、煎炸、炖煮类的菜品，刺身虽然是生食的菜品，但也是当作主菜来使用的。西餐中主菜最先上桌的称为头盘，现在也常被理解为宴会中的最优质菜品或最有风味特色的菜品。西餐中的主菜都是一些量大的菜，既满足了饮食中的蛋白质、脂肪与糖的需求，也支撑起宴会的价格，是宴会中的主体。烧烤类的菜品是主菜中的重头戏，也有很多蔬菜。

（三）点心与主食

点心在筵席中既可以在开席之前上，让客人先垫饥，也可以在筵席中间与某些菜肴搭配上，用来解腻，最常见的是在筵席的中后段上，充当主食。高档筵席一般用两道点心，每道四款，仿古的筵席中点心的数量会更多些，四道点心至六道点心不等。中餐宴会习惯安排主食，主食品种大多是米饭面条馒头，也经常用馄饨之类的小吃当主食。西式宴会，尤其是在与下午茶连在一起时，餐前也是会安排点心的，也有将特色点心当作头盘使用的情况。宴会结束后会有甜点，称为餐后甜点，是用餐意犹未尽时的一点补充。

（四）果品

有水果、干果，这些都是用来给客人解腻以及调节口味的，数量用法与点心差不多。此外还有装饰性的瓜果，从明清以来高档筵席经常有雕刻成各种花式的看盘，如明清时期京城与扬州城的筵席上经常出现的西瓜灯、萝卜灯。在江西湖南一带现在还有雕花蜜饯，在筵席上使用更增加了文化感。

（五）小菜

中式筵席中用来开胃的小菜，一般用酱菜之类的来充任，在清代的筵席中，这种小菜通常有四个品种，称为四调味。日韩料理中的小菜有各式泡菜、清国酱等，韩定食中的小菜多至 18 种。西餐中则有餐间小食。这些小菜在筵席中都是用来调节口味，有开胃的作用。

二、菜品单元组合

每个单元菜品的安排都会有地方性的特点，但同种原料在每个单元中不能作为主料重复出现，这是现代筵席的用料基本要求。古代的筵席中同一种食材经常会再三出现，更有以一种或一类食材及菜品组合成的筵席称为全席，这类筵席的出现一种情况是饭店的有意设计以招徕客人，如淮安的长鱼席，西安的饺子宴等；另一种情况是因为区域物料所限只能用一类食材，如西北的全羊席、扬州的猪八样等。各单元菜品在口感、色泽、烹调方法及装盘呈现形式上都要有变化，不然太显单调。每个筵席都有其相对固定的客户及主题，因此在筵席中所用餐具的风格也要一致。

（一）菜品数量

不分位的宴会菜品数量，以 10 人标准餐桌为例，冷菜 6 ～ 8 碟，热炒 2 道，头菜 1 道，大菜 6 道，汤羹 1 ～ 2 道，主食 1 道。大概来说，现代中国一线和二线城市的宴会菜品，当用餐人数在 10 ～ 12 人时，冷菜数量通常安排 8 个左右，6 ～ 8 人的筵席通常会安排 4 ～ 6 个冷菜，其他菜品数量一般与人数相等，如 10 人的餐桌除冷菜外的其他菜品也是 10 道。小城镇的宴会，冷菜数量往往与人数相等，或者再多出 2 道来，其他菜品的数量常常会是人数的 1.5 倍。

分位的宴会菜品数量，每人 2 ～ 8 道菜不等，具体情况看宴会的等级、用餐时间来定。由于分位菜品都是一人食的，因此菜品的体量不宜大，以吃完为宜。

（二）组合方式

1. 不分位的宴会

不分位的宴会中菜品单元组合是：冷菜 + 热炒 + 头菜 + 大菜 + 点心水果 + 汤羹 + 主食，但不是所有的菜品单元都会出现在筵席菜单中。点心水果要看宴会的档次，价格档次过低的宴会或一般简单的筵席只会有一个水果拼盘，不会有点心，价格档次较高的宴会则有可能安排两道点心与水果，如果是仿古的宴会则会安排 4 道点心与水果。菜单通常是按照上菜次序开列的，但中国不同地区宴会的上菜次序并不相同。淮扬地区的宴会冷菜之后一般是热炒，热炒之后是头菜，然后大菜；广东地区的宴会在冷菜之后一般是羹汤；山东宁阳的“四八”席则是将4个冷菜与4个果品一起上，然后是4大碗大菜。

2. 分位的宴会

因为菜品数量少，所以分位的宴会中不会安排所有的菜品单元。通常首先上的是一个组合冷菜，然后是大菜，热炒、汤羹、主食酌情增减。原料使用上，尽可能每个菜都是荤腥原料与蔬菜原料配合使用。

（1）日本筵席包括前菜、凉拌菜、烧烤、热菜、油炸物、什锦菜饭、汤、水果及点心、饮品。韩定食讲究排场，由前菜、主食、副食和饭后食组成，共分成3碟、5碟、7碟、9碟、12碟。传统的韩定食，除了饭和汤，泡菜、炖汤外，还有小碟装的酱油、醋、酱等，基本料理为生菜、熟菜、烧烤类、酱类、煎类、酱果类、干餐、鱼酱类、生鱼片和片肉（猪肉）等。全州韩定食是韩国传统饮食的代表，一般由泡菜等18味小菜、6种海鲜、肉类食品以及6种蔬菜、水果等组成。

（2）欧美筵席菜品，大致可以分为法式、意式、德式、英式、俄式、美式等，各有特色又互相影响，大体上菜品单元及组合方式差不多，但又以法国与意大利的菜品更有代表性。法国菜品与意大利菜品在历史上的交流很多，都是欧洲美食文化的代表，法国菜更多地立足于烹饪的技法，意大利菜更多地立足于食材和物产。虽然具体菜品各有特色，但在整体上宴会的菜品单元是差不多的。传统的包括汤、冷盘、头盘、烤肉、水果、餐间小食、杂烩、甜品等，现代宴会中的菜品单元主要是前菜、主菜、奶酪、甜点，这是宴会规模简化的结果，也是符合当下世界宴会发展潮流的。

三、酒水饮品的配置

饮品在现代筵席中也称为酒水，但传统筵席中的饮品不止酒水，应该包括酒、茶、羹、饮四大类。

（一）酒

酒主要指筵席中用来配餐的酒，中餐里传统的酒有白酒、黄酒和米甜酒，西餐中用的酒主要有葡萄酒、啤酒、鸡尾酒。酒以成礼，在大部分国家和地区的宴会中都需要用到酒，它是仪式的一个部分，但具体在使用时会因宴会形式、主题类型、菜品、习俗而有所不同。

1. 不同宴会形式中酒的配置

中国宴会中用酒的传统以中高端白酒为上，南方则以中高端黄酒为上，封建王朝时期宫庭及贵族阶层会有专供的酒品。传统的法国宫庭宴会最常饮用的是葡萄酒，啤酒与苹果酒被认为是平民的酒。这个传统也影响到现代宴会中酒的配置，葡萄酒比其他的酒在宴会中有着更高的地位。

现代社会中，涉及到一些相对严肃议题的制度型宴会，酒的配置使用要有两个特点：一是品质高，二是不影响宴会气氛。在我国国宴中经常使用国产的优质干红与干白，这样的配置还间接宣传了国产品牌。高度酒曾是很多国家和地区宴会中的常用酒，即使在制度型宴会中也经常使用，但是因为高度酒在饮用后很容易让人因过量而失态，因此现代的制度型宴会一般都不再配置高度酒。

商务宴会中主宾各方都力求突出修养、谈吐，中间还有必不可少的人际沟通，因此也不宜使用高度酒。一般来说各种红酒比较合适，在我国南方地区也可以选用本地区所产的黄酒、米酒等以彰显地方特色。高品质的啤酒也可以用。

庆祝类的宴会气氛热烈，通常会选用啤酒、鸡尾酒、香槟等适合纵情畅饮的酒。香槟开瓶比较有仪式感，一般会用在宴会的开头或高潮阶段。

自助餐会气氛轻松，人们行动自由，一般会准备多种酒品，如红酒、威士忌、朗姆酒、鸡尾酒、啤酒、香槟等都会有，中式的自助餐会也可以配些黄酒与米酒。这样的配置一是显得酒水台比较好看，二是可以照顾到客人们的不同喜好。

我国北方地区的民俗型宴会中，高度白酒依然是人们的首选。洋酒在宴会中经常是多种混搭的，但白酒通常只选一种，因为很多人在一场宴会中喝了两种以上白酒时容易醉。除白酒外，也会为不喝白酒的人准备一些啤酒、红酒。在传统中餐筵席中，一场宴会用一种酒是惯例。也有在筵席中使用专供品尝的特制酒品，与配餐的酒并列，如清代仪征学者吴楷在其婚宴中就使用了一款他自己研制的古代名酒“玉练槌”。

2. 酒与菜品的搭配

酒有多种香型、滋味与口感，在与菜品搭配时也有一定的讲究。西餐里酒与食物的搭配一向有红酒配红肉、白酒配白肉的说法。虽然这只是一个笼统的说法，但依然被很多人所遵循。现代宴会中酒与菜品的搭配方式有三种。

（1）酒与菜品的风味搭配。滋味浓郁偏肥腻的牛羊肉类通常适合搭配高度数的红葡萄酒，禽类肉食可以配干白葡萄酒或低度红葡萄酒；甜味的葡萄酒或香槟比较适合与布丁搭配；鱼和甲壳类海鲜一般适合搭配干白葡萄酒等。大概的规律是甜酒配甜食、偏咸与偏酸的食物搭配酸度较高的酒、苦味的食物与略带苦味的酒相配、红酒配红肉、白酒配白肉。这样搭配的原因是咸味会增强酒的苦味，酸味会影响酒的甜味，腥味与辣味可以中和酒的酸味。这是西餐配酒的常见做法，对于吃不惯西餐的中国人来说并不一定适合。

中餐里对酒与食物的风味搭配不是十分讲究，讲究酒与食物的性味搭配更多一些，如《红楼梦》中认为吃螃蟹要配上热的烧酒才能压得住，这是因为中医认为螃蟹性味寒凉，酒是热性的，热的烧酒或黄酒更是热性的，这样才可以压住螃蟹的寒性。很多中国人无论是冬天还是夏天吃火锅时都会配啤酒，也是认为火锅是热性的而啤酒是凉性的。关于风味匹配的餐酒搭配也有，如吃鱼生时需要搭配高度数的白酒，猪牛羊之类大荤的食物也需要用烈性酒来配才可以解腻，烧烤类的菜肴一般配啤酒或白酒。

（2）酒与菜品的价格搭配。在品质有保证的情况下，无论中餐还是西餐，酒与菜品搭配时都应该考虑价格因素。价格高的食物应该配上价格高的菜品，普通的菜品则与普通的酒相配。但这种搭配不能按单个菜品的价格来衡量，而要按宴会的档次来衡量，因为在一场宴会中，有些菜品的原材料成本并不高，而人们不会去计算单个菜品的成本与价格关系。一般来说，低档宴会的配酒价格低于菜价的一半，中档宴会的配酒价格高于菜价的一半，而高档宴会的配酒价格常常是高于整体菜价的。

（3）酒与菜品的文化搭配。文化搭配与菜品的风味及材料成本关系不大，也与宴会的档次没什么关系，要点在于我们的文化中对某一种酒、某一款菜品的加持。如东坡肉这样的菜品，从风味上来说黄酒、白酒、红葡萄酒都比较适合，但搭配江南的黄酒可以让我们联系到苏轼的那首《食猪肉诗》；吃螃蟹时，温热的黄酒与白酒也都适合，但结合季节元素，秋季正是桂花的季节，我们可以为其配上桂花酒，这两者的风味也是相得益彰的。这种文化上的搭配也没有固定的做法，主要在于对饮食文化的挖掘深度与观察角度。以江南文化为背景的宴会通常适合搭配黄酒、青梅酒、桂花酒之类；以塞外文化为背景的宴会比较适合搭配烈性酒、葡萄酒、马奶酒等；以海派文化为背景的宴会适合搭配各种洋酒，也适合搭配黄酒，这样的搭配也适合小资情调的宴会。

（二）茶

茶在三国魏晋南北朝时期就是筵席上重要的饮品。三国末期的吴国皇帝孙皓召集大臣们饮宴，在宴会过程中密赐不胜酒力的韦曜茶水以代酒，这是宴会史上最早的以茶代酒。唐代吕温在三月三日的祓禊宴饮中与众人一起都用茶来代替酒。宋徽宗的文宴中，茶与酒水是同时存在的。茶酒并用在今天的中式宴会中也是很常见的。

1. 茶在宴会中的作用

在筵席中茶的作用主要有三个：一是客人初入座时上的茶，用来润口解乏开胃，其中的奶茶、炒米茶之类还有临时充饥的作用；二是宴会过程中上的茶，用来解腻，也是让味蕾得到休息；三是宴会结束后上的茶，用来消食兼清理口腔。开胃通常应该选用红茶，国产红茶以滇红、英红为宜，茶味浓强鲜，能刺激人胃的蠕动增加饥饿感。解腻宜用绿茶，清新而略带苦涩的风味可以让口腔变得清爽。消食宜选用普洱，无论生普还是熟普都能刺激胃肠蠕动，去除饮食带来的油腻感，很多人因此还会觉得普洱有减肥的功效。这里所说的只是相对更合适的选择，实际经营中，还是按各地的条件与习惯来安排。

2. 茶品的调配

中国茶品有绿茶、红茶、黄茶、白茶、黑茶和乌龙茶六大茶类，此外还有花茶、紧压茶等再加式茶类，具体茶叶有几千种，这里简单地介绍几种。

（1）擂茶。擂茶又名三生汤，始于汉朝，盛于明清。擂茶在中国广东、湖南、江西、福建、广西、台湾都有分布。一般用大米、花生、芝麻、绿豆、食盐、茶叶、山苍子、生姜等为原料，用擂钵捣烂成糊状，冲开水和匀，加上炒米，清香可口。

（2）奶茶。奶茶原为中国北方游牧民族的日常饮品，至今已有千年历史。自元朝起传遍世界各地，目前在中国，中亚国家，印度，阿拉伯，英国，马来西亚，新加坡等国家和地区都有不同种类的奶茶流行。清代北方地区的宴会开始前会安排咸奶茶，而南方地区与下午茶相连的宴会则使用的是甜味的英式奶茶。咸奶茶用的多为青砖茶或黑砖茶，加水与牛奶煮后用盐调味；甜奶茶用的是红茶，泡与煮都可以，用糖与巧克力调味。

（3）果茶。果茶是将瓜果与茶一起制成的饮料，有枣茶、梨茶、桔茶、香蕉茶、山楂茶、椰子茶等。果品投入壶中后，一般稍稍浸泡或煮至出色出味即可。

（4）花茶。这是在茶叶中加茶的做法，除了用市售的花茶外，还可以在相应的花季采花来与茶相配，如秋季的桂花与冬季的梅花，使用时直接冲泡就可以。这是宴会中便捷采用的临时创意。

（5）清茶。这是汉族人最常用的茶饮，无论用哪种茶叶，都采用冲泡的方法，并且不添加任何调配料。具体使用时，绿茶是使用最广泛的，福建与广东常用乌龙茶，广东和广西以及云南宴会中常用普洱茶。

（三）羹

饮品中“羹”是区别于菜肴中羹的，用在筵席开始的时候，主要是用来临时充饥，也有饮酒前保护胃的作用，味道以清甜为主，这样的羹通常是糊状。作为菜肴用的羹中有丝、粒等细小的料型的食材，用在筵席前端通常是咸鲜味的，用来护胃；在筵席中后端的羹主要是用来醒酒的，也称为醒酒汤或解酒汤，味道以酸辣为主。

作为饮品的羹常见的有山药汁、五谷杂粮汁、玉米汁、红豆沙、绿豆沙等，大多数是淀粉类食材，如果有宴会中用来佐餐，很容易会有饱腹感，影响筵席中后程菜品的享用。

（四）饮

饮的内容比较复杂，有鲜榨果汁，也有煮熟的果味汤，还有加药材煮的汤（在宋代称为饮或熟水）。饮一般是为不饮酒的客人准备的，也有些是有食疗养生作用的。熟水大多用于夏季，常见的有：豆蔻熟水，用连梢的白豆蔻放入水中用小火慢煮；紫苏熟水，有各种配方，《博济方》的记载是紫苏、贝母、款冬花、汉防己同煮，还可以用紫苏与陈皮、姜片、冰糖同煮；鸡苏熟水，用鸡苏草小火慢煮而成；夏季为客人准备西瓜汁是有消暑作用的。夏季用的饮品大多性味清凉，利于消暑。冬季的饮品大多性味温热，有祛寒功效。姜枣汤，用生姜与红枣小火慢煮；姜葱汤，用生姜与葱白同煮，并用红糖调味。葛根白茶饮则是有解酒作用的。

第二节 宴会菜单类型

一、固定宴会菜单

固定宴会菜单通常也称为和菜（套宴）菜单，是餐饮企业预先设计的不同价格档次和菜品组合的系列筵席菜单。这种类型菜单的特点：一是价格档次分明，由低到高基本上涵盖了一个企业宴会经营的范围；二是所有档次宴会菜品组合基本确定；三是同一档次列几份不同菜品单元组合的菜单供客户选择，菜单的结构相同，对应位置菜品的类型与品质也基本相同。

固定宴会菜单是餐饮企业中最常见的菜单类型。固定宴会菜单并不是一直不改变，只是使用的时间相对较长，设计完成后在企业的经营过程中经常使用。此类型的菜单由于食材及各种材料、道具、人力成本相对固定，便于工作中的人员安排、原料贮备、餐具采购，有利于成本的控制与核算；由于长期使用，餐厅的服务人员熟悉宴会流程，厨房的厨师熟悉技术要求，有利于稳定宴会的品质指标。

固定宴会最常见的是以价格档次作为划分的依据，中低档的宴会很多只依价格来分宴会的种类。传统的宴会是按桌定价，现代则常常按客单价来定。也会根据宴会主题来制定菜单，如婚宴菜单、寿宴菜单、商务宴菜单、家宴菜单、饺子宴菜单等，这些有主题的宴会通常客单价也会高于无主题的宴会。价格档次与主题相结合，价格筛选了客户对象的消费能力，主题筛选了客户对象的文化需要。这样的菜单可以满足大多数客户的需求，但在应对客户的特殊要求时会有不足。

固定宴会菜单因长期不变，易使客人感到厌倦，因此这类菜单在应用时要区分具体情况。外地来的客户大多数在某个餐馆的消费频率不高，固定宴会菜单不会使他们感到厌倦，这种情况在旅游点的餐饮企业中较为多见，但这部分客户的消费客单价不高，基本属于中低档宴会。在服务本地的固定客户时要引导他们进行相对高端的消费，尽量避免使用固定宴会菜单，如果限于条件只能用固定菜单时，也应该给出较多的备选方案。

下面是传统的谭家菜固定宴会菜单，其格式在餐饮业中相当有代表性。同一档次开列了两份菜单供客人选择。这两份菜单的结构完全相同，对应位置上的菜品从烹调方法到菜品风味与成本都差不多，同一位置上的菜品也都可以互换。

谭家菜宴会菜单

×××元／位

A套	B套
席前点	席前点
四调味	四调味
六冷菜	六冷菜
罐焖三鲜	罐焖肚丝
面包虾排	黑椒烤虾排
花菇鲍脯	蚝油鲍片
鸡球裙边	虾籽海参
干贝菜心	蚝菇扒时蔬
芹皇鱼丝	三彩炒鸡丝
焦蒜鲈鱼	紫砂鹿肉
酸辣乌鱼蛋汤	油浸左口鱼
清汤竹荪	鸽蛋银耳汤
甜品一道	甜品一道
点心两种	点心两种
小吃一款	小吃一款
主食	主食
水果一道	水果一道

二、阶段性宴会菜单

阶段性宴会菜单是指在一定时限内使用的宴会菜单。

最常见的是根据季节变化而更换菜单，如季度菜单、月度菜单，此类菜单可以反映不同季节的饮食特点，满足了客人尝鲜的需要。这样的菜单可以在固定宴会菜单的基础上作调整，仅更换一些时令菜而不对菜单的菜品作大的改动。

餐饮企业进行一些营销活动所推出的宴会菜单往往也是阶段性的。如请外地名厨来进行交流的各地风味宴会；以特定文化为主题的宴会，如盐商宴、红楼宴、满汉全席；与特定事件有关并且在特定时间段使用的宴会，如毕业宴、谢师宴、尾牙宴等。这样的宴会菜单在实际的经营中只会是阶段性的出现。红楼宴菜单自从设计完成后，只是在1986年《红楼梦》电视剧热播后的几年中使用得比较多，而且大多是用在相关的文化交流活动中。

由于阶段性宴会在平常的经营活动中较少出现，宴会的形式及菜品的内容都给消费者一定程度的新鲜感。在技术层面也向客户们展示了餐饮企业的水平，有利于提升企业形象。但也正由于不常使用，在宴会的生产过程中，劳动力及物料的成本都会有所上升。

三、一次性宴会菜单

一次性宴会菜单是指专门为某一特定主题活动而设计的专供宴会菜单，针对特定客户，有确定时限。如G20会议在全球多个地方都开过，每个地方的会议菜单都不同，而且在会议过程中只使用一次，会议结束后也不会整体使用在其他的场合。一次性宴会菜单是主题最明确的且不重复使用，在市场上也没有相应的参照评价，客户的体验感较好，有尊贵感；此类宴会的价格定位通常较高，相应地食材应时且品质较高；由于宴会主题要求非常明确，菜品往往也要求有创意、与众不同，设计师的创意设计在这类宴会中能得到最大的发挥。由于只使用一次，餐饮企业投入的设计成本及物料、人力成本较高，而且消费对象也有限，因此不具备普适性，不能作为餐饮企业的长期行为。

第三节　菜单风味与格式

一、风味设计

（一）地方风味的协调

宴会可以小到只有一桌，也可以多到百桌。不同的宴会规模对于菜品风味的要求是不一样的，如清代的满汉席菜品的风味就是两大类，但具体到每一桌菜品，还是要强调菜品在风味特色方面的协调。

一份筵席菜单的菜品安排应该同时具备多样性与协调性两个特点。多样性的要求包括菜品的口感、色彩、味道、菜式等。原料多样、烹调方法多样、口感多样、菜品样式多样等，这样的安排可以让人感受到筵席、宴会的丰盛之美，这也是传统宴会所强调的。现代宴会菜品与规模比传统宴会大大地精简了，但是对于烹调方法及原材料的获得、使用方面又大大地超过了传统宴会，如果还只是强调丰盛，会使宴会菜品的风味安排显得单调。因此，风味的协调就显得很重要。风味的协调包括三个方面。

第一，主体风味与次要风味的协调。一桌菜品在安排时通常会先定下基调，是以淮扬菜为主体，还是以法国菜为主体。国内的菜品风味要细分，国外的风味通常按国来分（如果高端一些的可以再细分）。与主体风味搭配的菜品通常应该选相邻地区的菜品，非邻近地区的应该选风味相似的，这样的安排在风味上会显得比较协调。如以淮扬风味为主体，可以适当搭配鲁菜、徽菜、浙菜，因为这些地区邻近，而且在历史上饮食文化的交流也比较频繁。如果是非邻近区域的，可以选择粤菜、日本料理来搭配，因为这些地方饮食味道的浓淡相似。川、湘地区的菜品在淮扬风味为主的宴会中只能作为调节口味的品种来使用。这样的安排在各国的国宴中是常态化的设计，国宴一定是以本国的菜品风味为主，但是照顾到各国来宾不同的口味爱好及宗教信仰，也会将相应的菜品作为次要风味来安排。

第二，流行菜品与传统菜品的协调。流行菜品能体现出宴会的时尚性，但人们对其风味的评价与要求并不统一；传统菜品能体现出宴会的文化厚度，但也会因太过熟悉而缺少新鲜感。因此这两类菜品应该在宴会菜单中同时存在，互为辅助。一二线城市人们对于饮食健康的要求比较高，比较油腻的传统风味不太受欢迎，但在旅游类型的宴会中，传统风味作为文化体验对象则有比较高的接受度。很多以旅游业为主的三四线城市中，以本地人为对象的宴会中，又对流行菜品有一定的需要。所以就会出现一种现象，在景区附近的餐馆大多以本地的传统风味为主，而在城市里游客不怎么到的区域，餐饮经营中很多会打着一些流行的招牌。

第三，城乡菜品的协调。城市的菜品经过专业厨师多年的设计和打磨已经成为消费者非常熟悉的菜品，技术指标稳定是这些菜品的长处，缺少新鲜感则是它们的短处。乡村菜品没有经过专业的技术改造提升，根植于乡土的食材及乡民们的口味习惯，相对于城市的菜品来说，它们的风味既是局限的，也是独特的。因此在筵席中适当安排部分乡土菜可以给消费者带来新鲜的味觉体验。但是在菜品的呈现方式上，又需要考虑到整体协调。在北京、上海、广州、深圳这样的一线城市外来人口多，包容性强，各种等级的乡镇县市菜品都会有自身的消费人群。随着外来人口的减少，城市的包容性也会下降，在菜品风味上会向上看，对发达地区的菜品容易接受，对欠发达的乡镇菜品则不容易接受。

（二）个性菜肴的突出

筵席菜品的安排需要有主有次，在整个筵席菜品中，热菜是筵席的主体，在热菜中，头菜是筵席中质量最好、价格最高的菜品。一般情况下，筵席菜品是以头菜为核心展开的，也常有以某个特色菜肴为核心的。传统宴会中筵席上的菜品比较丰富，用餐时间也比较长，单一的核心无法调动宴会中的气氛，因此需要在宴会菜品呈现的各个阶段都有一两款特色菜肴来引起客人品尝的兴趣。而在一些讲究个性的文宴中，以及现代宴会中，菜品的数量不太多，这样的个性菜肴也不需要太多，有一两道就可以。具体有三种类型。

1. 餐具烘托型

一席之中的餐具基本是使用相同材质、相似风格的，这样可以使风格统一，但也使得部分客人无法通过餐具来判断评价菜品。因为客人们身份各异，在筵席中的关注点各有不同。此时一款材质、造型都不同的餐具呈上桌时，一定会引起客人们的共同关注。这种方法的使用注意不要喧宾夺主，餐具是烘托菜品的，而非让客人眼中只见餐具不见菜品。比如扬州三头宴中，扒烧整猪头、清炖蟹粉狮子头和拆烩鲢鱼头这三个菜是主菜，菜品的形体也比较大，应该用造型突出的餐具烘托出这三个菜在宴会中的主角身份，而其他的菜则应该用统一风格的餐具来盛装。

2. 菜品组合型

通过不同菜品来烘托出某个重要菜品。具体做法有以清配浓、以贱配贵、以正配奇。滋味浓厚的菜肴应该安排在两款清淡平和的菜品之间，用清淡的味道衬托出浓郁的味道，这是以清配浓；价格昂贵的菜肴需要安排在普通价格的菜品中间，这是以贱配贵；工艺特别的菜品要安排在中规中矩的正常菜品之间，这是以正配奇。有些宴会或因为食材的珍贵，或因为工艺的特殊，可以用一桌菜来衬托一个菜。比如烤全羊的宴会，烤全羊是品尝的主体，而且蛋白质及脂肪充足，在搭配菜品时就应该以清淡、开胃的菜品为主。

3. 隆重呈现型

一些体型较大的菜品，如烤全羊、扒烧整猪头、烤乳猪等；一些工艺别致的菜品，如叫化鸡、冬瓜盅等，在上桌时需要有一定的仪式感，如清空桌面、更换骨碟、音乐伴奏等，再由专人当筵分割盛给每位客人。烧烤类的菜品在食前还可安排服务员讲解菜品中薄饼、葱酱以及配菜的使用方法。

（三）针对主宾的设计

宴会中的客人有主宾有陪客，当主宾的身份较为重要时，就需要安排针对主宾身份设计的菜品。这里说的身份重要不完全指其社会身份，更是指其在宴会中的身份。生日宴中，针对过生日的人安排象征性的食品，如生日蛋糕、寿桃，此外还有他特别爱吃的菜肴；敬老宴中，因为主宾年纪较大，整个筵席中菜品的安排都应该口感上偏软烂易消化，容易引起肠胃不适的菜品如生鱼片、炝虾、螃蟹等，以及过于浓厚油腻的菜品如狮子头、红烧肉等均不宜出现；照顾到主宾的饮食禁忌。安排菜品之前要了解客人是否有忌口的菜品。有些人的饮食禁忌是因为宗教信仰，有些人是因为身体身份不宜，还有些人是因为生态保护的理念，也有很多人是因为食物伦理观念。

当主宾的社会身份较为重要时，这方面的禁忌需要格外注意。通常对有政治身份的人要回避使用山珍海味等较贵的食材，以维护清廉的社会形象；对养宠物的人或环保主义者不要使用狗肉、兔肉等常见被当宠物的肉类；对于关注饮食养生的人要回避使用一些高热量的菜品；对于长期客居异乡的客人，可以安排一两道家乡菜品。

2019年8月的G7峰会在法国召开，此次峰会期间，法国伊卢雷基（Irouleguy）地区的著名酒窖将提供680余瓶顶级葡萄酒，而且是根据每位领导人的不同口味分别配酒。为了摸清各国领导人的饮食偏好和禁忌，法国总统府的最高级厨师旋纪尧姆·戈麦斯（Guillaume Gomez）花费了两个月的时间，与各国外交和礼宾人员进行了充分的沟通。针对主宾的菜品安排已经是国际宴会的惯用方法，在国内的一些高端宴会中也常采用。

（四）主题性的风味设计

宴会设计是按主题来进行的，不同主题的宴会中筵席菜品的安排必须与主题相关。前面介绍过宴会的三大类型，制度型、文化型与民俗型，各类型宴会中又有不同的主题，主题不同则宴会的风味设计也有区别。

国际会议中的宴会菜品需要照顾到来自不同国家客人的饮食习惯，虽然不能面面俱到，但有一些基本的禁忌要注意：注意来宾的宗教背景，不安排宗教禁忌的食材；尽量不使用动物的内脏与生殖器官；不使用风格怪异的菜品；不使用珍稀的动植物食材。

仿古类宴会要有相应时代的菜品风格，食材、餐具都要有相应的时代特点；生日宴会的菜品必须有庆生的菜品，如长寿面、生日蛋糕、寿桃等；敬老主题的宴会菜品安排要符合老年人的特点，应当软烂适口，滋味清淡；节令类主题的宴会要有安排当令的菜品，如清明宴应该有青团，端午宴应该有粽子或端午十二红，中秋宴应该有花瓜等。这些都是在设计时需要考虑到的。

二、菜单格式

（一）传统格式

同桌共餐是传统中式宴会的用餐形式，各地宴会的菜品数量不同，但格式上大同小异。主要用于中低档宴会的筵席，由冷碟、热菜、点心水果、主食四个部分组成，一般按每桌10人为基准来开设菜单。冷碟通常是8个，按5荤3素或4荤4素来安排，也有很多安排6个冷碟的情况；点心水果各1道，但一道点心中可能会有2～4个品种，主食1道；热菜的数量一般与人数相等，其中炒菜一般安排2～4道，头菜1道、羹1道、汤1道，其他为红烧焖煮类菜品，很多地方习惯安排1道整形的鱼菜。冷碟是一起上桌，所以排列不分先后；热菜按上菜顺序开列，依次是炒菜、头菜、大菜；点心穿插在大菜之间，水果一般安排在最后与主食一起上；南方地区筵席的主食一般有米饭、面条、馄饨等，北方地区筵席的主食一般有馒头、米饭、水饺、面条等。这种格式的菜单一般不写酒水配置，但实际经营中可根据客人要求准备一些饮品。

例1　河北省普通宴会

×××元／桌

冷菜	青瓜拌莜面	川香雁肚	沙棘马蹄果
	果味瓜条	爽口海蛰丝	田七拌桃仁
热菜	头菜：京葱烧海参		
	白灼明虾	宫廷稻香肉	香炸双味拼
	国际一家亲	番茄海鲜粒	回味飘香鸡
	油淋鲤鱼	粒粒肉夹馍	素炒西芹
	炝炒卷心菜	红扒猪肉丸	酸辣汤
面食	花卷、蕲县炸糕、蛋炒饭、素水饺		
水果	精美水果拼盘		

北方地区的宴会菜品通常数量较多，菜名中的“宫廷”二字也不代表菜品出自宫廷或品质高，只是民间常见的夸张表达。

例2　北京某宾馆婚宴菜单

×××元／桌

彩色冷头盘

四小菜

热菜	头汤　酸辣乌鱼蛋汤		
	头菜　鱼翅四宝		
	蜜汁银鳕鱼	南乳焖鸽王	砂锅狮子头
	栗子娃娃菜	莲子百合	
点心	清汤面	慕斯蛋糕	
水果	精美水果拼盘		

例2的北京婚宴菜单从格式与菜品内容上明显受到广东菜与淮扬菜的影响，

菜品数量偏少，而质量较高，这样的做法也是南方地区宴会的风格。

例 3　　上海某酒店农历新年家庭餐宴

3788 元／桌，供 10 人，2018 年

冷菜　珊瑚皮蟹柳双色瓜　　特色白斩鸡
　　　红腰豆粟米拍黄瓜　　酱香卤牛腱
　　　老弄堂油爆虾　　核桃仁拌菠菜
　　　泡椒松花鹌鹑蛋　　本帮香脆熏鱼
热菜　金虫草花鱼肚海皇羹——招财进宝
　　　翡翠蟹粉明虾球——新年大吉
　　　沙律葡萄干谷饲牛排——喜气生辉
　　　荷香鲜鲍糯米珍宝蟹——岁岁平安
　　　火腿冬笋香菇蒸鲥鱼——年年有余
　　　一品富贵全家福——合家康泰
　　　竹篮蚝皇珍菌炒鹿肉——大展鸿图
　　　珍珠麻球烟熏鸭方——金色年华
　　　美极香菜寸金骨——龙马精神
　　　上汤竹荪珍菌浸菜心——吉祥如意
面食　鲜虾芦笋奶油汁焖伊面——和和美美
　　　冰糖豆沙八宝饭——富贵团圆
甜菜　木瓜银耳雪莲子——共聚一堂
水果　水果大拼盘——绚丽缤纷

例 3 的菜单在中低档宴会中经常可见，客人对于宴会菜名在文化方面有一定的需求，但又不太讲究雅致得体，只要说吉祥话就能得到一定的满足，酒店方面也因为宴会档次不高，不愿意在设计上投入人力与时间成本，于是就有了这样的菜单。从成本控制与市场接受的角度来说，这样的菜单用于中低档宴会并没有太多的不妥。

（二）分餐制宴会菜单

分餐制宴会因为每道菜都分到各人的面前，相比传统宴会的菜肴数量要少，通常每人 2 ～ 6 道菜，因而也就不能将那些菜品类型全部呈现。为了在有限的菜品中让客人尝到尽量多的美食，在菜品设计时可采用组合的模式，比如两个品种的菜肴组合在一起，也可以是菜肴与点心的组合、菜肴与酒水的组合，当然组合中的菜品各自的量都不大。国外的宴会和我国的国宴以及一些高端宴会基本上采用分餐制。

1. 日本大阪G20晚宴，料理的主题是“里山”

（1）第1道 前菜：夏至。烤玉米蒸羹 佐虾蟹冻 紫苏叶。

（2）第2道 汤：前奏。海鳗和泉州水茄子；野山药配莲藕饼和各色根菜。

（3）第3道 一品：人文风土。香煎油豁然鲢鳙鱼，温配菜，芝麻酱蔬菜沙拉，夏日祭样式贺茂茄子，味噌紫苏的香味。

（4）第4道 主菜：森林风景。竹炭包但马牛肉（嫩竹叶的芬香），双色发酵酱，太阁牛蒡，十六种杂粮米蒸舞茸饭（山花椒的香味），炭火烤甜菜（嫩竹叶的芬香）双色发酵酱，太阁牛蒡，十六种杂粮米蒸舞茸饭（山花椒的香味）。

（5）甜点：夏天的礼物（注：喝茶的时候一起吃的零食糕点）。デザート：白桃。甜点：白桃 抹茶と茶菓子。

主要酒水：在本次宴会中，除了大阪本地的地酒秋鹿（当晚的干杯酒），以及福岛县的日本酒“山廃纯米吟酿”，岩手县的“南部美人朝日酒”，宫城县的红茶“和红茶kitaha”也出现在餐桌上。此外，还有创业300年的大阪能勢酒造（姜汁水）。

除了首脑晚宴上的料理以外，6月28～29日召开的会议中，还准备了3种日式点心和12种西式点心。其中，以枯山水的装盘方式，展现了“日本传统点心”的韵味。

2. 茶怀石

这是日本茶道的重要组成部分，是一种极简的宴会，后来在此基础上发展出专门的料理形式，称为怀石料理。常见的茶怀石有：开炉怀石、夜咄怀石、初釜怀石、正午怀石、雏祭怀石、观樱怀石、初风炉怀石、时はずれ怀石、夕凉怀石、朝茶怀石、月见怀石、名残怀石等。每一场茶怀石的格式大体相同，但食物内容会随季节变化。以开炉怀石为例了解一下茶怀石的大概情况：

（1）菜单。向こう付け：器用扇形盘，鲷鱼片配昆布结、岩茸、坂本菊、青芥辣。汁：器用利休形小丸椀，合味噌、葫芦干、银杏、水辛子。椀盛：器用丝目菊莳绘椀，柚子、捶虾、寿海苔、菊菜。御菜：器用蓝边金菊碗，煎鲳鱼。箸洗：器用红叶椀，椎栗、生姜丝。八寸：器用杉木盘，煎鳇鱼、蒸栗子

（2）点心单。向附：器用唐津割山椒。鲭鱼旋鲊配柚子酢、芥辣大根、韭菜叶。吸物：器用玄玄斋好食初椀。红烧鳗鱼配豆腐、烧葱、腌生姜。绿高盛：器用松花堂好四方。煮甘栗、松叶午蒡、红叶白合、银杏；虾芋、飞龙头加菊菜煮；味噌渍甘鲷配烧椒；葫芦形蘑菇饭。

（三）自助餐宴会菜单

自助餐的用餐形式比较自由，对每位来宾的食量不可能像桌餐那样准确，通

常会比桌餐的分量稍多一些。对客人们可能选择比较多的菜品，要准备普通桌餐两倍的量。全用冷食的自助餐称为冷餐会，以鸡尾酒为特色的自助餐会则被称为鸡尾酒会。普通的自助餐宴会是有热食的，这些热食有的是提前制作好的，只是在现场保温，有的品种则是在现场烹调的，如煎、烤类的菜品。

例 1　　　　　　　　　　中式自助餐宴会菜单

冷菜类　盐水鸭、白斩鸡、五香牛肉、油爆虾、熏鱼、卤水鹅掌、凉拌海蜇、辣白菜、蒜泥黄瓜、卤冬菇、红油莴笋、咖啡冬笋

热菜类　烤乳猪、京都羊排、椒盐基围虾、脆皮鱼条、面拖花蟹、草菇鸭舌、蘑菇烩鸡条、红烧牛筋、咕咾肉、开洋萝卜条、蚝油生菜、大煮干丝

汤类　木耳鱼圆汤、山药乌骨鸡汤、排骨冬瓜汤

甜羹类　桂花圆宵、橘子西米露、冰糖银耳

主食类　素菜包子、扬州炒饭、三鲜伊府面、枣泥拉糕、炸春卷、烧卖、水饺

水果类　橘子、香蕉、葡萄、苹果、冬枣

酒水类　热黄酒、红酒、山药汁、玉米汁、橙汁、牛奶、可乐、茶、咖啡

例 1 是普通的中式自助餐，菜品中除了烤乳猪与羊排以外并无价格高的食材，热菜的品种也不太丰富，因此属于中低档的自助餐。从菜品的用料可以看出这是适合秋冬季的自助餐会。

例 2　　　　　　　　　　　　鸡尾酒会菜单

冷菜类　火腿鸡卷、酒浸鸽蛋、芙蓉虾球、叉烧肉、烟熏鳟鱼、西班牙火腿

干果类　碳焙腰果、青果、葡萄干、琥珀桃仁、金橘饼

小吃类　炸虾片、炸薯条、牛肉干、鱼脯

点心类　泡芙、蛋挞、炸春卷、三明治、巧克力蛋糕、虾饺、烧卖、薄荷莫干饼

热菜类　香炸虾球、脆皮银鱼、羊肉串、椒盐里脊、炸花菜、藕夹

明档类　烤牛腿、片皮烤鸭、铁板生蚝

酒水类　鸡尾酒配制 4 ～ 6 色

例 2 属于中高档鸡尾酒会菜单。鸡尾酒会相比其他宴会来说要简易得多，菜品中多数是可以直接用手抓了吃的简易品种。因为鸡尾酒是这类宴会的特色，所以酒水也就只用鸡尾酒。鸡尾酒是一类调制酒，其品种的多少要看调酒师的水平，但即使是一般的调酒师也能调制出几个品种来，因此总体来说不会显得单调。上面的菜品是中西混搭的，这种风格在我国的二线城市更容易得到消费者的认可。

例 3　　　　　　　　　　　　**西式自助餐宴会菜单**

汤类	法式洋葱汤、乡下浓汤、海鲜浓汤
冷盘类	烤牛肉片、火腿蜜瓜卷、烟熏鳟鱼、鲜虾多士、胡萝卜丝、西芹丝、番茄、黄瓜、生菜
沙拉类	龙虾沙拉、什肉沙拉、土豆沙拉、华杜夫鸡肉沙拉
热菜类	法式焗生蚝、德式煎猪排、意大利烩海鲜、香草烤羊排、红酒煨牛腩、咖喱蟹、香橙鸡、烤鳕鳕鱼、煎三文鱼、沙丁鱼、土豆球、什锦花菜
客前烹制类	凯撒沙拉、三鲜意面、煎斑节虾
甜品点心类	焦糖布丁、黑森林蛋糕、芒果芝士蛋糕、水果挞、美国芝士饼、水果冰、面包
水果类	香蕉、芒果、猕猴桃、葡萄、苹果
饮品类	啤酒、红酒、咖啡、橙汁、柠檬茶、牛奶、红茶

例 3 是西式自餐宴会的菜单示例。在国内的餐饮市场中，消费者对于西餐是一个模糊的概念，而在国外西餐的发展中也是法国菜、意大利菜、德国菜等互相影响、互相借鉴的，因此西式自助餐的菜品安排，如果没有特定要求的话，通常是欧洲各国的菜品组合使用的。

第四节　菜单中的文化符号

菜单是宴会中与客人最直接接触的道具，通过菜单，客人可以了解宴会的结构、流程、内容及文化。前三者是直接明白地表现出来的，而文化是通过各种符号表达出来的。具体表现在以下几个方面。

一、宴会菜名

宴会菜名要与主题相应。直白的菜名当然可以使用，但少了一些设计感，也就是少了一些文化感，少了一些对于消费者的体贴。常用的应对主题的命名方式有下列四种。

（一）嵌字式

将宴会的主题词句逐字嵌入菜名当中，这种方法在多种类型宴会都可以使用。比如婚宴菜单中嵌入“白头偕老、永结同心”八个字；寿宴菜单中嵌入“福如东海、寿比南山”八个字；升学宴菜单可以嵌入“桐花万里、雏凤清声”八个字，等等。所嵌词句均为祝福语、勉励语、安慰语，也可嵌入对宴会主人或客人有意义的词语。

例 1　　小盘谷盛世扬州宴（春）

冷菜	四味组合冷盘	
	设计菜名	原菜名
热菜	古都逢春	火腿燕窝盏
	今雨新荷	清炒虾仁配藕酥、莲心茶
	文鼎丰华	鸽吞佛跳墙
	明月二分	翡翠鸡粥配葱香吐司卷
	交契圆融	蛋黄狮子头
	相花同簪	手冲玲珑牡丹鲊
	辉云舒卷	竹荪八珍包配小如意卷
水果主食	映象船歌	瓜雕水果船配主食

例 1 是我为扬州小盘谷园林设计的“盛世扬州宴”菜单，在设计菜名中嵌入“古今文明、交相辉映”八个字，向上紧扣宴会主题，用扬州风味体现扬州文化，向下关联实际菜品，尽量使名实相关。这类设计名需要服务人员作适当解释，才能更好的表达设计者的用心。菜名的解释如下。

古都逢春——燕窝扣春天，寓意古城扬州正迎来一个发展的春天。

今雨新荷——古人有新雨旧雨比喻朋友，新雨也说成今雨。古代那些对扬州发展做出贡献的人是旧雨，现代对扬州发展做出贡献的人是今雨。新荷取小荷才露尖尖角的意思，指现代扬州发展崭露头角。

文鼎丰华——鼎有鼎盛的意思，一语双关，一方面说这菜是用鼎来盛的，另一层意思是说扬州正处于历史发展的鼎盛时期。

明月二分——取“二分明月是扬州”之意，餐具用日月形状的碗盘组合而成，形式正合明月之意。

交契圆融——交契用来指朋友，字面是人际关系和谐的意思。此菜狮子头中间有馅，所以，圆融也是指滋味融合。

相花同簪——相传北宋年间韩琦在扬州任职期间，官署后园有株“金带围”芍药一枝分四岔，每岔各开一朵花。据说这种花开，城内就要出宰相了。韩琦邀请了王珪、王安石和陈升之三位客人一起观赏，以应四花之瑞。此后三十年中，果然四人都先后当上了宰相。寓意扬州的人文荟萃，也祝来宾前程似锦。

辉云舒卷——此名用的是“宠辱不惊，看庭前花开花落，去留无意，看天上云卷云舒”的意思，赞来宾境界高洁，儒雅大气。舒卷又谐音酥卷，指此菜的口味特点。

映象船歌——用船形餐具以扣菜名，此菜口味清淡，却回味悠长。有范蠡功成身退，五湖泛舟之意。

例 2　　小盘谷盛世扬州宴（秋）

冷菜	四味组合冷盘	
	设计菜名	原菜名
热菜	鹏飞古道	蟹腿黄汤扒鱼翅
	龙腾今世	红烧鳄掌配如意卷
	泉涌文思	文思豆腐配咸粔籹
	二分明月	红酒焖牛肉配鸽蛋西兰花
	四美交汇	四珍鸽吞佛跳墙
	兰桂相得	清莦芥兰配桂鱼
	青莲辉煌	青豆泥配燕窝雪蛤
水果主食	吉光映庭	时新果品配雨花石汤圆

“盛世扬州宴”按四季不同设计了春夏秋冬四份菜单，菜品名称均为四字，春季宴会的嵌字在菜名的第一个字，夏季在第二个字，秋季在第三个字，冬季在第四个字。例 2 是秋季宴会的菜单，菜名的解释如下。

鹏飞古道：庄子《逍遥游》说：“北溟有鱼，其名为鲲，化而为鸟，其名为鹏。”所以这里以鱼翅附会鹏翼，意谓扬州自古繁华。

龙腾今世：中国神话中，鳄是龙之一种，因此以鳄掌意寓龙腾，颂扬今日扬州是盛世典范。

泉涌文思：文化昌明是盛世景象，菜品关联的文思和尚是清代扬州诗僧，交流均为一时文化精英。

二分明月：用月牙盘与斗笠碗配，象日月明字。红酒焖牛肉配鸽蛋西兰花，菜肴配红酒，取举杯邀明月之意。

四美交汇：鹿筋、鲍鱼、花胶、裙边，鸽吞，配菜心、胡萝卜秋叶片做成的四珍佛跳墙。良辰、美景、赏心、乐事，古人称为四美。菜名取以应景，也赞扬州的和谐。

兰桂相得：芥兰配桂鱼。主人如兰，佳宾似桂，贤主佳宾，古称二难。

青莲辉煌：青莲谐音清廉，玉寓洁，燕窝雪蛤玉色溶溶又宝光四溢。

吉光映庭：此菜品用雨花石汤圆与时新精莹剔透果品相搭配，寓意天雨花人得宝。

（二）诗词式

诗词式的宴会菜单名称设计有两种情况，一是用古人诗词的句子或意境来给菜品起名字，二是将宴会菜品的名称编成一首诗词。

例 1 **天姥唐诗宴菜单**

	设计菜名	原菜名
冷菜		
热菜	茶炉天姥客	天姥功夫汤
	千金散尽还复来	石城依云豆腐
	满城尽带黄金甲	农家玉米饼、椒盐土豆饼
	何人不起故园情	豆腐干小炒
	春溪绿色蔽应难	农家土粉皮
	剡溪一醉十年事	笋干菜蒸河虾
	此行不为鲈鱼脍	清蒸长诏大鱼头
	银鸭金鹅言待谁	老鸭田螺锅
	越女天下白	清蒸回山茭白
	未缘春笋钻墙破	咸肉蒸边笋
	荷花镜里香	新昌芋饺
	天姥连天向天横	新昌炒年糕
	飞流直下三千尺	新昌汤榨面
	身登青云梯	新昌麦糕
	谁收春色将归去	果盘

浙江新昌为宣传旅游需要设计了“天姥唐诗宴”，宴会中菜品的设计名均来自唐诗，但菜品基本为新昌本地的土菜。虽然设计名与原菜名不是很贴切，但作为旅游文化产品来说，已经达到宴会设计的目的。以下是对菜品设计名的解释。

“茶炉天姥客”出自温庭筠的《宿一公精舍》。菜品为天姥功夫茶，食材用鲍鱼、珍贵野山菌、走地鸡等。结合新昌的茶与佛道之文化，这道汤品外敛内放，独树一帜。

“千金散尽还复来”出自李白的《将进酒》。菜品为石城依云豆腐，食材用豆腐、蜜汁蘸酱。豆腐炸成金黄，在盘中如金砖垒砌。

“满城尽带黄金甲”出自黄巢的《不第后赋菊》。菜品为“农家玉米饼”或“椒盐土豆饼”。

“何人不起故园情”出自李白的《春夜洛城闻笛》。菜品为“豆腐干小炒”，是经典的农家菜。旧时农家少有闲情种花养草，多是将门前的一亩三分地精巧地打理成一个小菜园。篱笆围绕着沃土，圈其一年四季的新鲜时蔬。

“春溪绿色蔽应难”出自方干的《叙雪献员外》。食材用肉沫、绿豆粉皮、时蔬丁等。

“剡溪一醉十年事”出自许浑的《对雪》。菜品为“笋干菜蒸河虾”。最鲜不过小河虾，每日自新昌山溪河流中捕捞的新鲜河虾，白灼即是世间美味了。配上笋干，清蒸笋干的山林香气浸染了虾，也同时带上了柔水长情。

“此行不为鲈鱼脍”出自李白的《秋下荆门》。菜品为“清蒸长诏大鱼头”，用新昌水库活鱼和本地小辣椒制成。

“银鸭金鹅言待谁”出自陈陶的《将进酒》。菜品为“老鸭田螺锅”，食材用大田螺、沙溪老鸭、高汤、猪肉烹制而成。

“越女天下白”出自杜甫的《壮游》。菜品为“清蒸回山茭白”，食材用新昌特色茭白。在当时当下的杜甫眼中，越女之美无可替代，而这道清蒸茭白之美也是如此。

“未缘春笋钻墙破”出自薛涛的《十离诗》。菜品为“咸肉蒸边笋”，食材用腌制咸肉、山林春笋。

“荷花镜里香”出自李白的《别储邕之剡中》。菜品为“新昌芋饺”，食材用芋艿、番薯粉、猪绞肉等。

“天姥连天向天横”出自李白的《梦游天姥吟留别》。菜品为“新昌炒年糕”，食材用粳米年糕、蛋皮、野菜等。

“飞流直下三千尺”出自李白的《望庐山瀑布》。菜品为“新昌汤榨面”，食材用新昌榨面、时蔬。榨面不是面，而是一种地方特产米粉干，由大米作为原材料，经过蒸、晒制成，榨面保存时间很长，随吃随煮，而且非常容易入味和煮熟，只需要在开水中滚一两分钟即可。配上当季的时蔬，汤头鲜美可口。

“身登青云梯”也出自李白的《梦游天姥吟留别》。菜品为“新昌麦糕”，食材用粗粮面团、蒜泥蘸料等。

“谁收春色将归去”出自韩愈的《晚春二首》。菜品为“饭后果盘”，春花秋实，果实就是春天的成果。

例 2　　　　鹧鸪天—小盘谷荷风消夏宴

冷菜	四味组合冷盘	
	设计菜名	原菜名
热菜	雨打青梅荷露凝	莲露鸡头米
	水鲜烹就绿茶馨	虾仁配鸡头米、绿杨春
	蒲芽新荐如玉润	蒲菜鮰鱼狮子头
	菽乳常怜比德清	红鱼子酱配绢豆腐紫苏寿司酱油

重煮酒，脍豚蒸	百花酒焖乳猪
忘忧且傍水声听	萱草花配琴鱼
绵绵福禄应合意	鲜蛏烩葫芦
花落花开一处轻	荷花鸡豆花配荷香炒饭

例 2 是我为小盘谷会所接待新加坡的贵宾设计的宴会菜单，应主人要求菜单中不使用鲍参翅肚等高档食材，用普通食材，结合菜名的文化感来体现扬州饮食的风味。宴会菜品的设计名鹧鸪天词牌填了一首词，正好八句，每句一款菜品。小盘谷是扬州的古典私家园林，这样的菜名设计很符合古代文人浅斟低唱的雅致生活情调。

例 3　　海基会接风晚宴菜单

	设计菜名	原菜名
冷菜	四海一家齐欢庆	乳猪鸭肝冻、乌鱼子、卤九孔、海蜇
热菜	海阔天空展新局	菜胆花胶炖鸡汤
	福临大地报佳音	酱黄灵芝菇鲜鲍
	龙跃青云呈吉祥	青葱上汤龙皇虾
	协和齐力转乾坤	野菇红酒嫩牛柳
主食	一团和气万事兴	红蟳糯米饭
甜品、水果	花开果硕喜民生	焗乌龙奶酪
		椰汁桂花冻
		时鲜水果

例 3 是 2008 年 11 月中国台湾海基会宴请到访的大陆海峡两岸关系协会（海协会）会长陈云林所率的协商代表团。宴会菜品的设计名均为吉语，祝愿两岸关系越来越好，而四道主菜的设计名是以一道七言绝句的形式呈现的。菜名语意符合两岸人民的共同心愿，也是海基会与海协会存在与沟通的宗旨。设计名也在很大程度上与实际的菜名有关联。如“海阔天空展新局”含“海阔凭鱼跃，天空任鸟飞”，对应的菜品“菜胆花胶炖鸡汤”中花胶（鱼肚）和鸡正好与这两句诗相应；“福临大地报佳音”对应的菜品是“酱黄灵芝菇鲜鲍”，菜名用的是谐音，临和报对应的是灵芝与鲜鲍；“龙跃青云呈吉祥”对应的菜品是“青葱上汤龙皇虾”，菜名中的龙与菜品中的龙皇虾直接对应；“协和齐力转乾坤”中“转乾坤”是“扭转乾坤”的省略，而省略掉的“扭”字谐音“牛”出现在对应的菜品“野菇红酒嫩牛柳”里。

（三）吉语式

例 1　　永结同心宴菜单

	设计菜名	原菜名
冷菜	一主盘八围碟（水晶肴肉，八味围碟）	
	设计菜名	原菜名
热菜	鸳鸯戏水	松子鸭羹
	果仁带子	宫保鲜贝
	甜甜蜜蜜	脆皮鲜奶
	喜气洋洋	三鲜锅巴
	比翼双飞	当归仔鸡
	喜庆有余	葱油鲈鱼
	万年长青	绿叶蔬菜
	白发同心	竹荪鸽蛋
点心	团圆美满	豆沙酥饼
	人丁兴旺	三丁包子
甜汤	银耳莲子	

例 1 是引用自江苏科学技术出版社 1998 年出版的黄万祺编著《淮扬风味宴席》中收录的扬州金陵西湖山庄婚宴菜单，当时的扬州宴会流行冷菜格式是一个主盘加八个围碟，主盘常用肴肉、广式卤水拼盘、扬州盐水鹅拼盘等。设计菜名均为符合婚礼情境的吉语，也尽力通过会意、谐音、比拟等方法做到与实际菜名的名实相符。

例 2　　山盟海誓宴菜单

	设计菜名	原菜名
冷菜	花好月圆	花色拼盘
	珠联璧合	腊味合蒸
	永结同心	襄阳捆蹄
	前世姻缘	四色珍菌
	白头偕老	花菇仔鸡
热菜	山盟海誓	山海烩八珍
	比翼双飞	油淋乳鸽
	鸾凤和鸣	琵琶鸭掌
	早生贵子	甜枣莲羹
	四喜临门	四喜丸子

	枝结连理	植蔬四宝
	麒麟送子	麒麟鳜鱼
	福满华庭	珍珠炖甲鱼
点心	相敬如宾	金银小包
	浓情蜜意	玉带甜糕
水果	百年好合	时果拼盘

例 2 是湖北十堰的婚庆宴会菜单，引自旅游教育出版社 2016 年出版的贺习耀著《荆楚风味筵席设计》一书中收录的高登酒店菜单。冷菜用花色拼盘带四冷盘的做法在江浙地区已经少见了。设计名均为吉语，符合婚礼的情境要求，部分设计名与原菜名的联系不强，如“植蔬四宝”的设计名“枝结连理”和“金银小包”的设计名“相敬如宾”都显得有些牵强。

（四）谐趣式

谐趣式的菜名在宴会中很少出现，但在一些特别的设计中会用到。在以儿童为消费主体的宴会中，可以用一些有童趣的菜名来吸引孩子们对食物的兴趣，如猪爪炖狮子头这道菜就有一个俏趣的菜名叫“猪八戒踢皮球”。也有好事者将普通的中式菜品用西餐的名字表达出来，如“法式溏心荷包浇意面”其实就是中式的煎蛋面，而“微辣酸甜汁焖猪柳配葱”其实就是鱼香肉丝。这类菜名主要用来营造轻松愉快的用餐氛围。类似的菜名还有如下一些。

谐趣式菜名

设计菜名	原菜名
蚂蚁上树	肉末炒粉丝
猴子爬旗杆	虾仁炒肉丝
平地一声雷	三鲜锅巴汤
小公鸡爱上小米辣	辣炒小公鸡
穿过你的黑发的我的手	海带丝炖猪蹄

这类菜名用在正式的宴会中会显得油滑粗俗，用在相关主题的宴会中则显得趣味横生。

二、菜单形式

（一）古典风格

作为一种审美趣味，古典代表着稳重、端庄。这种风格的菜单适合用庄重的场合，如国宴、寿宴等，这类宴会要么是气氛隆重，要么是宴会的主角身份尊贵，因此菜单的形式也就不适合时尚的、轻飘的风格。时尚本身有太多的不确定性，有很多解读的角度，会影响宴会的气氛与形象。国宴菜单图案通常选用各个国家的传统纹样，或是简约的现代风格的纹样。菜单样式通常采用对折或多页菜单。国宴菜单的用途类似演出的节目单，需要将宴会的菜品、酒水安排和演出的曲目、歌舞等全部列在上面。因为宴会的客人来自世界各地，所以菜单上的所有内容常需要有两种语言，比如中国的国宴菜单一般就是中英文对照的。正是由于内容较多，为便于客人翻看，国宴菜单多采用多页合订的样式。图 5-1 的法国国宴菜单封面只是印了法国的国徽，仅此就可以表达出宴会的背景。

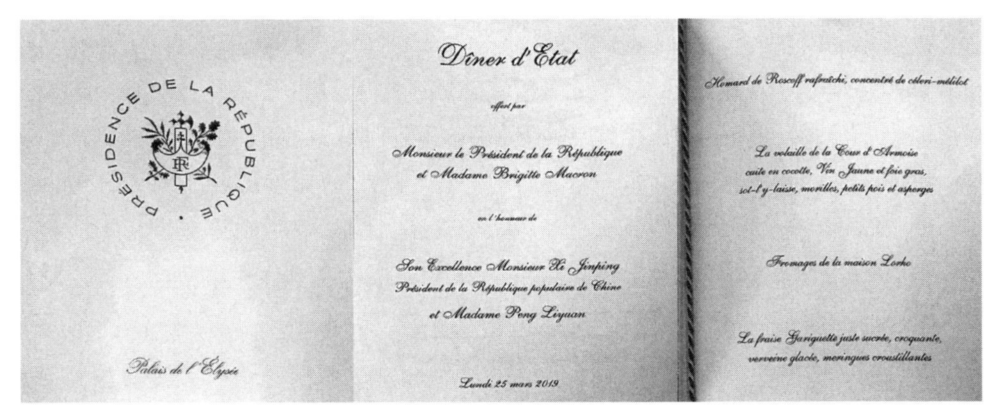

图 5-1　法国国宴菜单

婚宴寿宴是民俗型宴会最常见的，也是隆重仪式的组成部分。一般情况下，婚宴用对开的菜单就可以，色彩以红黄为主，图案以龙凤、牡丹为主，菜单内芯可以用粉笺，字可以用烫金，显得喜庆吉祥。生日宴也很常见，年轻人的生日宴菜单色彩可以明快清新一些，图案可以选大鹏鸟、凤凰；老年人的生日宴也叫寿宴，色彩可以用金色、红色，图案可以用团寿字、松鹤延年、缠枝莲等。

（二）书画风格

用书画形式来设计菜单，如册页、手卷，内容以手写为佳，如张大千的手书菜单。日本的怀石料理也经常会采用这种形式的菜单，虽然厨师的字不一定能达到书法的艺术高度，但消费者却能从中体验到宴会文化情境。如用印刷体则以康熙字典体为佳。宋体、新魏碑、楷体等虽也秀气典雅，但因为在日常的印刷及文字处理中应用太多而使人感觉过于现代。2019 年俄亥俄州立大学和宾夕法尼亚州立大学的研究发现，如果菜单上有一个手写的字体，那么在以健康为重点客人似乎更有可能将该餐厅与健康联系起来。因此，现代的一些高端宴会场所常会采用手写菜单（图 5–2）。

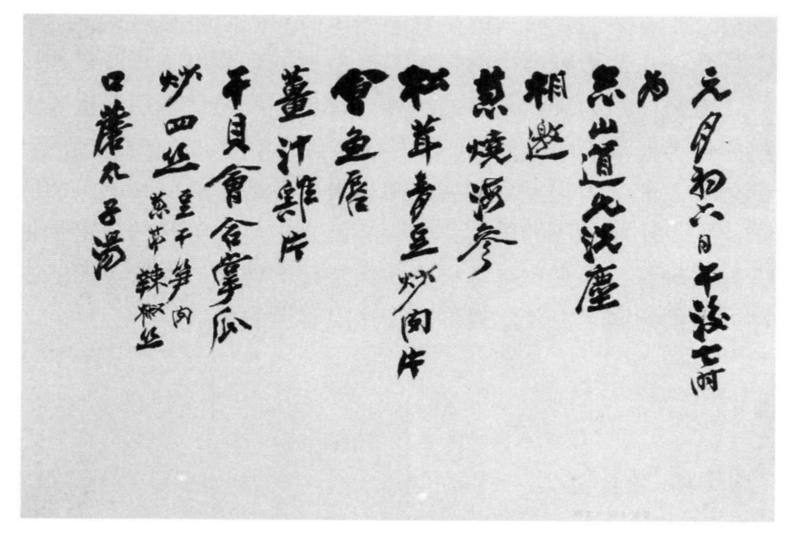

图 5–2　张大千宴客菜单

手写的菜单模版需要对尺寸样式重新设计。普通的手卷、册页尺寸较大，不适合在宴会上展开，手卷一般以 40 厘米长、15 厘米宽为宜，册页未展时 8 厘米宽、20 厘米长为宜，展开以 30 厘米长、20 厘米宽为宜。手写菜单对设计者的写字水平有一定的要求，因此在不是特别设计的场合，人们多采用印刷字体（图 5–3）。

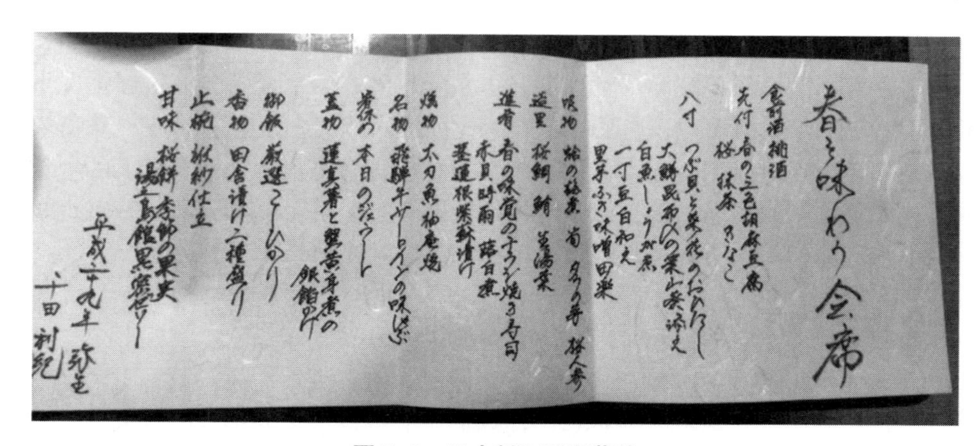

图 5–3　日本料理手写菜单

这种风格的菜单可用于各种类型的宴会，相对来说，更适合以传统文化为符号设计的宴会，在各种文化型宴会中使用得比较多，如红楼宴、仿宋宴等。这类菜单所用纸张一般以书画用纸为宜，写完菜单以后，按古人的习惯落款盖章，整体看起来很有艺术情调，能够满足文化型宴会的情境需要。同样的，如果是西餐，也可以用手写的花体字，盖西方的印章、族徽。如图 5–2 的张大千手书菜单与图 5–3 的日本料理宴会菜单。

（三）民俗风格

这一类型菜单的设计素材很多，因为我国幅员辽阔，各地民俗不同。除了前面介绍的几种菜单形式，还可以用团扇、折扇、屏风、灯笼、走马灯等来制作菜单。团扇表面平整，空间易于铺排内容，很适合用来做菜单。但是一般的团扇比较大，自身较重，成本也比较高，用来做菜单的话，还是需要定制一些尺寸小一些的团扇，如图 5–4 的 G20 杭州峰会所用的团扇式菜单。折扇表面不平整，写菜单时需要先将扇套拆下熨平再写，然后装到折扇上。团扇菜单在桌面上参演是用一个底座立起来，而折扇菜单除了可以立在底座上，也可以收束起来平放在桌上，如图 5–5 的上海本帮菜便宴菜单。屏风用的是桌面上的装饰小茶屏，通常高度为 15 ～ 20 厘米。灯笼、走马灯都是将菜名写在上面，通常适合一些特殊主题的宴会。按中国的风俗，灯笼与走马灯的颜色在红色为宜。这种形式的菜单型体较大，通常会放在餐桌的中间，既方便客人观看，也不影响上菜。

图 5–4　G20 杭州峰会团扇式菜单

图 5–5　上海本帮菜便宴菜单

思考与练习

1. 中、西餐宴会菜品单元有哪些？菜品单元的先后次序有什么关联？
2. 传统中式宴会菜品的数量与组合关系是什么？
3. 现代分位式宴会菜品的数量与组合关系是什么？
4. 不同宴会中酒的配置规则是什么？
5. 现代宴会中酒与菜品的搭配方式是什么？
6. 茶在现代宴会中的用途及特色茶品配置方法有哪些？
7. 熟悉宴会菜单的各种类型。
8. 以某一单位为目标，设计三套中高档宴会的固定菜单。
9. 如何协调宴会菜单中不同菜品的地方风味？
10. 如何突出宴会菜单中的个性菜品？
11. 结合第三章的宴会主题，为三个类型宴会各设计一套高档传统宴会菜单。
12. 结合第三章的宴会主题，为三个类型宴会各设计一套高档分餐制宴会菜单。
13. 针对不同类型不同主题的宴会进行菜品命名训练。
14. 针对不同类型不同主题的宴会设计菜单的形式。

第六章　宴会主题与氛围营造

本章内容：宴会主题对氛围的要求，常见宴会空间设计与布置。

教学时间：6 课时

教学目的：强化主题对宴会设计的引领作用，通过本章的学习使学生理解中高层次宴会设计的重点，认识到氛围的重要性，了解氛围营造的各种方法，并掌握空间设计的一些基本方法。

教学方式：课堂讲授、现场观摩。

教学要求：1．了解主题宴会对于氛围的需要

2．了解不同类型宴会的基本场景布置

3．了解桌景的基本知识

4．使学生能够布置简单的宴会空间

作业要求：调研现代中高层次宴会场景并作出分析与总结。

第一节 传统空间布置

一、传统制度型宴会的空间

传统制度型宴会是等级森严的一个场所，在这样的宴会现场，所有的空间布置都是按主办方在体制内的地位来定的，不可以有逾越，否则会被认为是僭越礼制，虽然不一定会因此而被定罪，但肯定会被人批评不懂规矩。自从清朝灭亡以后，封建的等级制在中国的土地上逐渐消亡，在我们的宴会中也很少会再看到这样的安排，但是从宴会文化研究、借鉴的角度，我们还是应该对其有一定的了解。

大型宴会通常会在室外举行，这一点官府与民间的做法是一样的，但是排场的大小不同。宴会现场需要搭建山楼彩棚，唐代苏颋在《春日芙蓉园侍宴应制》中写道："绕花开水殿，架竹起山楼"，水殿是指临水的宫殿，山楼则是搭建在广场空地上的。宫庭宴会的山楼搭建得比较高，下面可以容轿辇通过。宋朝陈元靓《岁时广记》记载皇帝乘坐平头辇从山楼下穿过的事。这样的山楼彩棚是宴会现场的一部分，离客人很近，山楼彩棚中通常会安排乐部。若是晚宴，空间还需要安排灯烛照明，此外，室内的宴会场地从宋代开始需要张挂名人字画、帐缦，还有熏香的传统，熏香一方面是去除异味，另一方面也可以驱虫。

宴会空间布置是很专业的工作，普通的宫中仆佣很难胜任，因此在宋代的四司六局中就出现了专门负责宴会空间布置的帐设司、油烛局、香药局和排办局。明代也有四司六局，但与宋代不同，不完全从事宴会的工作。据王世贞《弇山堂别集·中官考一》，其六局为：尚宫、尚仪、尚服、尚食、尚寝、尚功。尚宫局二人，总司纪、司言、司簿、司闱四司之事；尚仪局一人，总司籍、司乐、司宾、司赞四司之事；尚服局一人，总司宝、司衣、司仗、司饰四司之事；尚食局一人，总司馔、司酝、司药、司供四司之事；尚寝局一人，总司设、司舆、司苑、司灯四司之事；尚功局一人，总司制、司珍、司彩、司计四司之事，总称为四司六局。可以看出，明代的四司六局除了宴会以外，还负责皇宫的其他生活。

传统制度型宴会在空间布置上必需的元素是仪仗，而且要根据宴会的主题不同而设置。

室内的宴会以清代朝隆朝太和殿宫庭宴会为例：先在御座前设皇帝的餐桌，丹陛御道正中挂一道黄幕，内设反坫，反坫后备两个铜火盆，上面放两口铁锅，一口锅内盛肉，一口锅内备热水温酒。然后在大殿内依次摆设一二品以上的大臣及王公的餐桌，其他大臣的餐桌摆在大殿檐下东西两侧。因为是在室内进行的宴会，不需要有太多表示宴会等级的布置，但还是有一些仪式性的设置，比如那道黄幕与反坫，黄色表示中央，是帝王专用的，反坫则是从周朝就流传下来的帝王酒宴时专用的仪式性布置。

外藩宴经常在室外举行。乾隆时期在丰泽园、避暑山庄等外宴请各地藩王，就在园中设了大帐篷。由于是在户外，周围有仪仗及卫队，各种旗帜一起构成宴会的空间场景。清代大宴招待的人数经常达千人，这样场面的盛大通常是用旗帜来划定场地，用锣鼓号角来统一指挥宴会的进行。

二、传统民俗型宴会的空间

寿宴、生日宴在民俗宴会中最为常见，此类宴会在空间布置时必需的仪式性布置是跟这个主题有关的物品。如果是五十岁以上的整寿，宴会厅的中堂必须要挂一个红纸墨字的“寿”字中堂挂轴，浮夸一点的人家这个寿字会用金漆来写，红底金字更显得做寿者的富贵。如果做寿的人是普通的商贾或地主之类，也会用铜钱来嵌成这个寿字、红蜡烛、面做的寿桃等。

节令宴会在中上等人家必不可少地要有一些应节的布置，如上元节时需要有灯谜。这些灯谜可以写在灯笼上，可以挂在灯笼下面。《红楼梦》中皇妃元春让人送出宫的是“四角平头白纱灯，专为灯谜而制”，适合拎在手上，而贾母准备的上元家宴上，则用的是“围屏灯”，放在屋子中间，大家制作的灯谜就贴在灯屏上。屋子一角则放着“香茶细果以及各色玩物”作为奖品。上元赏灯是必不可少的习俗，因此在开宴的上房悬了彩灯。贾府虽是豪门，但也没有很大的开宴会的空间，所以这场家宴的餐桌安排是屋内“上面贾母、贾政、宝玉一席，下面王夫人、宝钗、黛玉、湘云又一席，迎、探、惜三个又一席。地下婆娘丫鬟站满。李宫裁、王熙凤二人在里间又一席。”

迎送是很重要的民俗宴会主题。中国是安土重迁的农耕文明，出行本就不多，再加上出门在外有各种风险，因此碰到送行与接风往往会有很隆重的宴会，这类宴会与普通宴会最大的区别在于举行宴会的地点大多在野外、渡口等。迎送的宴会需要有一个相对封闭的空间，有条件的人会带着帐篷，送客与接风时就撑起帐篷，在里面摆上酒宴，称为帐饮。没有这个条件的，可以借用路边的亭子，古代路边经常会建一些简易的亭子供行人休息，往往也成为人们送行宴饮的场地。这些亭子虽然没有围墙，但往往会在亭边种些树木，让人有一定的隐蔽感。还有带上布幔、屏风在宴会场地遮挡，围出一个饮宴空间的，这种做法在踏青宴饮时也经常用到。

三、传统文化型宴会的空间

古代的文化型宴会通常是以诗词、音乐、赏花、参禅等为主题，而诗词又是很多宴会中用以抒发情感的媒介，我们从这个角度出发来对文化型宴会的空间布置做个介绍。

与季节有关的文化型宴会通常会有相关的花卉草树等作为环境的点缀，如《红楼梦》中“菊花社”的内容分为两个阶段，第一阶段是众人邀请了贾母一起来先赏桂花开螃蟹宴，第二阶段是贾母退席后，众人分题作菊花诗。且看作者描写的空间布置：地点在“藕香榭”，这是一个临水的建筑，旁边有两棵桂花树。进入藕香榭，“只见栏杆外另放着两张竹案，一个上面设着杯箸酒具，一个上头设着茶筅茶盂各色茶具。那边有两三个丫头煽风炉煮茶，这边另外几个丫头也煽风炉烫酒……藕香榭的柱子上挂着黑漆嵌蚌的对子：“芙蓉影破归兰桨，菱藕香深写竹桥。”贾母退席后，宝玉等人又让在桂花树下铺两条花毡，让仆人们在那里坐着吃喝等主人使唤，这种做法是把人也当作了景的一部分，是欣赏的对象。吟咏的诗题则用针绾在墙上等各人勾题，窗外的水中游鱼与水面的鸥鹭悠闲自在也不怕人。这段描写是古代文人雅集宴会中常见的空间情景，花草树木是自然的景色，符合宴会的季节主题，诗题绾在墙上是为宴会第二阶段的主题作准备，煮酒的竹案与煮茶的竹案符合宴会吃蟹的内容。因为蟹是凉性的，配的酒必须要热了喝下去才舒服；蟹的腥味重，煮的茶又适合宴后去腥。

欣赏自然风光是文化型宴会的常见主题，具体安排时会有相对固定的格式。赏月主题的宴会空间必须要有窗可以看见月亮，如果温度适合也可以放在室外；自然环境最好是临水对山，更添清幽意境；天上可以万里无云，也可以淡云掩映，但不能乌云遮月；圆月缺月都可以，圆月寓意团圆，缺月寓意思念。听雨主题的宴会当然要安排在雨天，但暴风骤雨不太合适，中小雨比较合适；宴会空间要有窗，传统的轩、榭、阁等建筑比较好；室外的植物最好能有芭蕉、荷叶、竹子等，这样雨水打在上面能让人有诗意的联想。

第二节　台型与餐具摆台

餐台是菜品陈列的直接空间，是菜品的背景与环境。普通的宴会餐台需要符合相应的消费等级与宴会类型需求，在主题宴会中，餐台要与主题以及菜品风格相关联。

一、餐台类型

从形状上分，餐台有圆形、环形、正方形、长方形；从组合上分，有单桌、多桌；从用餐形式分，有设座餐台和不设座餐台；按文化风格分，有中式餐台、日式餐台、韩式餐台、西式餐台、现代餐台；从材质上来分，有木质餐台、玻璃餐台、金属餐台、石头餐台等。宴会的主题多种多样，餐台也是可以从多角度去分的。餐桌有圆形与方形两大类。

1. 圆形餐桌

圆形餐桌是清代以后中餐最常用的餐桌，原本只有一层，后来为了用餐方便，在中间加了一个可以转动的转盘。中餐宴会最常见的餐桌转盘，是1932年东京“雅叙园”创始人细川力藏的发明。日料都是小碗小碟，因此日本人吃中餐时，大盘大碟非常不方便，站起来夹菜又很失礼，因此想出了这个转盘餐桌。传统的中式筵席一桌有8～10个餐位（图6–1），后来随着大餐厅的出现，餐桌也相应地变大，一桌可以坐12～16人。较大的圆形餐桌在用餐时，服务员无法把菜肴放到转盘的中间，即使放过去，客人也无法正常取食。因此，餐桌的中间就留下一个空间，更大的餐桌甚至会做成环形，中间是一个无法进入的空间，如图6–2所示。

2. 方形餐桌

方形餐桌有正方形与长方形两类。大的正方形餐桌每边可坐2人，满座时为8人，因此俗称为八仙桌，如图6–3所示；小号的可以坐四人，相应的也就叫四仙桌。八仙桌之所以可以坐八人，与旧时摆台餐具少有关，每位客人面前只需一碟、

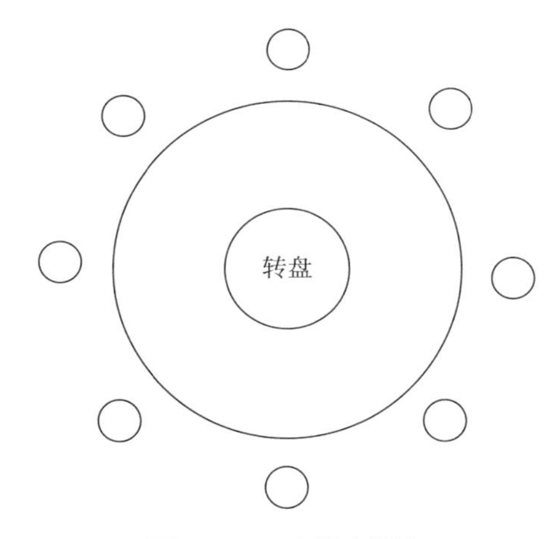

图6–1　八座转盘圆桌

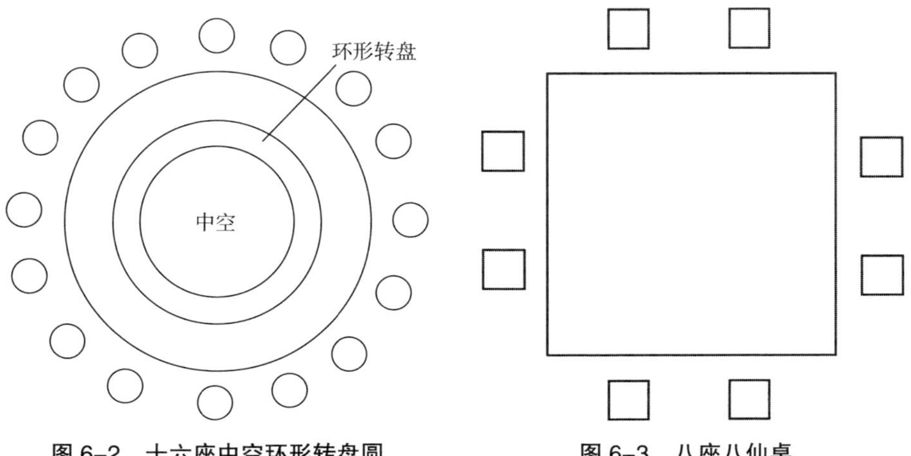

图6–2　十六座中空环形转盘圆

图6–3　八座八仙桌

一碗、一杯、一筷、一汤匙。像现在常见中西结合的餐具摆台，八仙桌只能坐四位客人。方桌用于桌面空间较小，没有花台装饰的空间，桌面的装饰主要靠餐具与桌子本身。长方形餐桌有两类，一是较短的一人用的餐桌，用于仿古宴会中；二是较长的多人用餐桌。在现代普通宴会中，长方桌的使用很少见，但在高端宴会中，长方形餐桌配合分餐制菜品是很常见的情况。西式宴会、日韩宴会采用长方桌是很常见的。正方桌与圆桌有相对固定的人数要求，而长方桌对于宴会人数的安排相对自由，通过拼桌就可以增加一桌的人数。具体在安排时，受宴会厅的限制会有一些布局变化。

长方形或长条形餐桌的餐具摆台与圆形餐桌相仿，但由于空间相对较小，摆台所用的杯碟也以简明实用为佳。这种台形在安排菜品时不宜用大盘菜，所有菜肴均需按位上，为了不破坏菜品的美感，在制作时也都是按位装盘的。因此，上菜时，就需要考虑餐桌上的空间是否可以放得下这些菜品，随菜换盘依然是最合适的做法。

一字形餐台通常设在宴会厅的中央位置，与四周的位置大致相等，如图 6–4 所示。长桌两端有弧形和方形两种。圆弧形长桌适用于豪华型单桌的西式宴会，正副主人坐在长桌的两端，其他客人坐在长桌的两边。长方条桌可以用在单桌宴会上，也可以用在大型宴会上，主人与主宾坐在长边的中间。大型宴会餐台可以由多个一字型餐台排列组合而成，也可用长条桌与圆弧桌组合成 U 形台、用长条桌拼成 E 形台和 T 形台、用长条桌与圆桌拼成星形台、用长方桌排列成鱼骨形台，或是用长条桌排列成教室形台。具体台型要看场地条件以及宴会流程的设计。如教室型台所有客人只坐在桌子的一边，因为另一边朝向的位置会有演出节目或重要演讲；鱼骨形台的排列适合用在长方形的场地中，并且朝向的位置是节目表演的区域。此类餐台的桌景设计形式与一字形餐台类似，风格上符合宴会主题要求即可。餐具摆台也与一字形餐台的摆放方式相仿，以西式摆台较为多见，中式摆台与日式摆台也很多。U 字形与 T 字形餐台的顶边是贵宾的位置，相应的餐台与餐椅也比中间的长桌要高出一些来。座位安排如图 6–5、图 6–6 所示。

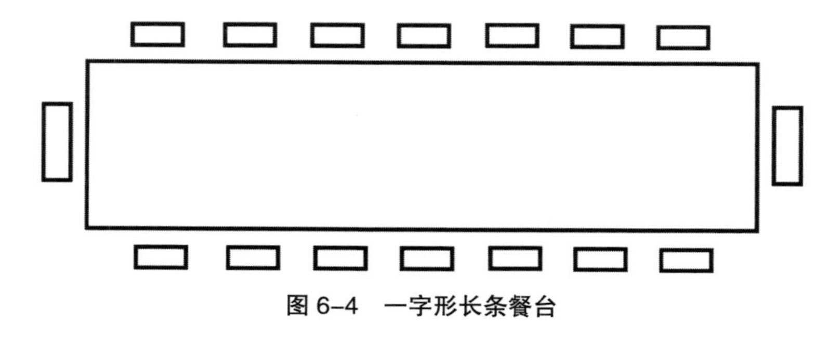

图 6–4　一字形长条餐台

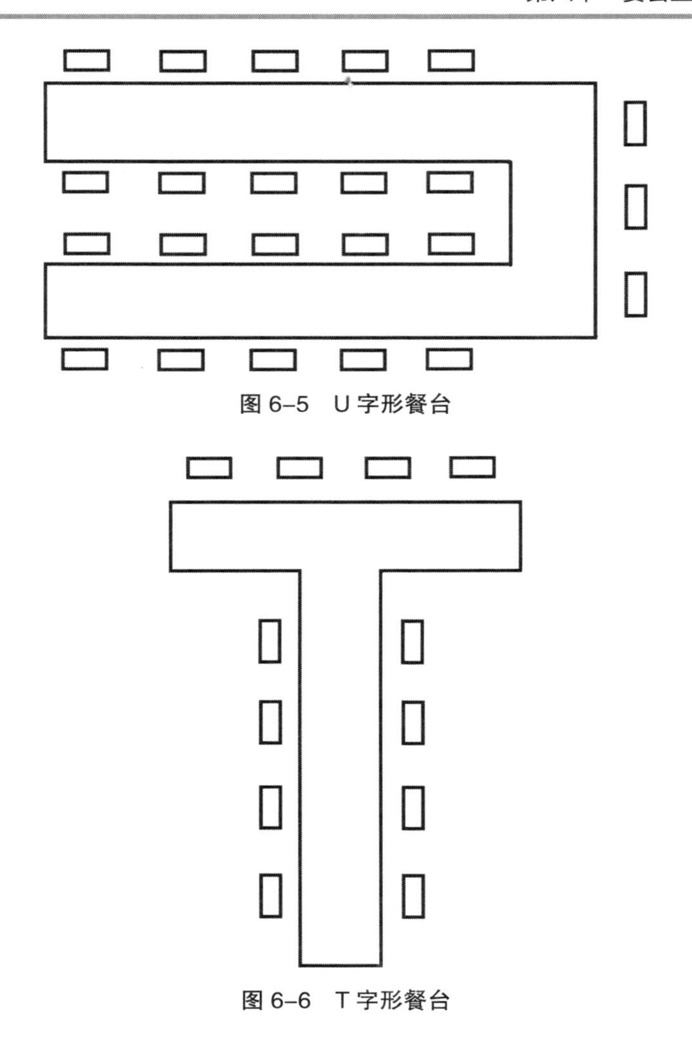

图 6–5　U 字形餐台

图 6–6　T 字形餐台

二、基本布置

传统的高端宴会餐桌上会有花卉作为装饰，称为台花或花台。现代宴会的装饰物形式更加多样，原名不足以涵盖，因此在本书中称之为桌景。桌景有花卉型、景观型、器物型、叙事型四大类，其中花卉型也称插花景观，此类设计要求餐桌比较大，这样有利于景观的展开。低档宴会的景观布置大多不会用鲜活的草木，没有保养的问题。高端宴会的景观布置则经常用鲜活的草木，需要注意保鲜、保湿、除虫等。装置包括各种艺术品以及生活场景的布置。艺术品的布置可以占很小的空间，因此经常用在较小的餐桌上，而生活场景的布置用到的物品比较多。叙事型在制作时会兼用前三种类型的技法，再以人物、故事作为主题连缀在一起。

宴会的基本装饰包括餐台的台布、座椅的椅套、餐巾等。

1. 台布

台布与椅套的颜色、质感应该相协调。在颜色选择上，要注意与餐具的配合，以衬托餐具。白色、米黄色会使人更有食欲，适合搭配白色、金色、天青色等色系的餐具，搭配红色餐具则不易协调；金色显得富贵大气，适合搭配红色、白色、天青色以及青花餐具，与其他色调餐具搭配也大多协调；红色是中国人喜欢的颜色，显得喜庆，适合搭配天青色、明黄色以及青花餐具，搭配深色餐具容易显得暗淡；黑色、紫红色以及深咖啡色的台布显得压抑，易影响人的食欲；深灰色的台布会有一种高级感，但也会有一种冷淡的感觉，与白色餐具搭配比较适合。

餐桌中间有的是用来摆放共食的大盘菜，有的是用来摆放装饰桌景，不论放哪种，餐桌中间的圆形餐桌也是要用桌布套起来或者装饰一下。中间的布套的颜色可以与大台布一致，也可以用对比或协调的色布。椅套的颜色一般与台布的主色调相协调，当整个宴会厅色彩比较单调时，可以用对比色的布带在椅背上束一下。

2. 餐巾

餐巾也叫口布，是餐桌上常见用品。在正式用餐时，可以防止菜汁溅到衣服上，可以在用餐后用来擦嘴擦手。而在正式用餐之前，餐巾则是餐桌上的装饰，既要考虑与台布色彩的搭配，也要考虑在餐桌上的造型。餐巾常见有两种呈现方式，一种是杯盘折花，另一种是用餐巾扣装饰。通常主座上的餐巾花比较突出，并且高于其他席位以突出客人的身份。

（1）杯盘折花是传统的餐巾折花，形式多样，其图形有花草类、飞禽类、蔬菜类、走兽类、昆虫类、鱼虾类以及其他一些造型。一般的宴会对于餐巾花的造型种类没有要求，但在主题宴会上，如果能有相应的餐巾花可以烘托宴会的气氛。比如以海鲜为主的宴会上用鱼虾类餐巾花、以圣诞为主题的宴会上可以用蜡烛等造型。大型宴会上，餐巾花还是以简洁为上，太多花型会显得凌乱（图 6–7）。

（2）餐巾扣既可以离开杯盘用来固定餐巾花，也可以直接套在餐巾上，不一定需要服务员会折餐巾花，操作简便，提高了餐台装饰的效率。餐巾扣的造型有中式风格的，也有西式风格；有古典风格的，也有现代风格，可以根据宴会主题来选用。

图 6–7　口布花的形式——盘花与杯花

三、餐具摆台

餐具本身就是餐桌上的装饰品，因此在摆台时也可以与宴会的主题契合。比如当宴会的主题是海洋、航海时，餐具可以选用与主题相配的颜色或造型，餐巾可以选海水蓝色；以宫庭、国宴等为文化背景的宴会，常常会选用明黄色彩或明清宫庭图案的餐具。

（一）中式摆台

餐具摆台最初多采用西式摆台，但在中餐背景下，人们很快将其改成了中西结合的形式。

1. 酒具

酒具为三套杯，有西式餐台中常用的红酒杯、水杯，也有中餐宴会不可少的白酒杯。现代宴会在白酒杯旁通常还需要配一个小的分酒盅。在庆功宴、升学宴或是夏季举办的一些宴会中，很多人喜欢喝啤酒，所以还要配上啤酒杯。红酒杯、水杯、啤酒杯大多是玻璃的，在一些仿古主题的宴会上，白酒杯需要用高脚瓷杯，在喝黄酒的地区还会用较大的酒盏。三套杯的摆放位置可以在左前方，也可以在右前方，如图 6–8 所示。

2. 取餐用具

取餐用具为筷子与羹匙。但随着西餐菜品在中餐宴会中的频繁使用，很多宴会摆台时也会放一副刀叉。传统的中式筵席多为同桌共餐，从卫生的角度出发，通常会在正副主人的面前各放一副公筷公勺。在现代高端宴会中，尤其是 2020 年初的新冠疫情之后，用餐卫生成为首要问题，同桌共餐的筵席传统被动摇。虽然很多地方的筵席采用了双筷的摆台，但不能避免用餐中的交叉污染问题。在这种情况下，分餐制被很多有识之士呼吁并采纳。采用分餐制以后，由于所有菜品都是按位上，菜品离客人比较近，较长的筷子与勺子以及公筷都没有了存在的必要。

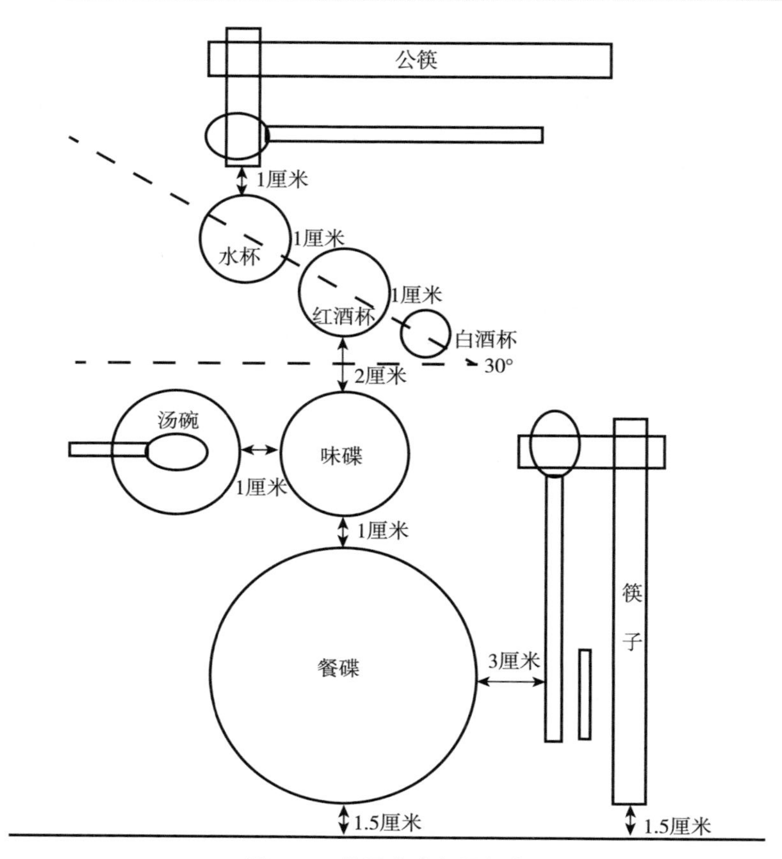

图 6–8　常见中式餐具摆台

3. 餐碟

餐碟也称骨碟，与羹碗配套。餐碟用来取食没有汤的菜品，也是临时放食物残渣的地方。这种做法使得客人的面前很不清爽，也妨碍用餐。传统的做法是由服务员加快为客人更换餐碟，但这并不能解决问题。现在一些高端餐饮场所会在餐碟的左上方放置一个渣斗，这是古代中国宴会上用来盛放食物残渣的容器，比羹碗略高，客人看不见里面的食物残渣，不影响品尝美食的情绪。羹碗用来取食有汤的菜品。中餐厨师在菜品制作中的创意餐具常常与摆台用的餐碟冲突，因此现代一些高端宴会中，也出现不放餐碟、随菜换盘的做法。一般的摆台方法如图 6–9 所示。

4. 菜单与席次牌

根据餐桌的大小与宴会的规格有所区别。对于中档宴会，一般 10 人左右的餐桌放 2 份菜单，10 人以上的餐桌放 4 份菜单；对于高档宴会来说，同桌的客人身份地位都比较高，菜单可以安排人手一份。席次牌常用于制度型宴会，其他的大、中型宴会上也会规定客人的桌次，但不规定客人的座次。

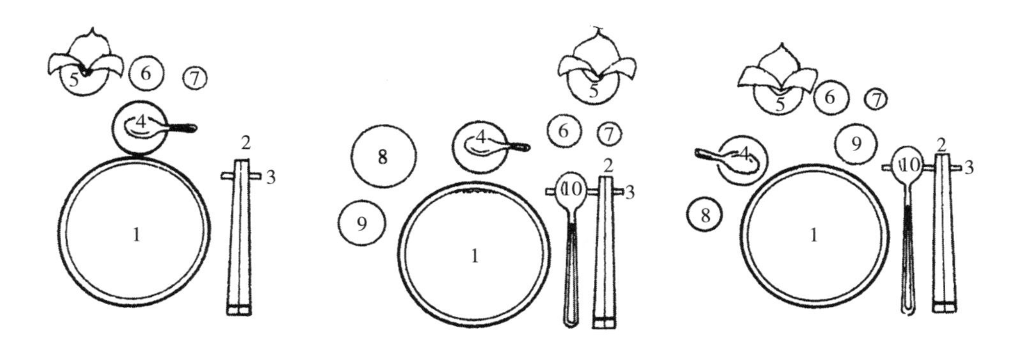

图 6–9 常见中式餐具摆台

1. 餐碟；2. 筷子；3. 筷架；4. 羹匙、羹匙垫；5. 水杯、餐巾花；6. 葡萄酒杯；
7. 白酒杯；8. 汤碗；9. 调味碟；10. 公匙

（二）西餐摆台

1. 酒具

根据餐台的具体情况，酒具可以平行于桌边摆在餐具的最前列，也可以与桌边成 45°角的斜线摆在左前方或右前方，如图 6–10 所示。西餐酒具的使用比中餐复杂，有白葡萄酒杯、红葡萄酒杯、水杯、香槟酒杯、白兰地杯、开胃酒杯、啤酒杯、威士忌酒杯、鸡尾酒杯、利口酒杯等，材质通常是玻璃的。西餐摆台的酒具常常也是三套杯，水杯、红葡萄酒杯、白葡萄酒杯。

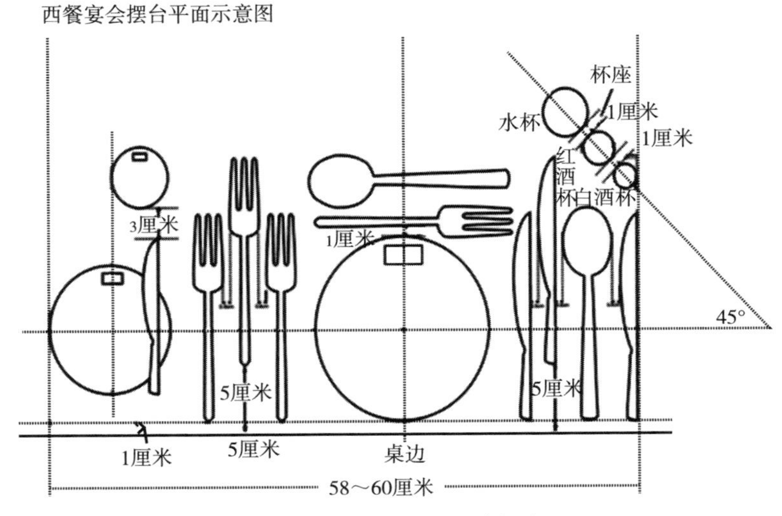

图 6–10 普通西式宴会摆台

2. 取餐用具

相对中餐来说，西餐的取餐用具比较复杂，有餐刀、餐叉、匙三类。餐刀又有黄油刀、鱼刀、沙拉刀、主餐刀；餐叉有沙拉叉、鱼叉、主餐叉、甜品叉；匙有汤匙和甜品匙。这些餐具通常不混用。具体摆台时，要根据宴会的规格、内容来决定放哪些。具体摆放时，餐刀在右，餐叉在左。

3. 餐碟

简单宴会的餐碟可以只放一层，高等级宴会则需要放两层，下层的餐碟稍大，上层的稍小一些。除了摆在中间的餐碟，一般还会有面包碟与黄油碟等。西式宴会菜品都是按位上，所以多数时候是随菜换碟，食物残余也在换碟时一起撤走。高级宴会所用餐碟比较华美，有较强的装饰性。

4. 菜单与席次牌

菜单与席次牌用法中餐差不多，正式宴会上也都是人手一份菜单，客人根据席次牌的安排入席。具体摆放参见图 6–11，2001 年上海亚太经合组织会议（APEC）工作午宴的西式摆台。

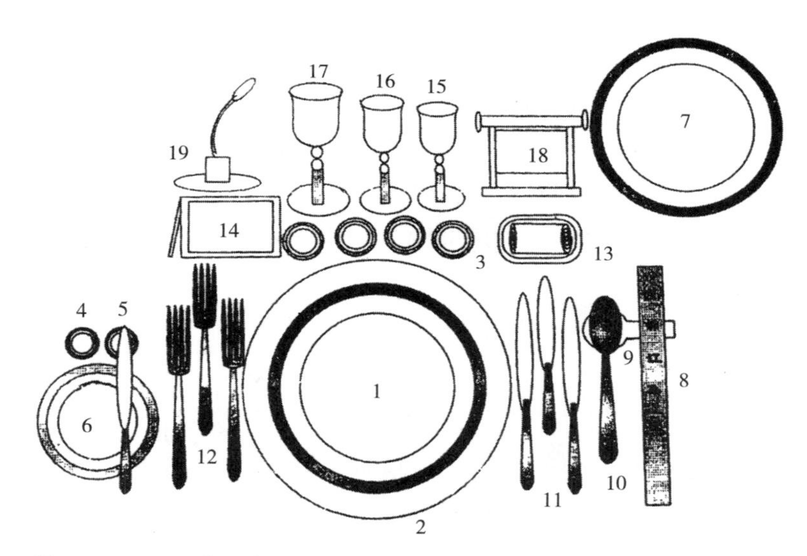

图 6–11　2001 年上海亚太经合组织会议（APEC）工作午宴的西式摆台

1. 12 寸餐盘；2. 13 寸垫盘；3. 4 寸分位冷碟；4 和 5. 2.5 寸调味碟；6. 8 寸面包碟与黄油刀；7. 12 寸青花看盘；8. 筷子；9. 筷架；10. 汤匙；11. 餐刀；12. 餐叉；13. 毛巾碟；14. 席位卡；15. 白葡萄酒杯；16. 红葡萄酒杯；17. 水杯；18. 菜单；19. 话筒

（三）日餐摆台

现代日本宴会的摆台大多数是学习了西餐的摆台方式，但在传统日本料理宴会中，还是采用日本风格的摆台方式。相对于中国宴会与西餐宴会，日本宴会上用的餐具体积小、品种多，摆放的方式与中式及西式的差异比较大。具体可参考图 6–12，德仁天皇飨宴之仪上的摆台。

图 6–12　德仁天皇飨宴之仪上的摆台

1. 酒具

日本酒具比较丰富，对应不同酒使用。枡，是木制四方形的日本传统酒具，点木桶装的清酒时常见，现在主要被作为盛放酒杯的工具，起到托盘的作用。盃，是饮用日本清酒时使用的酒杯，最常见的是木漆制，还有玻璃制，金银锡等金属制，陶瓷制，土器制等，种类比较繁多，常见于日本传统的婚礼、祭祀祭奠活动以及豪华料理店的会席料理等正式场合。猪口酒盅，个头较小的称为猪口杯，个头较大的是吞杯，基本上任何种类的日本酒都可以用吞杯来饮用，它的大小正好可以单手稳稳握住。德利壶，通常有陶瓷制和玻璃制，样式种类较多，小德利容量为 1 合（180 毫升），大德利容量为 2 合（360 毫升）；片口壶，与德利壶一样都是盛清酒的，不同在于没有瓶颈，开口大，有一处壶嘴，通常是陶瓷制、玻璃制，容量约为 2 合（360 毫升）。

2. 取餐用具

取餐用具主要是筷子与羹匙。日本筷子短而尖细，因为传统的日本食案空间较小，所以筷子是横放在托盘后面的，这有别于中餐、西餐中竖着放。羹匙材质有木质、陶瓷，也有金属。

3. 托盘

传统日式宴会中经常可以看见有托盘，形状有圆形也有方形，有木器托盘，也有漆器托盘。托盘里一般不直接盛放菜品，而是作为其他碗碟的平台，作用相当于中餐摆台中的餐碟。

四、茶宴类摆台

之所以把茶宴单独列出来，是因为在传统的餐饮中茶宴很少作为一个单独的饮宴形式受到关注，在餐饮市场中几乎也没有份额。近二十年来，随着茶文化热潮在全国的兴起，茶宴也受到了普通餐饮行业的关注。茶宴的席面由茶饮调制区与用餐区组成，根据不同的设计，这两个区可以分列在两个区域中，也可以融合在一个区域中。餐台的形状也有长方形、正方形、圆形、扇形以及开放式几种，因此无法分到常见的圆形餐台与方形餐台中去介绍。

（一）长方形茶席摆台

长条桌的茶席摆台以左右对称最为常见，如图 6–13 所示：泡茶的壶、品茗杯放在正中，水盂、煮水壶、茶器等平衡放在两边。这样的布局一般适合五六人的茶席，茶艺师一个人可以照顾到每位客人，每位客人的品茗杯都由茶艺师亲自奉出。当茶席上的客人比较多，茶艺师无法照顾到每位客人时，在行茶时通常采用传杯的方式。泡茶席设在桌子的一端，客人坐长桌的两边，桌子中间可以摆放茶点和插花来装饰（图 6–14）。行茶时，泡茶席上用多个匀杯，泡茶器也可以选大号的，将茶分入匀杯，交由客人自己斟茶，斟好后将匀杯传与下一位客人。由于客人较多，这样的茶席除茶艺师外，一般要准备一位助手，处理茶艺服务中的一些临时事务，如添加点心、更换品茗杯、清理茶渣废水等。

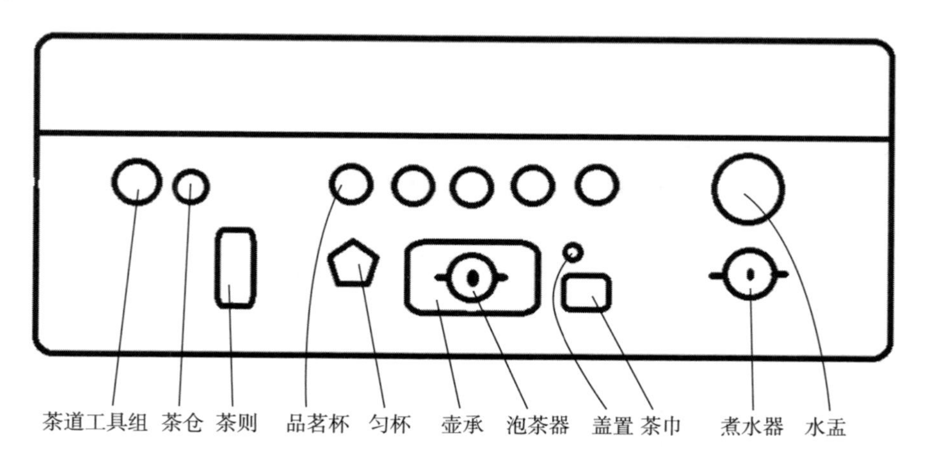

图 6–13　六人以内茶席

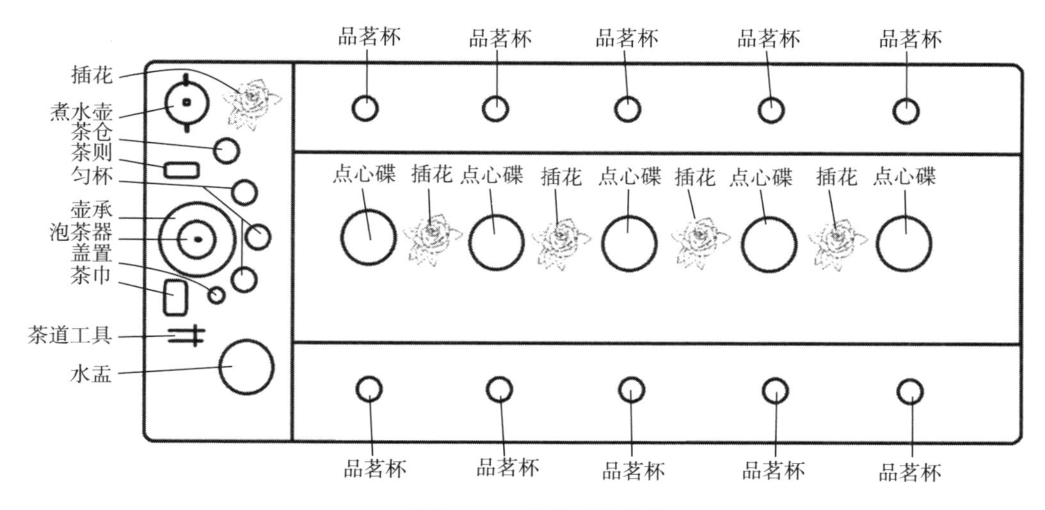

图 6–14　六人以上茶席

（二）正方形茶席摆台

相比长方形茶席，在正方形茶席中，茶艺师与客人的距离要近些，桌面上留给茶艺师布席的空间也就要小很多，因此，正方桌的茶席上茶具的安排要简洁些。在布席时，最常用的是“回”形席与“由”形席。方桌一般以八仙桌最为常用，最多可招待六人。当人数为六人时，通常采用回形席，由于席面空间限制，煮水器通常不放在桌上。茶艺师距离对面的客人比较远，行茶时，茶艺师可以站起奉茶，也可以传杯行茶。图 6–15 是方桌“回”形席，茶席已经满员。泡茶的各种工具不要放到离客人太近的地方，不宜用桌布把桌子满铺，以免妨碍客人起坐。煮茶器放左边还是右边均可，看场地条件而定。

人数较少时，八仙桌的茶席可以摆成“由”形席，见图 6–16。因为客少，桌面上的空间大，就可以用插花来装饰一下。茶具的摆放与长方形桌席并无大的差别。由于方桌茶席茶艺师与对面的客人之间距离较远，因此也可以把茶杯摆成圆弧形，以茶艺师行茶时能够着为度。此外，潮汕的圆形茶盘也非常适合这样的桌面。

（三）圆形茶席摆台

圆形桌席，在使用中比较少见，在布局时比长方形与正方形的茶席都有难度，因为敷物（铺在桌上的装饰布草）大多是长条形或正方形的，放在圆形的茶桌上感觉不是很协调。在这样的场合，我们可以选择圆形的敷物。圆形桌席的布局最常见的是摆成团凤席与葵花席。团凤席的图案与我国古代圆形凤凰的图案相似，见图 6–17。团凤席用两块大小与色彩均不同的圆形敷物装饰桌面。葵花席与向日葵的结构相似，以潮汕地区常见的圆形贮水茶盘为中心，应用更为简便，是日常生活茶席所常用的，见图 6–18。

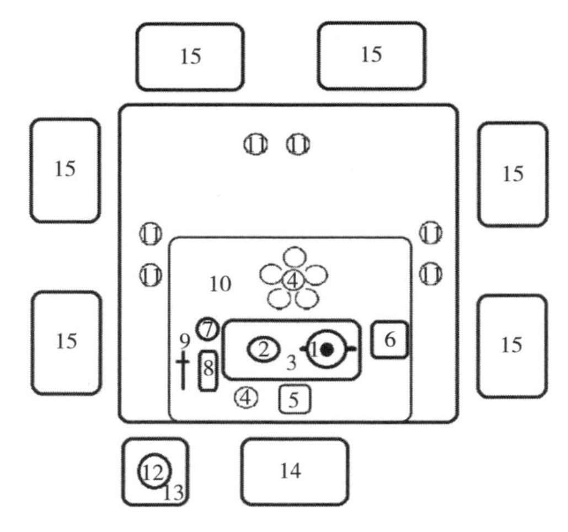

图 6–15　方桌“回”形席

1. 泡茶器；2. 匀杯；3. 壶承；4. 品茗杯；5. 茶巾；6. 水盂；7. 小茶仓；8. 茶则；9. 茶针；10. 敷物；11. 点心碟；12. 煮水器；13. 炉座；14. 茶艺师座；15. 客座

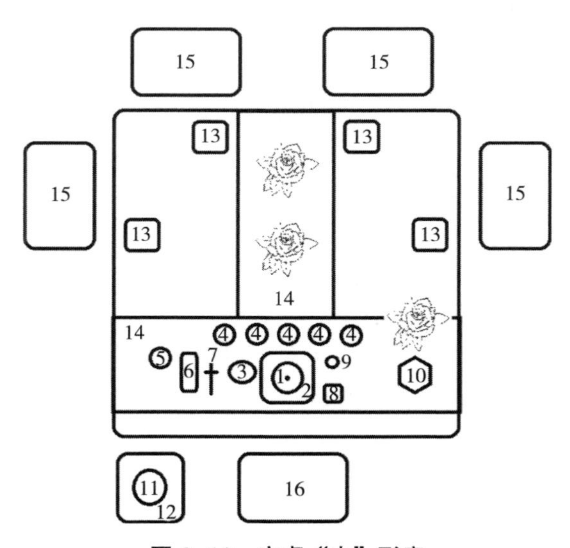

图 6–16　方桌“由”形席

1. 泡茶器；2. 壶承；3. 匀杯；4. 品茗杯；5. 小茶仓；6. 茶则；7. 茶针；8. 茶巾；9. 盖置；10. 水盂；11. 煮水器；12. 炉座；13. 点心碟；14. 敷物；15. 客座；16. 茶艺师座

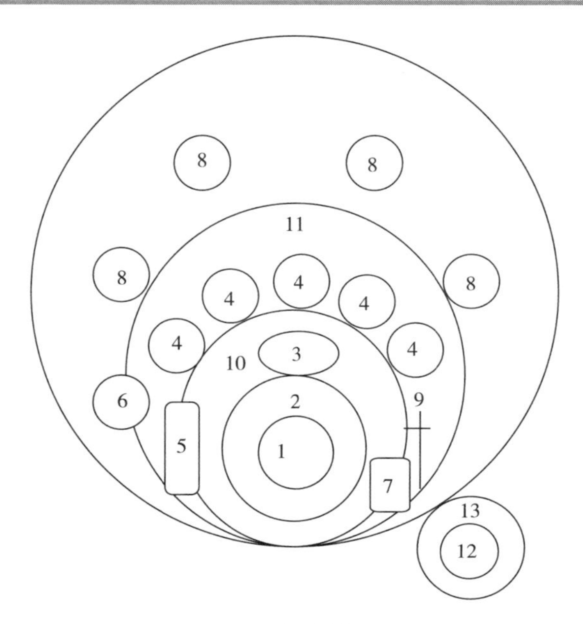

图 6–17　团凤席

1. 泡茶器；2. 贮水壶承；3. 匀杯 ；4. 品茗杯；5. 茶则；6. 小茶仓；7. 茶巾；8. 点心碟；
9. 茶针 10. 圆形敷物（小）；11. 圆形敷物（大）；12. 煮水壶；13. 炉座

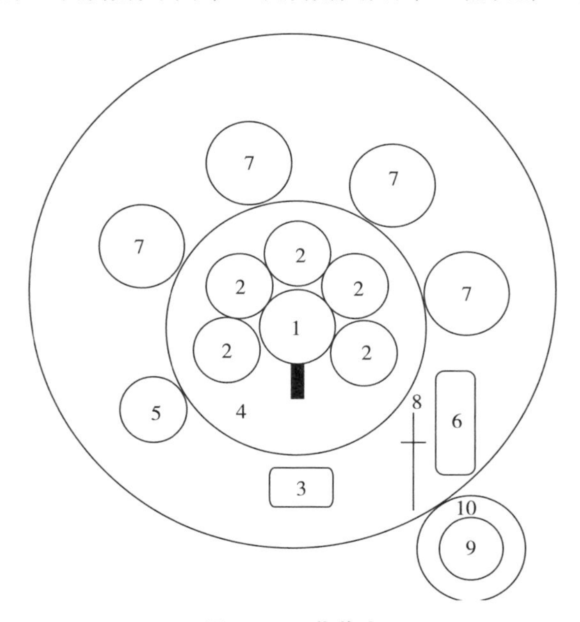

图 6–18　葵花席

1. 泡茶器；2. 品茗杯；3. 茶巾；4. 贮水茶盘；5. 小茶仓；6. 茶则；
7. 点心碟；8. 茶针；9. 煮水壶；10. 炉座

（四）地席的布置

地席，是日本茶道与韩国茶礼中所常见的。近些年来我国有一大批汉唐文化爱好者又推动了地席的普及。在应用上，地席一般用于室内，也可以用于室外，省掉了桌凳，席面更宽了一些。但为了饮茶的气氛，席面也不宜过宽，以 1 ～ 2 米以内为宜。在铺设地席时，并不是把所有茶具都直接放在敷物上，常常会用一些茶床小几来增加地席的层次感。图 6–19 的方形地席更适合室内，如在室外用，可在两个茶床的外侧加小屏风作界。图 6–20 的扇形地席比较适合于室外，茶艺师的身后有门、墙、石壁最好。扇形席中，茶艺师与每位客人的距离一样近，更便于照顾到每位客人。因为在室外，茶席上要预备炭篮，准备多次给炉中添炭。室外有风，席镇也是必备的。茶点碟可先放在盒中，等客入座与茶点一起奉上，以免落灰。所有品茗杯必须倒扣着。所有客人可仿照日式茶会自带怀纸，也可在入席之前发给大家。

除了上面示例的两种地席，还有无我茶会中的极简的地席。也可以把前面的桌席直接挪到地面上来用，但是桌席是垂足坐的，人与茶具之间的距离较近，地席是盘腿坐或跪坐，人与茶具之间的距离要远一些。因此，桌席改地席使用时，要反复调试这种距离感。

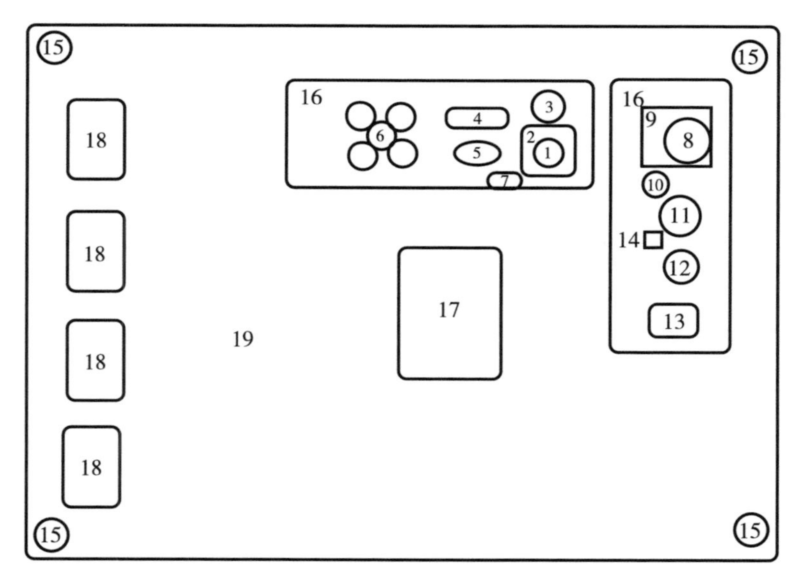

图 6–19　方形地席

1. 泡茶器；2. 壶承；3. 小茶仓；4. 茶则；5. 匀杯；6. 品茗杯；7. 茶巾；8. 煮水器；9. 炉座；10. 盖置；11. 水注；12. 水盂；13. 茶点盒；14. 纸巾盒；15. 席镇；16. 茶床；17. 茶艺师座；18. 客座；19. 敷物

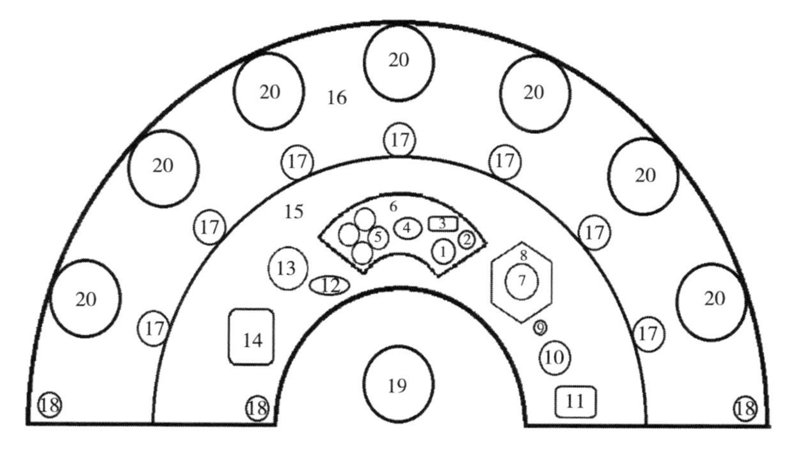

图 6–20　扇形地席

1. 泡茶器；2. 小茶仓；3. 茶则；4. 匀杯；5. 重叠倒扣的品茗杯；6. 扇形茶床；7. 煮水器；8. 炉座；9. 盖置；10. 水注；11. 炭篮；12. 杯托；13. 水盂；14. 点心盒；15. 敷物（小）；16. 敷物（大）；17. 茶点碟；18. 席镇；19. 茶艺师座；20. 客座

第三节　桌景设计与布置

一、桌面插花基本工具与手法

插花是最传统的桌景设计，在我国宋朝时就已经有了餐桌的插花，清末民国以来，餐桌插花多以西式插花为主，近些年又有用中华花艺与日式插花的。插花几乎可以应用在各种类型的桌景中，所以它也是桌景设计的基础。

（一）插花造型工具

1. 剑山

剑山是东方插花常用的工具，是将铜针固定在不同形状的铅块上做成的，大小形状各不同，适合放在不同的容器中使用。插花前先将剑山放于花器中，加水至没过剑山的针，然后将花枝插在剑山上，花枝便能吸水了。水少了又向花器里加水，这样的花比插在花泥中更能很好地吸水，花枝保鲜时间就更长一些。用在透明容器中的一般是带吸盘的塑料剑山。

2. 花泥

花泥也叫花泉或吸水海绵，是用酚醛塑料发泡制成的一种插花用品。同花插一样，是一种固定和支撑花材的专用特制用具，形似长方形砖块，质轻如泡沫塑料，色多为深绿，吸水后又重如铅块，插作花篮和使用宽口浅身花器时都离不开它。

3. 定花器

这是中式插花最早的固定工具，最初见于五代时期。定花器的形状各异，有莲蓬形、铜钱形、山石形等，明清以后很多定花器被设计到花瓶上，与花瓶连为一体。定花器的材质有陶瓷与金属的。

4. 撒

这是中式插花经常使用的，没有固定材料，一般用树枝、竹枝来做，与插花的材料差不多，显得自然。撒的形式有一字撒、十字撒、井字撒、Y 字撒。

5. 铁丝、胶带

这是用来固定花枝、帮助花枝塑型的工具，颜色与植物枝条接近。

6. 花剪

剪断花枝所用，有园林用的大花剪、日本花道的蕨尾剪等。

（二）手法

花篮的用法在宋代就已经出现，图 6–21 中李嵩的《篮花图》真实地记录这种形式。一个竹编花篮中按季节的不同插满了当季的花草，造型丰满，雍容富丽，体现了一个时代的精神面貌。中式插花与明清以来的文人画有内在的关系，更多的是文人的随意、隐逸趣味。结构上与绘画相通，如图 6–22 中明朝陈洪绶的《停琴啜茗图》中的那一瓶白莲的结构是三花两叶、高低错落，与之其他的荷花图很相似。

图 6–21　李嵩《篮花图》

图 6–22　陈洪绶《停琴啜茗图》

日式插花起源于中国隋朝的佛前供花，在其发展过程中一直受到中国插花理念的影响。最早日本流行的是立花，与《文会图》中的花差不多，当宋元文人画及一些中国文人来到日本以后，日本的插花又受他们的影响，称为文人花。日本在学习中国花道时做了一件非常重要的工作，他们把原本靠悟性、靠意会的插花，总结出布局、结构、色彩等规律，使插花变成可学的技术。在风格上，日式插花更多强调侘寂意境（图 6–23）。

图 6–23　日本花道中的盛花

西式插花在晚清民国以后影响到中式宴会。传统的西式餐桌花大多为几何结构，平面以圆形等分最为常见。现代西式餐桌花也有很多借鉴东方花艺的自然风格，白色、米色、蓝色是常见的基调。

不论哪种手法，从观赏的角度来说，插花可分为单面观、双面观与四面观三大类。单面观的插花通常用在靠墙摆放的自助餐桌上，双面观的插花通常用在客人两面对坐的长条型餐桌上，四面观的插花通常用在圆型餐桌上，客人围坐，每个角度都可以观赏。所用花材以清香为佳，过于浓烈的花香与菜品的气味混在一起会影响品尝美食。

花篮与花瓶插花在宴会餐桌上的使用非常多见。因为这类插花安放很方便，对于桌面菜品也没有大的干扰，对于宴会的档次也没有很高的要求，既可以用在中档宴会上，也可以用在高档宴会上；既可用在文化型、民俗型宴会上，也可用在制度型宴会上。

二、桌景设计

桌景有花卉型、景观型、器物型、叙事型四大类，按使用餐桌来说有圆桌、长方桌二大类，地席的布置往往与环境布置联系更紧密一些。从桌景构图来说，有中心构图、中线构图两大类。中心构图的桌景是一桌所有客人视线的焦点，中线构图则有多个焦点。大型宴会的看台、圆桌与 8 人以内长方桌的桌景以中心构图较为常见，长条桌的桌景都是中线式构图。桌景设计时既需要考虑到美观，也要注意高度不可遮挡客人的视线，以免影响餐桌上的交流。

（一）花卉型桌景设计

这类桌景设计是中西宴会中最早出现、也是应用最广的。简便的圆桌桌景可以用花瓶插花，这类插花占用空间较小，可以用在面积小的餐桌上，宴会菜品以分位为宜，这样不占用餐桌中间的位置；普通的宴会桌景用西式四面观的插花就可以，这类桌景在圆桌中间，都可以称为团式桌景（图 6–24）。长条桌的中心式桌景用在较短的餐桌上，一般是 8 人左右的餐桌，在长条桌的中央位置放置一个桌景，两端放上烛台类的装饰（图 6–25）。传统的西式餐桌上会有烛台装饰，现代餐桌上则不一定出现。

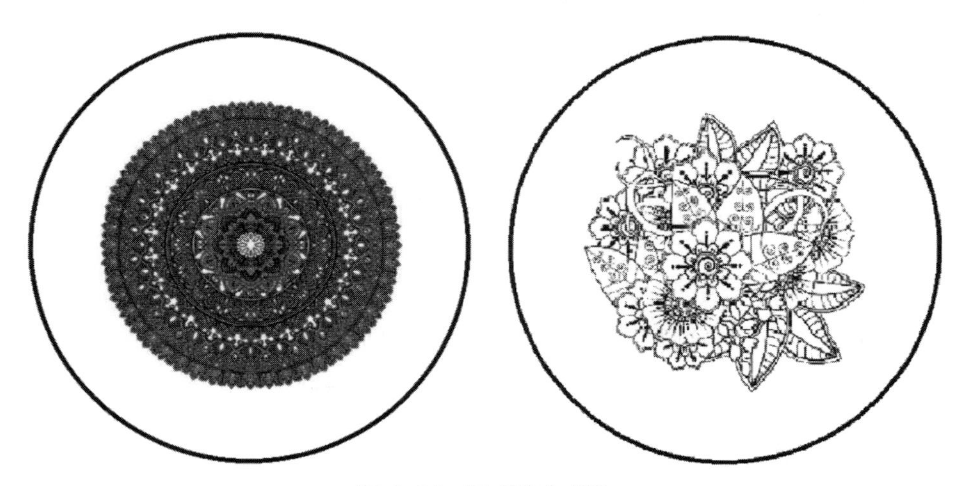

图 6–24　圆桌花卉桌景

中线式就是在长条桌的中轴线上放置花卉，所用餐桌比较长，通常餐位在 10 人以上。桌景的制作手法有瓶花、盘花、篮花、盆栽等，审美风格上，中式西式日式只要贴近主题都可以。2019 年大阪 G20 峰会的宴会上，就采用了中线式桌景，结合了日本的传统美学风格，色调以青、白为主，清新淡雅，尽显古典韵味（图 6–26）。

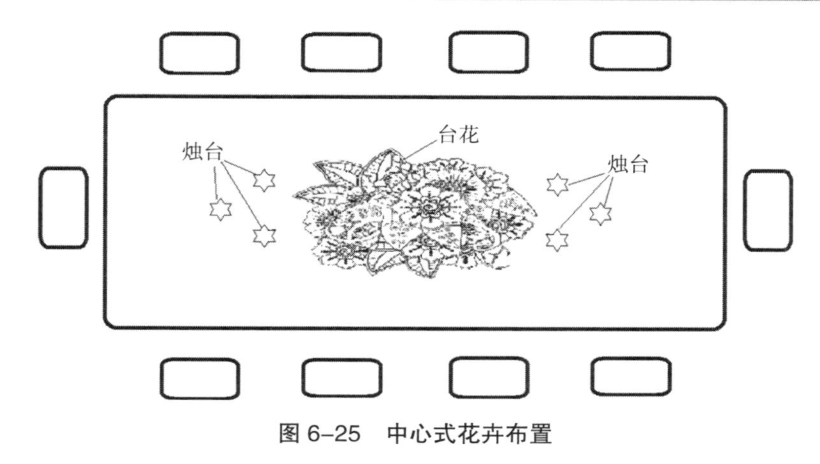

图 6-25　中心式花卉布置

图 6-26　中线式花卉布置

（二）景观型桌景设计

景观型桌景多用于高端主题宴会。如个园的四季盐商宴，圆桌中间的桌景就设计成以竹石为主的园林小景，为避免桌景污染桌面，将其盛放在一个白色大石盘中；小盘谷的盐府家宴中，因餐厅正对假山，于是圆桌中间也做了一个微缩假山景观，使餐厅外的真景与餐桌上的微景相映成趣。在圆桌上，所有客人的目光都会经过圆心，因此圆心周围既是观赏桌景的核心区域，又要避免桌景高至与客人的视线平齐影响交流。如有较高的装置，应该安排在靠近边缘的区域。桌景的下面，若有转盘转动，则更便于客人观赏，也无遮挡之弊。适宜做景观桌景的圆桌通常直径在 220 厘米以上。

2017 年“一带一路”国际合作高峰论坛的欢迎宴会的长桌的中间是一条气势雄伟的千里江山图，有大运河上的风帆、有西安的大雁塔、有大漠戈壁的驼队，展现的是中国与西亚数千年来的文化交流场景以及沿途的国家与人民的辉煌过去与更可期待的灿烂未来。这种宏大的景观通常只会出现在制度型宴会中。这种布置不一定都是宏大、奢华的，也可以是从微观着眼来设计的。如某宁波家宴，宴请的都是乡贤，风格自然以朴素为底色，用一张长长的大板桌，桌子中间布置成乡间小溪，用芋头、鹅卵石装点，其间还安放了几个 LED 小灯模拟成溪水中的月光，桌子两头分别布置竹篱笆与小树，一切都是乡间常见的田园景象（图 6–27）。适合做景观桌景的长条桌的宽席在 150 厘米左右。

图 6–27　某宁波家宴的桌景设计

（三）器物型桌景设计

器物展现的是一种生活场景和情调。用古典的微型家具、花瓶、茶器、香具、古董等可以表达古典主题，如仿宋宴的桌面可以安排宋代著名的瓷器、书法，秦汉主题的宴会桌景可以用青铜器摆件来布置；用现代风格的艺术品，或者就是普通生活用品，以现代艺术手法呈现出来，可以表达现代风格的主题，现代都市主题的宴会就可以用这类桌景来布置。图 6–28 的见芥夜宴餐桌上用了仿古铜器的花瓶，酒具选用了青花瓷小杯与琉璃酒杯，共同构成表达古典意韵的桌景，体现这场宴会的审美趣味。基本上，用于圆桌上的器物布置也可以用在长条桌上，区别在于圆桌上布置的是一个焦点，而长桌上的布置是散点的，也就是有多个焦点的。长卷的书画作品是长条桌常用的装饰品，铺在桌子中间，画的边上安排一些灯光、器物来装点，如《清明上河图》《千里江山图》《富春山居图》等。

图 6-28　见芥夜宴上的器物布置

（图片来自于新浪微博）

（四）故事型桌景设计

故事型桌景在选材布置上与景观型、花卉型、器物型都有交叉，但主题是人或事。例如，以“竹林七贤”为主题设计的桌景中，主体人物——竹林七贤，人物的造型神态来自于相关的典故，此外，作为景观的竹林与作为器物的酒具都是不可缺少的；以“八仙过海”为主题设计的桌景中，主体是八仙，由于八仙的故事在民间家喻户晓，在布置时可以用面塑的八仙形象，也可以不出现人，而只出现与八仙有关的器物，如葫芦、花篮、笛子、芭蕉扇等，八仙的背景则是大海和仙山。浙江天台的“和合宴”桌景直接塑造了和合二仙的形象，主题明确，手法上结合了插花与人物叙事，见图 6–29。扬州“八怪宴”展台的桌景是以群像出现的，八怪的故事在扬州家喻户晓，群像给了观众丰富的联想空间，每个人都有自己喜爱的人与事，大众的个性喜好在这样的桌景中得到了满足，见图 6–30。

图 6–29　和合宴上的叙事型桌景

图 6–30　八怪宴展台桌景

第四节　现代宴会空间设计

现代宴会空间设计是一个整体设计，包括空间的花艺、灯光、香氛、音乐、装置、餐桌、服饰等，是对整个用餐氛围的设计。这种设计与人们的消费观念的转变有很大关系。在食物短缺时期，人们赴一场宴会对于食物的丰盛是唯一期待，而在现代社会中，大多数人在赴宴时更多地会把注意力放在场景、氛围上，这样的场景与氛围营造的是现代人对于生活的理想或梦境。这种需求的变化促使餐饮企业不断地在空间设计上投入资本。一个饭店自其落成之日起，就很难对硬件再做较大的投资改造，原装修的使用预期比较长，而宴会作为日常经营活动，对于空间的要求是短期变化的，因此，我们对于宴会空间设计应该是基于原有基础之上的设计。

一、宴会空间分割

（一）宴会空间类型

宴会空间可以分为局限空间、半局限空间与开放空间三类。

1. 局限空间

局限空间是指宴会场所由墙壁、屋顶、屏风或其他间隔物包围起来，且范围基本符合宴会要求的空间，大多数时候局限空间是指室内空间。局限空间是在建筑与装修过程中形成的。因此在使用时，我们只能受已有面积的限制，在规定空间内布置宴会现场。也因为装修的原因，很多局限空间能够接待的宴会类型也是基本固定的。如扬州的红楼宴餐厅就是专门为红楼宴而装修布置的，很多酒店有专门的婚宴大厅，其装修风格也只能适合婚宴和部分寿宴。

建筑风格对于空间的布置有很大的影响。古典建筑遗留下来的主要有宫殿、寺观、大户人家的宅院等，此类建筑总能给人们历史文化的厚重感，比较适合高端、庄重的宴会氛围，缺点是这类建筑的空间一般不大且不能随意布置空间，用餐的舒适感稍有欠缺；现代建筑的空间一般比较宽敞，生活配套较好，但本身的文化积淀不够，适合现代主题的宴会，如果是仿古宴会，需要的空间布置会比较多；民国风格建筑是结合了中国古典与西洋古典风格的建筑，文化上偏西式，但可以与中国风格的宴会较好兼容；老厂房也经常被改造成宴会空间，这样的场所有着工业文明的气场，比较适合装修成现代艺术感的餐厅；游船是局限空间中的特例，宴会在游船的移动中进行，船体本身并不一定如地面建筑那样私密，但在水面上又没有无关的视线。

2. 半局限空间

半局限空间是指宴会场所有一定的范围间隔，但与外界又未完全隔开，或室内空间远远大于宴会要求的空间。露天餐厅这样的地方也是半局限空间，用餐的人没有私密感，而外人又不会进入这个空间。因为环境空旷，半局限空间也就有了较多余地营造宴会的氛围，相比局限空间来说更方便灵活使用。蒋友柏的宁波家宴就是这样一个半局限空间。园林、植物园都是由多个小空间组合而成，每个小空间之间有一定的间隔，室内用餐场所与室外的景色融为一体形成半局限空间。当局限空间很大，而宴会桌却很少时，空旷的餐厅不聚气，让人有不安稳的感觉，可以用屏风隔一个半封闭的空间，这就构成了半局限空间，如图 6-31 所示。

图 6-31 半局限空间

3. 开放空间

开放空间是指没有墙壁、屋顶、屏风或其他间隔物包围的空间，大多数时候，开放空间是指户外的空间。在开放空间用餐会让人觉得不自在，很多时候人们还是会用屏风将其围成一个半局限空间。当宴会场地处于闲人走不到的户外空间时，各种间隔物也就不需要了，就完成为一个开放空间，如在户外举办的婚宴之类。

（二）宴会功能区划分

宴会现场由迎宾区、用餐区、表演区、备餐区、休息区等等部分组成，根据宴会的规模、等级不同，对这些功能区的需要与划分也不同。

1. 划分要求

（1）根据餐桌尺寸安排空间。大多数宴会现场的面积与餐桌尺寸都是固定的，不会经常更换更改，而相对于宴会空间来说，餐桌是可移动可组合的，所以了解不同餐桌的尺寸及餐位数是合理划分宴会空间的前提。一般直径为 150 厘米的圆桌可安排 8 个餐位，直径为 180 厘米的圆桌可安排 10 个餐位，直径为 200 ～ 220 厘米的圆桌可安排 12 ～ 14 个餐位，直径 350 厘米的特大号的圆桌可安排 20 ～ 24 个餐位。

（2）功能区的划分要符合实际需要。中高端宴会大多对流程、仪式比较重视，如制席型宴会的讲台、舞台、乐队、迎宾通道等都需要留下较大的空间；因来宾身份地位较高，餐位不能太挤，相应地餐桌会稍大一些，或者每桌的客人安排得较松一些（图 6–31）。低端宴会的仪式流程比较简单，有些功能区如迎宾区、休息区会被省略，表演区也比较小，用餐区的餐桌摆放与餐位安排相应地会稍挤一些。无论是什么类型、等级的宴会，空间划分上都应该符合人体工程学的要求，让客人有合适的行动空间，以免太挤或太松，让客人产生不舒适的感觉。

（3）突出主桌。大部分宴会都会有一桌是主桌，在餐桌安排时，要将主桌安排在宴会厅中醒目的位置。主宾的入席与退席通道要设为宴会场的主行道，要宽敞通畅。如婚宴中新人入场的通道，如图 6–32 和图 6–33 所示。

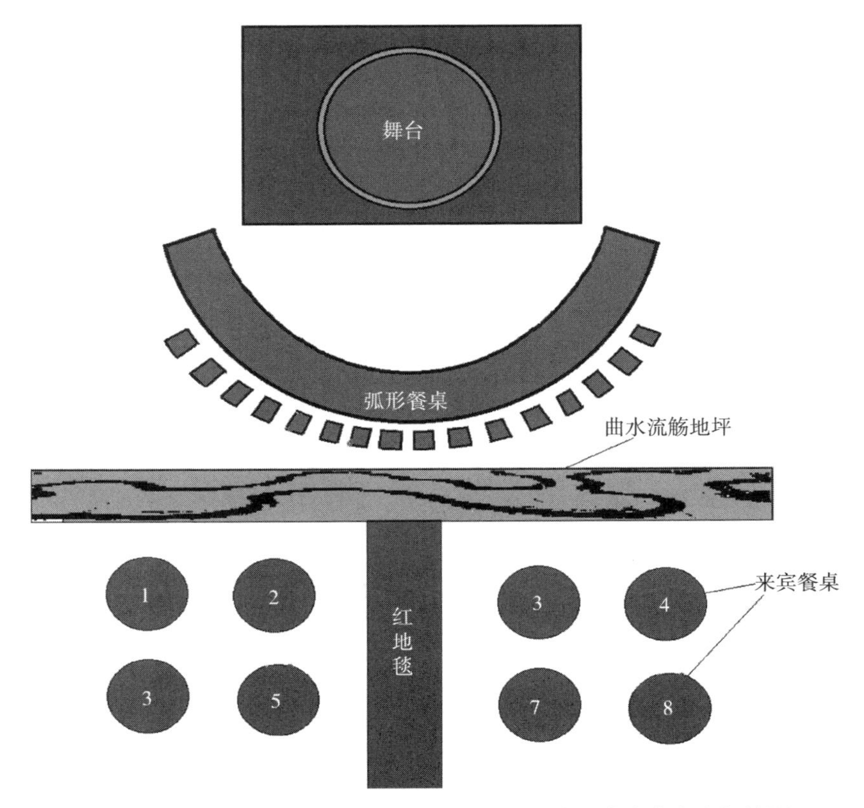

图 6–32　水立方亚太经合组织会议（APEC）欢迎晚宴主桌空间简图

（4）表演区是宴会上宾主致辞及节目表演的场所，通常安排在宴会的最前方。如果是自助餐类的宴会，这个区域也是客人们互动的空间，通常会安排在餐厅的中间。如图 6–34 所示，这是一个设座的自助餐空间，舞台是给表演者留的空间，舞池是给宾客们互动，宴会中跳舞的空间。

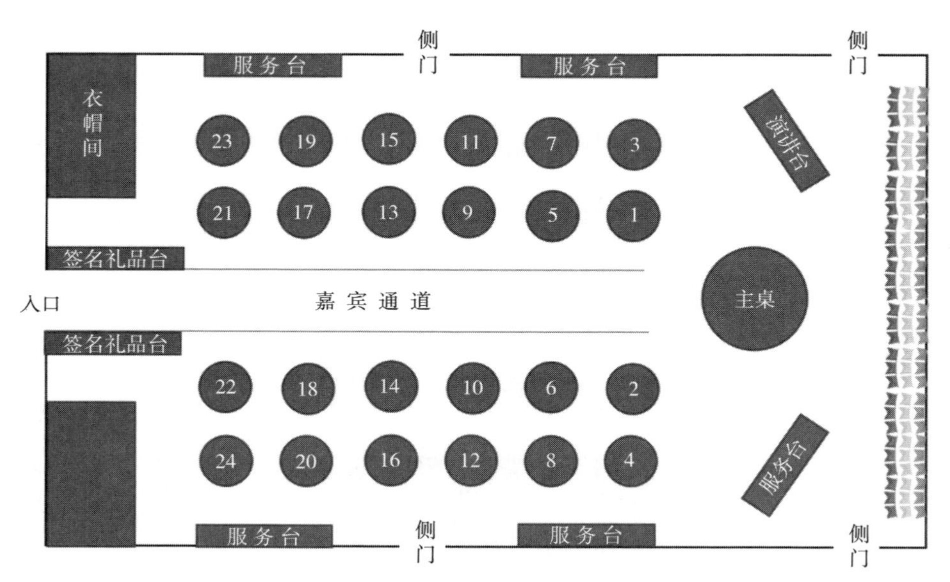

图 6-33 大型宴会餐厅通用台型

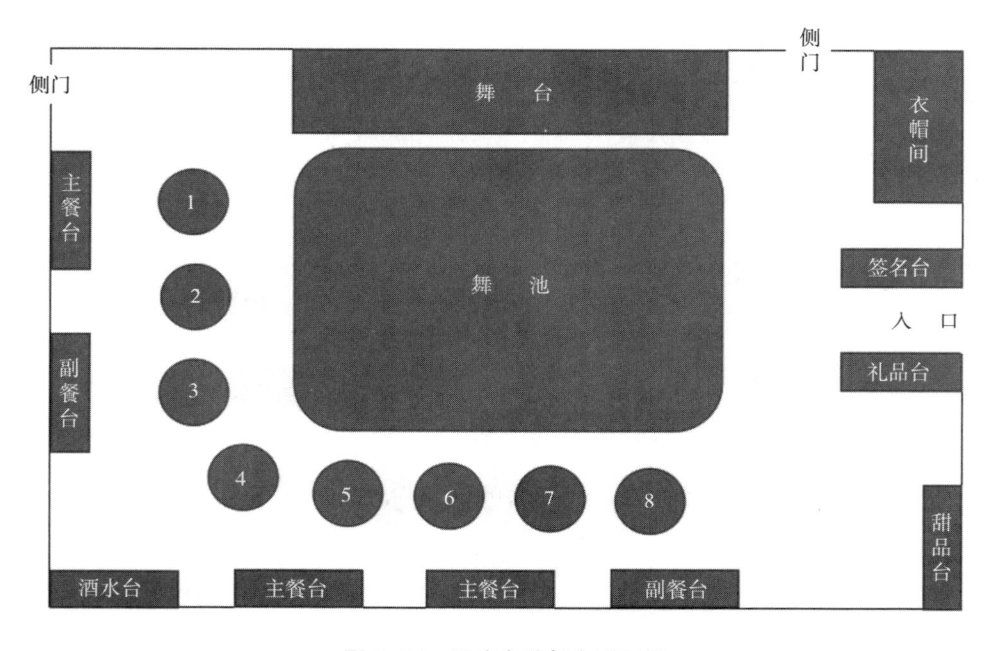

图 6-34 设座自助餐台型示例

（5）宴会现场要有安全通道与疏散口。大中型宴会的参加人数超过百人，如果宴会现场只有一个门，既会影响宾客进出，碰到突发事件也不利于疏散人群。

所以通常除了主通道外，还有几个侧门作为安全出口（图 6–33）。

2. 划分方法

（1）利用通道来划分。在宴会现场，各区域都用通道隔开。客人们对于区域的功能分布可以一目了然，服务人员也可以及时了解宴会现场的情况。

（2）利用屏风来划分。屏风的样式与图案自带美学风格，可以很好地表明宴会的主题风格特点；屏风可以自由分隔空间，又方便各空间之间的交流，在半局限空间中使用较多。

（3）利用绿植来划分。绿植的作用与屏风相似，但比屏风多些自然意趣。在使用时，绿植可以与屏风结合。在户外的开放空间，用绿植可以营造一个半局限空间，也符合户外用餐的趣味。

（4）利用高度来划分。高度可以突出部分空间，并使其区别于其他空间。如婚宴中的红毯位置通常会高于餐桌的位置，大多数宴会的表演区也会高于用餐区。但是备餐区与用餐区应该在一个平台上，以免影响宴会中餐车的行动，避免服务员在服务过程中摔倒。

二、空间氛围营造

（一）空间花艺与灯光

现代宴会空间的花艺布置已经从传统的桌面花、盆景之类发展成空间花艺。空间花艺设计概念，大致可分为色彩设计、立体构成、花材选择与创意、灯光设计与特效等方面，是营造宴会空间氛围最常用的方法。空间花艺设计是将空间、建筑与花艺绿植融合，为宴会主题造一个景，而这个景很大程度上是消费者的一个梦境。灯光照射的亮度、方位会营造出空间的层次感，与花艺结合更显得空间有深度。图 6–35 的空间花艺由绿植与花艺结合，用餐者如被鲜花包围，配上灯光，空间显得浪漫温馨馥郁。在这个空间里，灯光调节了明暗，把鲜花变成了背景，突出了餐桌。花艺布置可以是围在餐厅四周，也可以是吊在餐厅的顶上。

图 6–35　宴会餐厅的空间花艺

空间花艺的布置虽然是现代宴会空间才开始普遍使用的，但一样可以表达传统文化的内容，如中式婚宴的空间花艺大多数会突出大红色，这也是中国人所喜爱的中国红。西式婚宴的空间花艺布置很多时候会选用白花，同样这也是源于西方的传统。中西婚宴的空间花艺在设计上融合得越来越多，但区别还是明显的，中式婚宴的色彩花型突出的是喜庆，而西式婚宴的色彩花型突出的是浪漫。越来越多的看西方童话长大的一代年轻人更趋向于偏西式的空间花艺，这为宴会主题、菜品的整体协调增加了难度（图 6–36）。

图 6–36　中式婚宴与西式婚宴的氛围比较

（二）香氛与音乐

香氛是调节人的精神、情绪最佳的道具。熏香远在中国先秦时期就有了，宴会开始前，先由人将香熏提着在空间中行走。后来常用香炉，各种盘香、线香、香粉等。现代宴会中最常用的有空气清新剂、香水、精油等，古典的香也经常使用。传统的香料有沉香、檀香、龙脑、麝香四类，还有各种配制的香粉。香道工具本身就有装饰性，所以这既是营造气氛的道具，又是装饰空间的道具。香氛使用注意不可太浓，气味不可影响菜品的香气，更不可使用让人不舒适的香氛。

音乐与香氛有类似作用，它可以影响人的情绪。宴会现场所用的音乐需要有主题性，如果是制席型宴会，应当选用严肃的、正统的音乐，要注意音乐的政治意味；如果是文化型宴会，可以选用一些轻松的、闲适的音乐；如果是民俗型宴会，则应选择一些民间音乐。这也是中国文化中由来已久的传统，如《诗经》分为《风》《雅》《颂》三个部分，国风就是用在一些休闲的饮宴活动中的各地方民间歌曲，其中不乏情歌；大雅小雅是用在贵族、诸侯宴会上的音乐；颂则是庙堂音乐，典雅庄重，一般场合不能使用。美国总统尼克松访华时，中国政府在招待他的宴上特意选了一首美国音乐《美丽的亚美利加》，这是尼克松的就职仪式上所用的音乐，这一安排充分显示了设计者的政治意识。

（三）挂画与陈设

挂画应该与宴会的主题或氛围相关。挂画可以是固定的，也可以根据宴会空间大小、宴会类型主题等来选择。

1. 小空间的挂画

对于小空间的宴会，挂画可以经常更换，中式宴会现场以书法、国画较为多见，现代风格的宴会餐厅也会用一些现代抽象画作。作品的尺寸一般不会太大，较为固定的宴会空间也经常会用壁画，一般用吉祥主题的作品，如玉堂富贵之类的，或是一些无主题的现代画。

2. 大宴会空间的壁画

大的宴会空间会选用大尺寸的挂画，或者借用相关的壁画。如 2014 年北京亚太经合组织会议（APEC）的一场宴会场地选在奥运水立方场馆，现场用巨大的山水画幕布遮挡了原来的观赛座椅，这样的山水画在中国的文化语境中就是与家国天下相关的，非常符合宴会的政治氛围。弧形主桌后面的曲水流觞地坪则远远呼应了东晋永和九年的那场满含道家无为思想的风雅宴会——兰亭修禊，这样的设计很好地表达了主办方求同存异、合作共赢的本心。

对挂画关注最多的是日本的茶怀石。茶怀石的宴会规模不大，通常 5 人左右，多则 10 ～ 20 人，人数少，空间也小，所以挂画的尺寸也不大。现代一些主题宴会也会选择与主题相关的挂画。如仿宋宴会的场合，就可能宋代的名画，如《清明上河图》《文会图》等；结合名画的一些装扮游戏（cosplay）宴会，如以《韩熙载夜宴图》为底本可以设计一场仿唐宋的夜宴，这种场合当然应该有《韩熙载夜宴图》来点题。类似的情况在诸如“红楼宴”“烧尾宴”“乾隆宴”的场合都可以选相关主题的挂画。现代风格的宴会，现场可以用一些现代艺术作品来点题装饰。

空间的桌椅、装饰品都应该与宴会主题相关。桌椅是最常见最重要的，因为它不能经常随着宴会主题要求来变动，因此应尽量选择一些可以通用的款式，如新中式餐桌椅既可以与仿古宴会搭配，也可以用在现代风格宴中。

三、动态设计与协调

（一）人物形体

人物形体主要是指服务人员的形体。宴会服务人员可以是年轻人，也可以是中老年人，无论男女，只要身体健康都可以、服务技能娴熟都可以。但是对于形体还是有一定的要求，身材匀称、行动灵活是基本要求。服务人员上岗前都需要经过专业的培训，站姿挺拔而不张扬，走路时上身不摇晃。发式、指甲、胡须都要符合职业要求。长发、头皮屑、胡须、长指甲以及指甲油等既不方便工作，又会影响到饮食卫生。

宴会服务中使用年轻人是中国宴会的传统，年轻人清爽俊朗的形象可以为宴会增添光彩，也会让人把这种好印象投射到食物上，觉得食物也是干净美味的。中老年人让人觉得稳重，在一些西式宴会场合，也经常会有干练的中老年男性服务员，他们让人觉得服务体贴周到。厨师也会在一些宴会中从后厨走到前场为客人表演厨艺，北京的宴会中经常会有厨师现场为客人表演片烤鸭皮，如果出场的厨师身材匀称、动作熟练，就会增强客人对饭店厨艺的好感。

（二）服饰与色彩

在传统文化里，参加宴会都应该穿得体的衣服，而不适合穿居家服饰。服务人员应该穿相应的职业服装，既表示与宾客的区别，也方便宴会中的服务工作。

1. 宾客服饰

（1）在民俗型宴会场合，客人们一般穿整洁的正装、便装都可以，这样的着装要求与人们的日常生活、工作状态差不多，因此不需要特别提醒。其中寿宴、婚宴等场合，宴会的主角与重要客人需要着特定服饰，如新郎新娘的婚纱礼服、双方家长的礼服、寿星的礼服等。礼服的款式根据宴会设计的风格而定，中式、西式、仿古或民族服装都可以。

（2）在文化型宴会与制度型宴会场合，对于着装的要求相对明确一些。一般来说，所有宾客应当穿着与宴会主题氛围匹配的礼服，尤其是严肃的制度型宴会，着装都会有一些惯例可循，不会由宴会设计者提要求。在一些文化主题的宴会中，为了配合宴会的氛围，设计者可能会要求宾客们穿着特定的服饰。如在仿古的宴会中穿上汉服、唐装，在网络游戏主题的宴会中会要求宾客们打扮成游戏中的形象等。

2. 职业服饰

（1）服务员是宴会现场出现最多的人，她们的着装应当统一款式，有辨识度。大多数酒店都会给服务准备几身固定的工作服，这些衣服足够应付普通的宴会，但对于高端主题宴会来说就远远不够。宴会服务员的服饰搭配基本遵循国际通用的TPO原则：时间（Time）、地点（Place）和场合（Occasion）。扬州“红楼宴”服务人员的服饰设计成与《红楼梦》电视剧中类似的丫鬟的衣服，让用餐的客人仿佛置身荣国府大观园；2016年杭州G20峰会的招待宴会上服务人员的服装颜色图样与餐具的图案颜色浑然一体。这种整体的协调感是空间美感的重要元素。不宜佩戴耳环、项链、戒指等饰品。

（2）现场厨艺展示的厨师，在普通的宴会中穿着干净整齐的工作服就可以，帽子、围裙、领巾等需佩戴整齐，手上不可以戴戒指，耳上不可以戴耳环。仿古宴会的厨师出明档表演时，最好也能穿上仿古的厨师服。茶艺师在现代宴会中出场的也越来越多，服饰上要与普通的服务员有区别，但也不能太戏剧化，要注意美感与实用的统一。

（三）服务方式

宴会服务方式从时代感来说，有现代宴会服务、传统宴会服务；从服务体态来说，有立式服务、蹲式服务与跪式服务。采用哪种服务方式要看宴会厅的条件和设计的宴会风格。

1. 立式服务

现代宴会基本是垂足坐的形式，坐得高，餐桌也高，服务方式适合立式服务。大多数场合中，立式服务的菜品是用餐车、托盘上的，而一些主题宴会服务中，出现过抬桥子上菜的做法。

2. 蹲式与跪式服务

这两种服务方式都适合用于低矮的餐桌。餐桌矮，服务员用立式服务不方便，上菜时弯腰的姿势不雅观。具体情况不同，蹲式服务通常桌子比跪式服务的餐桌要高一些，跪式服务的宴会空间地上应该都是铺了地毯或榻榻米，但两者并无绝对区别。日本与韩国有很多传统的宴会采用这样的服务，中式宴会中的仿汉唐的宴会也应该采用这样的服务方式，这都是与宴会的文化风格相吻合的。

思考与练习

1. 宴会氛围与宴会空间的关系是什么？
2. 如何根据不同风格的宴会来设计餐桌台型？
3. 熟悉了解中西各类宴会餐具摆台的方法。
4. 如何根据不同风格的宴会来设计桌景？了解桌景设计制作的方法。
5. 现代宴会空间的分割方法有哪些？
6. 如何营造宴会空间的氛围？
7. 练习绘制不同类型的大型宴会餐厅布置图。

第七章　宴会主题与服务仪式

本章内容： 宴会主题对仪式感的要求，服务流程与仪式厨的对应，道具及演艺节目与宴会的关系。

教学时间： 6 课时

教学目的： 本章强化学生对于宴会的整体性的认识。理解服务仪式与主题及氛围营造的关系，理解宴会中娱乐节目的设计与安排方法。

教学方式： 课堂讲授、现场观摩。

教学要求： 1. 了解主题宴会对于仪式感的需要

2. 能够设计宴会的服务流程

3. 掌握宴会中道具的使用方法

4. 了解不同主题宴会所适合的文艺形式

作业要求： 调研宴会服务现场来加强对本章内容的理解。

宴会本就是一种仪式，因为有了仪式才彰显出宴会的种种风格特点。宴会的主题决定了仪式的内容，而仪式则决定了氛围。仪式的设计、落实与宴会的类型、主题有密切的关系，有的仪式显得庄重，有的仪式显得喜庆，有的仪式显得活泼，这些仪式都是为了增加宴会气氛，为宴会主题服务的。最终，氛围的营造又与两个方面相关，一是服务对象，因为氛围的营造需要得到服务对象的理解与接受；二是价格档次，价格决定了消费者是否有能力接受。

第一节　宴会流程的仪式感

流程就是一种仪式，对流程不重视会使得宴会进行过程显得没有章法，参加宴会的宾客也就不可能很好地按照设计者的初衷来配合宴会的进行。因此，宴会流程的仪式感有三个作用，一是让宴会有秩序地进行；二是渲染宴会的气氛；三是规范宾客的行为。

一、引导

（一）迎客

宴会流程从迎客开始。根据宴会等级与客人重要程度的不同，迎客的隆重程度也不同。

1. 贵客远迎，陪客近迎

这是宴会的惯例，古代在迎接远来客人时常有迎到渡口的情况，相当于今天远迎到机场、车站。在重大活动中，贵客通常是一群人，如国际会议中的各国首脑。陪客在宴会中的地位相对要低，一般迎至酒店门口或宴会厅门口即可。

2. 标记迎宾通道

这是宾客进入宴会场地的通道，大型宴会的通道要宽敞醒目，小型宴会的通道可以曲径通幽，但无论哪种，通道都要易于辨认。标记通道的方法有铺红地毯、在路边插彩旗、迎宾人员列队欢迎、挂红灯笼等。

3. 引客入座

大型宴会因为桌数多，需要有引导图指引客人用餐位置。如婚宴、寿宴、生日宴等，多数会在 10 桌以上，还会有 50 桌乃至更多，现场的服务人员不能一一引导客人，此时就会在宴会厅门口设一个引导牌，标明每桌客人的名字。这种方法高端宴会也经常采用，但对于贵宾，也可以由专门的引导员（通常由服务员兼任）引导每一位贵宾入席。

（二）解说

宴会上的客人可能来自不同的地区，可能有着不同的文化背景，也可能属于不同的社会阶层，大家只是因为同一个宴会主题才坐在同一张桌上用餐。这种情况下，客人们对于宴会流程、菜品文化、节目表演的理解就可能出现偏差。为避免因此而出现客人失仪的情况，需要对宴会相关问题进行解说。

1. 解说宴会主题

大型宴会由专门的宴会主持人、小型宴会由服务领班为到场宾客解说宴会主题寓意，很多场合这项工作也可由宴会的主人来解说，此时宴会主人的发言、致辞就是解说词。解说词是对宴会主题的阐述与发挥。各种类型的宴会主题解说都有一定的套路，如婚宴要祝新人幸福美满、寿宴要祝老人健康长寿等，但也需要针对具体的客户与宴会事由做出个性阐发。文化型宴会的解说词通常要文艺一些或者与文艺相关。制度型宴会的解说词通常会与国计民生、国际关系有关，一般不需要由宴会设计师来完成。

2. 介绍厨师团队

厨师团队与宴会的菜品质量、风格有关，在大多数宴会中，菜品是客人们关注的核心问题。向客人介绍厨师团队能体现出宴会承办单位对于美食水平的信心，也是对厨师团队的服务表示感谢。传统的宴会中，常常会在宴会结束后让厨师出来与客人见面，接受客人敬酒，与贵宾合影等，以此表示对厨师的感谢。

3. 介绍演出团队

演出团队的身份与厨师不同。厨师是酒店的员工，而演出团队是承办方为了更好地营造宴会气氛特意请来的，有些著名艺人本来就是有着艺术家的光环，属于社会精英阶层。因此，介绍团队也有两方面的作用：一是表示对演出团队的尊重，二是通过对团队名声、荣誉的介绍来衬托宴会的等级。

4. 解说菜品文化

中低档宴会上大多数只是报一下菜名。在高档宴会上，菜品的用料考究，制作精细，设计有创意，有些还是有典故的历史名菜，所以对菜品文化的解说就不能止于报菜名。

（1）对菜品用料的介绍常常采用追溯原料的生产过程的方法，利用宴会厅内的电视、投影来播放菜品原料在其产地从生长到采收的过程，通过可追溯的过程来体现原料的新鲜、优质。

（2）制作过程可以通过桌边烹制、明档演示或可视化厨房来展示。桌边烹制主要呈现的是即制即食的美食风味，明档演示主要表现的美食品尝的仪式感，两者都可展示烹饪技术的观赏性，只是侧重点有所不同。可视化厨房则用来展示菜品生产过程的安全卫生。

（3）设计创意与历史典故是能通过语言文字表达的。可以将相关内容写在菜单、卡片上，或是由服务员在上菜时为客人隆重介绍这款菜的来历与趣事，增加客人对于菜品风味特点及品尝要点的理解。

二、席次

宴会是一个等级制的场合，古今中外概莫能外。客人之间是有亲疏远近长幼尊卑之分的，因此就涉及座位安排的问题。

（一）等级排序

朝廷序爵，乡党序齿，这是中国自古以来并存的两种等级排序方法。除了国宴以外，各类宴会的席次排序都是由宴会的主人来定的，设计者只需要知道安排的结果以便服务，并不会直接参与客座排序。

1. 按职阶排序

序官是按官阶高低排序。除了现任官职外，卸任官职也被纳入同样的序列，但与现任官职在同一场合出现时，还是要低一个等级的。官阶是一个代表，但并不仅限于官场，这也是职场的排序规则。序官会被引申为对权势的尊重。古代中国社会重农抑商，商人再有钱社会地位也很低，但当财富可以转化成势力时，商人的社会地位事实上还是会有所提高的。因此，在家族或地方有势力的人，掌握着大量资本、财富的人在宴会上也可能会被安排到贵宾位上，不论他们的年龄大小、学历高低、官职有无。

2. 按年龄排序

序齿是按长幼排序。传统中国是一个农耕文明的社会，年长者掌握着生产生活的经验，在社会中地位比较高，因此在体制外的宴会中通常都是按年龄来排等级次序的。序齿可以引申为对知识、技能的尊重。如有老师、师傅、前辈的宴会中，他们都会被让到筵席的贵宾位上，不论老师的年龄、贫富以及官阶高低。

职场上的人在退休以后往往也不以原有的职位来排序。北宋宰相富弼退休后闲居洛阳，好友文彦博时任洛阳留守。一次，富弼向文彦博提议，由二人牵头，组织一些年龄相仿、资历相当、性情相投、口碑良好的老领导，按年龄为序，轮流做东，时人称为“洛阳耆英会”。聚会确定了“老而贤者”十二人。这十二人中，官位最显为富弼和文彦博，均出任过宰相。年龄最大为富弼，七十九岁。其次是文彦博，七十七岁。时任端明殿学士兼翰林侍读学士的司马光六十四岁，在众人中年龄最小。司马光撰《会约》，给聚会定规矩、作约束，其中第一条就是“序齿不序官”。

（二）排序方式

具体的排序则有顺时针排序法与对称排序法两种。西餐的礼仪在此基础上还遵循两个原则：以右为上、女士优先。中式小食案的仿古宴会，也是以右为尊。

1. 顺时针排序法

顺时针排序法用在圆桌上，通常是政务类的宴会的惯例。具体的做法是：主人位置安排在桌席的正中，主人的右侧为尊位，是主宾的座位，其他位置的尊卑按顺时方向依次降低，如图 7-1 所示。在政务宴会中或其他一些社交类的宴会中，宾客往往会带夫人或女伴出席，安排座位时通常会让先生们坐在一起、夫人们坐在一起，这样的安排在大多数时候可以让客人之间有共同话题，以免宴会中出现冷场的情况。

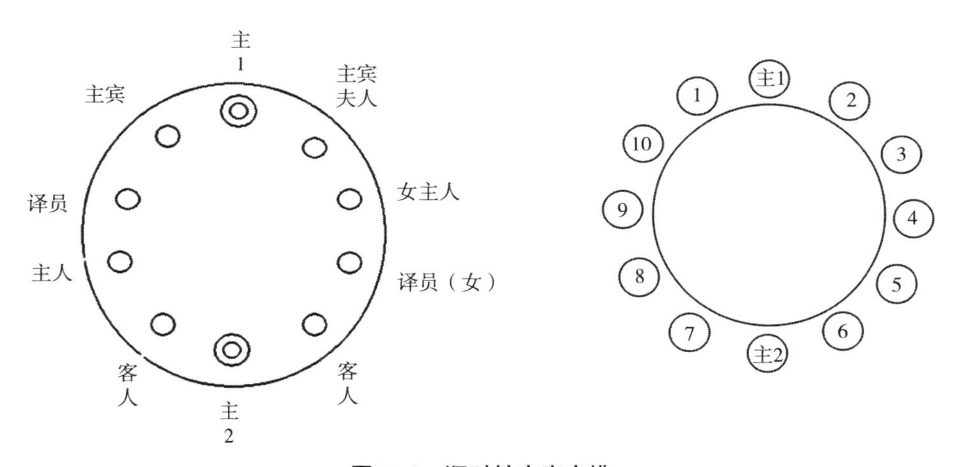

图 7-1　顺时针座席安排

2. 对称排序法（图 7-2）

（1）长条桌的座席安排采用对称式排序，男女主人在长条桌的长边中心相对而坐，再以主人座位为中心，依据客人的地位或重要性依次向两边排开。T 形台的横桌中间是主人位，客人按地位高下依次左右排开，纵桌也依次按地位高下对称排列。U 形台、E 形台的座席排列与 T 形台差不多。

（2）在单位同事宴会、家族宴会的场合，对称排序的座次安排在圆桌上更为常见，这种场合，主客的话题也比较集中，不易出现冷场的情况。在很多圆桌用餐的场合，还会出现官位高、家族地位高或社会地位高的人坐在主人位的现象，这种客大欺主的现象是古代宴会等级制的遗留。

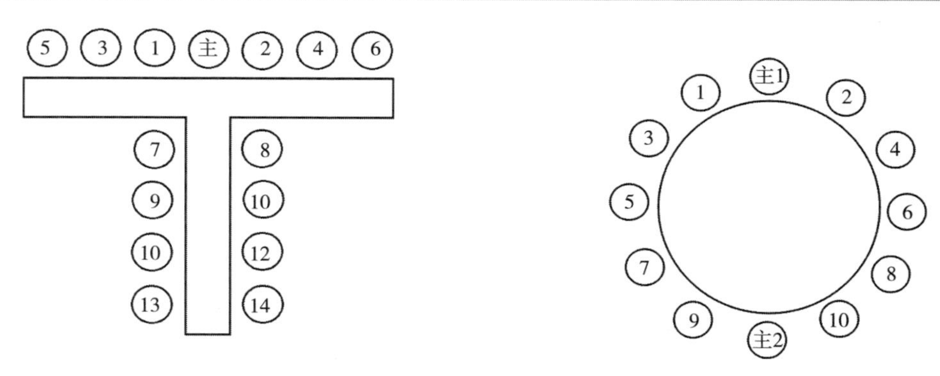

图 7-2 对称式座席安排

（三）领席

领席也叫领座，就是由服务员领着宾客到来安排好的餐桌前入座。中低档宴会一般没有专门的宾客休息空间，领席的工作在客人到达宴会现场时就已经开始了，服务员指引或直接将客人带至餐桌旁入座；高端宴会在宴会现场旁都会有贵宾休息室，在宴会开始前 5 ～ 10 分钟，服务员询问主人是否可以开席，得到主人确认后，服务员将宾客领至餐桌边，拉椅让座。

三、上菜与斟酒

（一）上菜与斟酒的顺序

上菜顺序要按照座席的排序。按顺序上菜一方面是体现筵席上客人身份的高下，另一方面也是为了避免漏掉哪一位客人。无论是哪一种顺序，分餐、斟酒及斟茶时都要从主宾的位置开始。

在顺时针排序的餐桌上，分位菜品上菜时，要从主人右边的 1 号位或主宾位先上菜，然后是主人，这样顺时针方向依次为客人上菜；不分位的菜品在上菜后要先转到主宾的位置，等主宾品尝后按顺时针方向转动转盘，表示长尊有序，不可反转。服务员一定要留意是否有客人正在夹菜，要等客人夹菜以后再转动转盘。

在对称排序的餐桌上，按台型不同，上菜顺序有区别。在圆桌上，如果有两位服务员同时上菜，可以从主人两侧对称按尊卑依次上菜；如果只有一位服务员，按顺时针上菜也是可以的。在长条桌上，通常是先主宾、后主人、先女士，后男士，在这个基础上，从主宾位主人位向两端展开依次为宾客分菜上菜。长条桌的菜品都是按位上的，所以上菜需要的服务员数量要多于圆桌。

（二）斟酒的仪式感

斟酒也叫行酒，中低档宴会多数由客人自己斟酒，在制度型宴会以及一些中高端宴会上通常由服务员为客人斟酒。服务员斟酒时需要遵循一些通用的礼仪。

第一，酒品应该当着客人的面打开。侍酒师应该根据酒品的特点，在征得客人同意后，用专业的器具为客人提供醒酒、冰镇、温酒等服务。

第二，斟酒时侍酒师应保持姿态端正，站在客人身后右侧，右手拿酒瓶，身体不可紧贴客人，但也不要离得太远。

第三，斟酒时，酒品不同，斟入杯中的酒量也不同。红葡萄酒入杯均为1/3；白葡萄酒入杯为2/3；白兰地入杯为1/2；香槟斟入杯中时，应先斟到1/3，待酒中泡沫消退后，再往杯中续斟至七分满；啤酒要控制斟酒速度，既要保证酒沫满杯，又要避免酒沫溢出。具体的斟酒最终还需要尊重客人的意见。

四、致辞与发言

几乎所有宴会在开始时主人都会说上几句话，这一礼仪在不同宴会场合的名称与内容风格都是有区别的。在制度型宴会中称为致辞，而在一般宴会中则称为发言。

1. 致辞

（1）国宴致辞。国家层面的宴会致辞通常比较庄重典雅，以喜庆、和平、合作为主要基调，展望的是家国天下、民生幸福。对内的国宴致辞大多数时候由宴会上的最高领导人致辞。

（2）一般政务宴致辞。一般政务宴会致辞涉及的话题不像国宴致辞那样宏大，多是针对具体的事情，但角度都是政治的或文化的，局限于一国一省一市之内。

2. 发言与主持词

发言在大多数宴会中是由宴会主人准备的，从内容的性质来说，与前面的致辞相似，但内容关联的单位更小甚至只关系家庭与个人，如寿宴与婚宴上主人的发言。而主持词都是由专业的设计单位来准备的，如果宴会有比较多的节目，那节目的主持人与宴会的主持人就由一人来承担。

五、流程的仪式感

国宴开始阶段仪式感很强。当宾客进入宴会厅时，乐队奏欢迎曲。服务员应站在主人座位右侧，面带微笑，引请入席。宾客入场就绪，宴会正式开始。全场起立，乐队奏两国国歌。这时已经在现场的服务员，都要原地肃立，停止一切工作。在主、宾起座时，主宾桌的服务员要随时照顾，现场的其他服务员要有秩序的回避两侧，保持场内安静。等领导人步入宴会厅，后厨和服务员开始以秒计时投入工作。主宾桌负责让酒的服务员，要提前斟好一杯酒，放在小型酒盘内，站立在讲台一侧，致辞完毕立即端上，以应宾、主举杯祝酒之用，并跟随照顾斟酒。

国宴及其他的高端宴会是有着示范效应的，除了奏国歌的环节，其他的服务流程及规范都会被中高端宴所模仿，而中高端宴会的一些仪式也会被中低端宴会所模仿，只要人们有这样的文化消费需求，这些仪式感就会在各个层次的宴会中体现出来。

第二节 宴会的道具

宴会中所用的器物如桌椅、餐具、帐缦、地毯、鲜花、气球、话筒、礼品等等都是道具，它们用来承载宴会的各类任务，也就是古人所说的“器以藏礼”。桌椅餐具在相关章节中已经有过介绍，在本节中只分析与主题、仪式相关的道具。

一、道具的作用

（一）体现宴会档次

道具的使用与宴会的复杂程度有关，高端宴会使用的道具多，中低端宴会使用的道具少，最简单的宴会道具就寥寥无几了。以室内空间而言，最简单的宴会除了餐桌椅就不会有其他道具，档次稍高一些，会有桌布和椅套，随着档次的再提高，还会有墙上的挂画、墙角的盆栽、地上的红毯、欢迎标语、音乐伴奏、歌舞表演等等，客人们对于宴会档次的第一印象都跟道具的使用有关。

（二）带动宴会节奏

道具不是在宴会进行的同一时间出现的，而是在不同时间节点上出现并使用，这样可以使得宴会按照设定的节奏进行，如同音乐、文章一样，有平缓的叙事，有高潮，有终章。宴会作为一个群体合作的活动，主人、客人、服务员、厨师以及其他工作人员，每个人的行动轨迹不同，服务员、厨师以及其他工作人员在工作中所要面对的除了固有的任务，还要处理一些突发的情况，如果没有标志性的节奏，现场很容易变得混乱。

（三）烘托宴会氛围

氛围与宴会档次、节奏没有必然关系，菜品多少、客人的情绪等都可以影响氛围，但是有了道具，可以使宴会的氛围更加明确。如宴会中的致辞，演讲人可以站在任何地方讲话，但是有了讲台就让人觉得这个致辞是很郑重的；宴会现场的每一个过道都可以走人，但有了红地毯就让人觉得从上面走过的人是很重要的；每个人都可以自由随意地出现在宴会现场，但当客人们入场或入席时有音乐响起，会让人觉得这场宴会的隆重。

二、道具的类型

道具的类型主要是由使用的方式、场合决定的，有场景道具、仪式道具、流程道具三大类，具体的道具随着使用的不同，所属类型也会发生变化。当鲜花摆在餐桌上或布置在宴会空间里，它就属于场景道具；当客人须簪花才能进入宴会现场时，鲜花就成了仪式道具；而当鲜花出现，宴会就进入一个流程时，鲜花就成为流程道具。

（一）场景道具

场景道具是为了配合宴会主题对场景的要求而使用的。如空间花艺、盆栽、地毯、艺术品陈设、挂画等，不同场景道具有固定的安放位置。

1. 空间花艺

宴会厅入口的花门、舞台的背景、长条桌上方的吊灯装饰、婚宴中新人入场的通道是空间花艺布置的场地。

2. 盆栽

盆栽一般放在大型宴会厅的四周、舞台角落和贵宾休息室。

3. 地毯

地毯有两种，一种是满铺宴会大厅的，这在高档的小宴会厅中比较常见；另一种是铺在贵宾通道上的红地毯，在需要盛大仪式的宴会中用得比较多，包括婚宴、寿宴之类的宴会。现在也有高端宴会场合采用声光电技术来铺设贵宾通道的，形式上更有现代感。

4. 艺术品

艺术品陈设有两类，一类作为宴会厅的景观，如高端的中式宴会经常制作食品雕刻的主题展台，这种展台可以独立存在，也可以与长条形或环形宴会餐桌相结合制作成桌景；另一类是作为宴会厅的背景，在博古架上陈列或在用餐场所的其他位置陈列，不一定要醒目，主要是营造一种氛围。

5. 挂画

挂画的内容包括书法与绘画。挂画的内容可以用来点明宴会主题，如水浒宴场景本身并不符合《水浒传》小说中的氛围特点，但在宴会厅的一头挂的“义”字旗与“替天行道”的标语把客人们的思绪拉进了梁山好汉大碗喝酒大块吃肉的情境中（图 7–3）。也可以用来衬托宴会的文化风格，如西式宴会上的挂画应该以油画为主，中式宴会上的挂画以中国画为主，日本的宴会选择日本的绘画。

图 7–3　水浒宴场景中的“义”字旗

（二）仪式道具

仪式道具是能够增加与宴会主题相应仪式感的道具。从宴会的内容来看，主要的仪式在宴会开始时、宴会上菜时和送客三个时间段。

1. 开宴时的道具

在高端宴会上，宾客入场是有一些仪式性内容的。如入场前净手，这个做法在日式宴会尤其是茶会中比较多见，客人在入口处，有侍者舀水为客净手，边上还备了擦手的毛巾。这个场合的道具是水盆、水勺、毛巾。曲水流觞宴开始时，所有宾客在衣襟上佩一支兰草入场，这时的道具是兰草。很多宴会的某一时段会有演讲的环节，这时的讲台、话筒就是仪式道具。讲台在仪式道具中有特别的作用，没有讲台，演讲人站在空旷的台上可能会感到紧张，当讲台遮挡在身前时会让人觉得安全，进而消除一点紧张感。其他如迎宾的彩旗、红地毯、入场时的音乐等也都是仪式道具。

2. 上菜时的道具

上菜的道具最常见的是餐车、托盘以及一些分菜的工具，这些属于服务员技能的内容，不在本教材的讨论中。但为一些特殊菜品或特殊上菜形式所准备的道具就是宴会设计中需要了解的，如一些饭店在上重要菜品时会用抬轿子的方法，吃螃蟹要上蟹八件，轿子与蟹八件都是仪式道具。

3. 送客时的道具

宴会结束，客人离席，这在中高端宴会中也是要仪式感的。比如宴会为客人订制了专属礼品，需要在结束时将其装入小手袋中送给客人，这样的小礼品就是送客的道具。园林酒店中地形复杂，送客时常由服务员提着灯笼送行，这时的灯笼就是道具。

（三）流程道具

流程道具是宴会流程的标志点。一场宴会进行过程，从迎宾、领座、入席、演艺、致辞、祝酒、上菜、劝酒、买单有很多环节，这些环节多数会有一些道具辅助进行。只要是能够标志流程节点的都是流程道具。

如迎宾时播放的音乐、欧阳修在平山堂宴会上击鼓传花所用的鼓与花、行酒令所用的酒筹、买单时会用到托盘、婚礼新人走上红毯时放的礼花等。每个道具的出现都表示宴会进行到某一个新阶段。

三、道具的使用

（一）根据主题设计使用

道具是用来表现、配合宴会主题的，所以在选择使用道具时，必须要根据宴会主题的实际需要。对于寿宴来说，松鹤延年的挂画是合适的，但用在婚宴、升学宴、升职宴或政治主题的宴会上就不合适；庆典主题的宴会和体制的宴会有领导、老板致辞，所以在现场需要一个讲台，讲台上要有鲜花和话筒，而小朋友或年轻人的生日宴就不需要；季节主题的宴会常常需要有一些应季的花卉作为道具。

（二）根据场景要求使用

室内宴会空间宴会的花艺有空间花艺与桌面花艺两种，单独用与同时用都可以。在户外的宴会空间花艺使用则要看情况，如果户外环境本来就花团锦簇的，体量过小的插花效果就会比较差。室内的小型宴会主人说话时还不一定用到麦克风，但如果是在户外空旷的环境，没有麦克风来扩音，致词的人讲话会很费劲。相对固定空间空调系统是配备好的，而在户外可能要考虑到配上风扇、伞形燃气取暖器之类的设备。在中式古典餐厅，应该配备传统的红灯笼，服务员迎宾送客时也可以配手持灯笼。这些道具使用是以切合场景特点为基本要求的。

（三）根据服务对象使用

客人的身份不同，对于道具的接受度也不同，因此，即使是同等价位的宴会，客人不同，道具使用也应该区别对待。比如，宴会的宾主中有社会名流、书画家等人物，宴会现场可以备下文房四宝，以供客人宴会中写写画画。同样的宴会，客人中没有爱好书画的人，文房四宝之类的陈设也就显得多余。对于传统饮食文化感兴趣的客人，在吃螃蟹的时候可以配上蟹八件，如果客人无兴趣，蟹八件也只能让客人一时好奇但引不起兴趣。所以，道具的配备以客人能够理解能够使用为原则。

（四）根据价格档次使用

道具有一次性使用的，也有多次使用的，无论是哪一种都会增加宴会的物料成本。因此，宴会价格档次较低的时候，所有道具品质较低、品种较少；宴会价格档次较高时已经包含了这些物料的成本，在安排宴会时，道具也就可以用得好一些、多一些。

第三节　宴会中的文艺表演

文艺表演是高端宴会的重要内容。表演所需要的演员酬劳及演出的服装、化妆、道具都需要成本，表演场地的搭建也需要成本，以前在大多数中低端宴会的价格里不包含这部分费用，但现在，经济发达地区的中低端宴会也会安排节目来助兴。

一、文艺表演节目选择

大多数文艺节目都可以在宴会中表演，但实际安排时要根据宴会主题、档次与宴会空间三个方面来选择。表演节目可以从文学作品中拷贝，也可以从民间艺术中选取，或者根据宴会的主题来编排。

（一）文学作品宴会的文艺表演

文学作品在描写宴会时，本身就是基于情境需要来设计宴会的场景与各个环节的，这些描写既有现实生活的依据，又从设计的角度对宴会进行了精心修饰。

1. 诗歌中记载的宴会节目

《诗经》《楚辞》和汉赋中大量的篇章原本都是可以用在宴会上来表演的。班固在《东都赋》里写宫庭宴会节目：“食举《雍》彻，太师奏乐，陈金石，布丝竹，钟鼓铿鎗，管弦烨煜。抗五声，极六律，歌九功，舞八佾，《韶》《武》备，泰古华”；汉代诗歌《今日良宴会》中“今日良宴会，欢乐难具陈。弹筝奋逸响，新声妙入神。令德唱高言，识曲听其真。齐心同所愿，含意俱未申”非常明确地描写了宴会中弹筝唱歌及其在宴会中调动情绪气氛的作用。之后的唐诗、宋词、元曲很多也是可以用在宴会上的吟诵、演唱的。如著名的《玉树后庭花》

是南陈宫庭宴会的音乐、《秦王破阵乐》是唐朝军中宴会的音乐、《长命女·春日宴》中“春日宴，绿酒一杯歌一遍”是南唐贵族家宴上的音乐。在著名的《韩熙载夜宴图》中有韩熙载亲自击鼓的场景。

2. 小说描写中的宴会节目

从唐人传奇开始，小说中就不乏宴会歌舞的描写。后唐李存勖《忆仙姿》中“曾宴桃源深洞，一曲清歌舞凤”描写的是根据南北朝志怪小说的故事创作的。宋元明清的话本小说描写市井、传奇，更是少不了宴会歌舞节目，以四大名著为例简介如下。

（1）《三国演义》写宴会场景比较简约，但也都写到宴会中的一些节目。如左慈在曹操宴会上表演的魔术，为曹操取龙肝凤髓和松江鲈鱼下酒；曹操在省厅上大宴宾客，祢衡击鼓为《渔阳三挝》；群英会上，周瑜宴请蒋干奏的是“得胜乐”，还自己起身舞剑助兴。

（2）《水浒传》中梁山好汉受招安，宋徽宗在文德殿宴请众人，教坊司与礼乐司安排的节目有说唱、歌舞、戏曲、杂剧，具体的戏目有《万国来朝》《八仙庆寿》《玄宗梦游广寒殿》《狄青夜夺昆仑关》；唱曲有《朝天子》《贺圣朝》《感皇恩》《殿前欢》；舞蹈有《醉回回》《活观音》《柳青娘》《鲍老儿》。《水浒传》的描写有很多说书人的夸张铺排，但这里所列写的节目还是很符合当时的情境的。

（3）《红楼梦》描写了很多饮宴场景，其中贾宝玉梦游太虚幻境时，警幻仙子设宴招待，饮酒间，十二个舞女上来表演了新制的《红楼梦》十二支歌舞，加上引子与收尾一共十四支曲子，分别是“红楼梦引子”“终身误”“枉凝眉”“恨无常”“分骨肉”“乐中悲”“世难容”“喜冤家”“虚花悟”“聪明累”“留余庆”“晚韶华”“好事终”“收尾，飞鸟各投林”。这样的节目安排，符合警幻设宴的主题要求。虽然是小说中描写的梦中宴会，但也体现了清代宴会的节目安排。

（4）《西游记》中关于宴会场景描写也不少，但涉及普通宴会的，通常没有额外的节目表演，最多是自娱自乐的，如美猴王渡海去学艺前众猴为他办的送行宴。高级的宴会对于节目表演也只是简略带过，如唐僧取经回国时，唐太宗在东阁设宴，对器皿、食物极尽铺排，说到节目就“歌舞吹弹，整齐严肃”八个字。其他的高端宴会如“安天大会”上的节目“仙乐玄歌音韵美，凤箫玉管响声高”；“盂兰盆会”是各位神仙献诗。

（二）与宴会主题相关的节目

1. 国宴与文宴的节目

国宴与文宴的节目都要求雅致得体，表现出文化感、艺术性，很多节目上是可以互用的，但两者的节目选择又有着明显的风格上的不同。

（1）制度型宴会本身就代表一个高度，大多数制度型宴会都不会作为产品出现在宴会市场上，节目的选择标准是政治性、文化性与艺术性，因为这类宴会代表的是一个国家、地方政府或大企业的形象。国宴的节目更突出庄重、典雅，突出民族性，有政治寓意。国宴上的音乐、舞蹈等节目都是由专业的演艺人员来承担的。如2014年“为欢迎出席加强互联互通伙伴关系对话的贵宾”举行的国宴上安排的曲目是《花好月圆》《彩云追月》《紫竹调》《牧民新歌》《平湖秋月》《花儿为什么这样红》《望春风》《牧羊曲》《阿细跳月》《步步高》；表演的节目有舞蹈《茉莉花开》、男声独唱《为你歌唱》、舞蹈《水墨天书》、女声独唱《节日欢歌》、舞蹈《月夜》、二胡独奏《赛马》、舞蹈《天路》。不论是曲目还是歌舞节目都紧紧围绕中国的民生进步、民族团结、风景如画和越来越美好的前景展望。

（2）文化型宴会是为市场上的某一类消费群体设计的，节目选择必须照顾到消费群体中下限的欣赏水平，阳春白雪必然曲高和寡，但作为文化型宴会对消费群体已经作出筛选，因此也不会有水平太低下的节目。文宴的节目更注重趣味、灵动，突出文艺性，文化味浓郁。文宴的节目除了有专业的演艺人员，宴会上的主人与客人们也会有参与。经常出现在文宴现场的乐器有古筝、古琴、笛子、箫、二胡、钢琴、小提琴、手风琴、萨克斯、吉他等。乐器的使用有一定的场景要求，空间较大时可以用钢琴、古筝、笛子之类声音较大的乐器，空间较小时可以用古琴、箫、小提琴等声音较小的乐器；仿古宴会用有时代特点的乐器，如仿汉宴上的编钟、仿唐宴上用琵琶、古琴可以用在众多仿古宴会上；禅意宴会上可以用磬、用尺八等。乐曲的选择与主题和场景有关，秋季的夜宴可以选《平湖秋月》《平沙落雁》《汉宫秋》等；春季的宴会可以选《春江花月夜》《玉楼春晓》等；送别的宴会可以选《阳关三叠》；赏梅的宴会可以选《梅花三弄》等。除了音乐舞蹈，朗诵也是文宴上常见的节目，而且比较适合客人参与。

2. 民俗型宴会节目

民俗型宴会节目选择通俗大众的，注重趣味、热闹，注意避免低俗。民俗宴的参与者背景比较复杂，文化层次、经济状况参差不齐，因此宴会的节目以大众喜闻乐见为首选。以前传统的民俗宴会中最常见最受欢迎的是戏曲，就是因为不同圈层的人都能在里面找到自己欣赏的内容。民俗宴会上的节目客人们的参与热情也比较高，尤其是婚宴、毕业宴、升职宴等，要注意节目设计安排的尺度，不要选择低俗甚至恶俗的节目。大多数民俗型宴会适合选择一些杂技、魔术、民间小戏等。

（三）与宾客身份相关的节目

1. 照顾到宾客的欣赏水平

正常情况下，在文化行业工作的人比较容易欣赏一些清雅的节目，青年人比较容易接受一些热闹的节目，一线城市的消费者比较容易欣赏一些现代艺术。除制度型宴会外，其他类型宴会在接受宴会预订时应该对客情进行确定，并就宴会节目内容征求订餐人意见。

2. 照顾宾客的喜好

在主宾地位比较重要的场合，宴会节目要照顾到主宾的喜好，比如主宾是位音乐家，节目就安排一些比较专业或有地方特点的歌舞；主宾是位诗人，就安排一个朗诵的节目；主宾喜欢中国的传统文化，可以在宴会中间安排一段戏曲，等等。如果客人们的身份地位差不多，没有需要特别照顾的，可以根据这个层次人群的流行文化来选择节目，比如中老年人对于一些传统歌舞、怀旧音乐比较有共鸣，年轻人更容易接受一些新鲜的娱乐方式。

3. 照顾主宾的身份背景

在节目中安排一个与主宾的重要经历相关的节目，当然这个经历对于他是正面的积极的。中美建交时，尼克松总统访华，在欢迎宴会上中方的乐队演奏了一首美国音乐《美丽的亚美利加》，尼克松总统很感动，因为这是他在总统就职仪式上选用的音乐。在普通的宴会上，很多饭店也会这么做，比如打听到客人过生日，就在宴会中间为客人赠送一份蛋糕，并为他唱生日歌。当了解到主宾喜爱饮酒时，酒店可以安排擅长饮酒与唱歌的服务员为他唱祝酒歌，当然这样的安排需要事先与宴会的主办方协调好。

二、表演与宴会的节奏

（一）背景音乐与宴会过程的快慢

宴会中的表演有些是作为宴会背景存在的，如音乐、戏曲。客人们可以停下来欣赏，也可以饮酒进食与别人交流。人的行为举止快与慢，或者说优雅与急促与音乐有着很大的关系。在背景音乐很响节奏很快的情况下，人们吃东西也很快，但吃得量并不多，也不容易在一个位置上停留，因此，这样的背景音乐更适合年轻人多的场合，宴会形式上更适合自助宴会。高端宴会的背景音乐节奏应该相对舒缓，这样才会有一个比较舒适的用餐环境。

（二）节目表演与宴会的休息时间

宴会节目有在宴会开始前就基本表演结束的，如现在有一些婚宴，为了不影响客人用餐，所有节目仪式都在开餐前结束；有些表演则是在宴会的间隙进行的，这样的节目可能是贯穿了宴会整个过程的，古代豪门的宴会大多是这类；或者为了这场表演而特意安排的时间，现代的主题宴会设计经常采用这种方法。

现代高端宴会的菜品数量虽然不如以前的宴会多，但因为人们在宴会中间有各种交流的需要，所以宴会的整体时间并不会缩短太多。这种情况下，设计宴会时在某两个菜品之间留出一个空白时间用来欣赏节目，既让客人们从品尝美食的活动中暂停下来，味蕾得到了休息，又欣赏了与主题相关的节目，对宴会的文化体验感也加深了。

这个休息时间的选择很重要，宴会刚开始，客人们经历了开场的仪式，正是品尝前菜的时间，这个时间不宜安排节目。后面主菜在安排时通常有调节风味的需要，此时也正是安排节目表演的时机。另外，宴会中如果有主人或客人致辞的环节，在致辞前后也是安排节目的时机。

三、表演与宴会现场的互动

（一）宾客助兴

在宴会中表演的人除了专职的演出人员外，也会有客人的加入，甚至客人们就是表演者，当然这种情况不是宴会的设计者所能控制的。多年前某大学音乐学院的老师们一起吃饭，宴会中酒酣耳热，有人提出来唱一段歌剧，于是众人一人一段唱了意大利歌剧中的一场，宴会气氛也达到了高潮。现代一些仿古宴会的现场，也有人设计了飞花令的互动环节，从节目内容来说与宴会的主题是非常契合的。这类风雅的助兴节目在设计时有个问题必须解决，那就是不能让客人尴尬。上面说的唱歌剧的例子在宴会设计中其实很难碰到，但所设计的主题又有可能需要客人参与。比如近些年来很多地方都有设计过曲水流觞宴，甚至还有专门的曲水流觞的餐桌，如果这场宴会要体现出王羲之兰亭雅集的风韵，就需要有一觞一咏的吟诗的才华，或者是书法的才华，否则这样的宴会就只能空有其名。现代社会中普通的客人是不具备这两方面的才艺的，要想设计这样的宴会，就必须解决这个问题。飞花令、猜谜语、投壶等游戏、节目也都是同样的问题。

（二）猜拳行令

饮酒行令，是中国人在饮酒时助兴的一种特有方式。酒令由来已久，开始时可能是为了维持酒席上的秩序而设立“监”。汉代有了“觞政”，就是在酒宴上执行觞令，对不饮尽杯中酒的人实行某种处罚。在远古时代就有了射礼，为宴饮而设的称为“燕射”。即通过射箭，决定胜负，负者饮酒。古人还有一种被称为投壶的饮酒习俗，源于西周时期的射礼。酒宴上设一壶，宾客依次将箭向壶内投去，以投入壶内多者为胜，负者受罚饮酒。饮酒行令，不光要以酒助兴，有下酒物，而且往往伴之以赋诗填词、猜谜行拳之举，它需要行酒令者敏捷机智，有文采和才华。因此，饮酒行令既是古人好客传统的表现，又是他们饮酒艺术与聪明才智的结晶。

清人俞敦培的《酒令丛钞》把酒令分为古令、雅令、通令、筹令四类，当代人何权衡等编著的《古今酒令大观》把酒令分为字词令、诗语令、花鸟鱼虫令、骰令、拳令、通令、筹令七类，今人麻国钧、麻淑云编《中国酒令大观》将酒令分为射覆猜拳、口头文字、骰子、牌、筹子、杂六类。按其流行范围分，酒令中较为复杂、书卷气重的大多在书本知识较丰富的人士之间流行，称为雅令；而在广大民众之间则流行比较简单的酒令，称为俗令。

1. 猜拳

猜拳也称为拇战，是宴会中常见的游戏，属于俗令。口诀有很多，举一个最常见的："螃蟹一啊爪八个，两头尖尖这么大个，眼一挤啊，脖一缩，爬啊爬啊过沙河，哥俩好啊该谁喝"，然后双方各出一指数并同时任喊一拳语"哥俩好，三星照，四喜财，五魁首，六六顺，七个巧，八仙寿，九连环，全来到"，其中一人猜对则胜，胜者念"该你喝"，败者念"该我喝"。双方皆未喊中则齐念"该谁喝"，然后继续再喊一拳语，直到分出胜负。

2. 击鼓传花

这种方式属于雅令。在宴会中需要有一位击鼓的助手，众人坐在自己的位置上，听鼓声响起把手中花依次传下去，当鼓声停时，花在谁手，那位客人就需要表演一个节目或罚酒一杯，历史上最著名的击鼓传花是欧阳修在扬州平山堂与名士们宴饮时搞的游戏，《红楼梦》中也有宴会上击鼓传花的描写。

（三）服务员的引导

宴会中互动与气氛关系密切，但不是所有的宴会客人都是外向的、有才艺的，碰到宴会气氛沉闷的情况，服务人员应该有一些预案，在主人或某一位客人提出要求时去引导游戏。这要求在平常的服务人员培训过程中，酒店方要有相关的课程。现场的服务员在引导游戏表演节目时要注意：①节目与游戏是用来调动现场气氛的，不要把自己变成宴会的焦点；②游戏中劝酒要适度，不要为了卖酒而让客人多饮；③游戏与节目在选择时，文雅的要注意接地气，不要让客人觉得高攀不起，通俗的游戏要注意不恶俗；④要注意互动环节不影响宴会的进度，能结合节目来向客人解说宴会的文化。

思考与练习

1. 宴会引导在宴会仪式中的作用有哪些？
2. 席次安排的方式方法有哪些？
3. 选一个文化主题的宴会撰写一份300字的主持词。

4. 宴会道具的作用与类型有哪些?

5. 如何选择宴会中的文艺节目?

6. 如何引导客人参与宴会中的节目?

第八章　宴会运营管理

本章内容： 宴会策划方案的写作格式，宴会前场与后场的工作内容及相互协调。

教学时间： 4 课时

教学目的： 使学生掌握宴会策划方案的写作要求，掌握宴会前后场工作的要求与协作以及宴会成本的控制，通过对管理知识的了解也可以判断宴会方案的可行性。

教学方式： 课堂讲授、现场观摩。

教学要求： 1．使学生能够写出一份完整的宴会策划方案

2．了解宴会前后场的工作流程

3．掌握宴会成本控制的方法

4．掌握高级宴会的接待要求

作业要求： 完成一份基本可行的宴会策划方案。

第一节　宴会策划方案写作

宴会策划方案是一个操作性很强的文件，需要对宴会的每一个细节进行详尽的说明，使宴会每个部门的执行人员都可以按文件中的流程来完成各自的工作内容，并基本达成工作目标。宴会策划方案是一个说明性的文件，其中需要包含宴会每一单元的内容及操作要求。因此在写作上要求详细、通顺，多用客观的、叙述型的语言，不用主观的抒情式的语言。

餐饮企业的宴会方案考虑到使用过程中的便利，减少设计成本，应该有一个通用的基本格式，在具体的工作中，如果是最常见的宴会，就按通用格式来编写，可以有微调。一般是以国内一些代表性的城市作为宴会方案设计的背景，如北方的以北京为代表，东南部地区的以上海为代表，南方的以香港为代表，西部的以成都为代表，草原的以呼和浩特为代表，藏区的以拉萨为代表，新疆的以乌鲁木齐为代表。西餐以法国、意大利、英国为代表；东亚国家中日本与韩国有相似之处，可以相互参考，但日本宴会的仪式感更强一些。虽然现代的餐馆里可能经营各地区乃至世界上多个国家的宴会，但从工作简便容易操作的角度来说，往往会选一些代表性的国家、地区的宴会范式，掺入本地区的习惯性做法来编写。

一、基本格式

基本格式包括以下八个部分：宴会名称，宴会主题说明，宴会菜单拟定，宴会酒水安排，菜品制作方案，宴会氛围，宴会流程，宴会节目。

（一）宴会名称

最朴素的可以写宴会的类型，如寿宴、喜宴之类，如果已经明确了订餐人，可以写作“××× 女士（先生）××× 宴”。各种文化主题类就直接用主题名，如“红楼春宴”“维扬风光宴”“徽宗茶宴”“曲水流觞宴”等。

（二）宴会主题说明

文化主题宴会的策划要说明主题含义、目标客户、拟定价位、适用场合。这样可以为后面的设计预设一个价格与场面的基调。作为酒店的一类产品，宴会的说明部分也指明了该设计所对应的市场，是宴会营销的重要参考。如果宴会是为某个人、某企业或某城市专门设计的，宴会说明强调了该宴会的专属性，连带后面的整体方案都应该表现出这种专属性。

（三）宴会菜单拟定

按照宴会的主题及价格要求来拟定菜单，普通菜名除了有需要对原料进行解释之外不需要其他的解释，对应主题的文化名称由于不能让客人一目了然，所以应该解释菜名的涵义。对于菜单的呈现方式也需要设计，包括菜单的材质、形式、排版等。

（四）宴会酒水安排

酒水安排要考虑到宴会的类型要求。如国宴的惯例是不用烈性酒的，素宴或其他宗教主题的宴会往往不宜用酒。酒水还要考虑到与菜品的搭配。在个性宴会中，也可以用各种私人订制酒突出宴会的专属性，如婚宴、寿宴等。

（五）菜品制作方案

菜肴制作方案并不是给客人看的，而是给管理者审查，以及给具体执行的厨师们参照的。强调细节的宴会设计在菜肴制作方面并不会给厨师留下发挥的空间，如“红楼宴”中，厨师只能按照设计好的菜肴制作方法去做、用设计好的餐具去盛装菜品。

（六）宴会氛围

宴会氛围包括现场环境布置、餐桌布置和席位安排。

（七）宴会流程

宴会流程包括从迎宾到服务流程、上菜流程等。

（八）宴会节目

宴会娱乐节目穿插、宾客互动环节是宴会流程中相对独立的一个部分，这部分的内容通常需要有外来的演艺团队参与，宾客互动环节也需要事先与宴会举办方协商好。

二、宴会主题

宴会主题应有一定的针对性，不要过于宽泛，也不要过于牵强。比如迎春宴这个名字就是过于宽泛的，用于民俗宴会也可，用于文化宴会也可，用于政商宴会也可，在说明的时候需要要特别解释其在具体场合的具体含义。过于牵强的或断章取意的宴会主题也很难说清含义。

（一）宴会主题说明

作为设计方案的内容，宴会主题说明是写给上级或客户看的，总的行文风格要简明扼要。主题说明包括三个部分内容。

1. 宴会主题的出处

如果是比较简明的由来，就不需要说明，比较冷僻的知识也不要拿来做宴会主题及说明。很多典故、风俗会有不同解释，要根据宴会的类型来选择适当的说法，反过来也一样。如“霓裳羽衣”用来做汉服主题的宴会很恰当，但如果用来做制度型宴会，很容易被人联想到白居易的诗“渔阳鼙鼓动地来，惊破霓裳羽衣曲”，这样就显得很不吉利。

2. 目标客户

不同客户群的消费需要差别很大，因此在目标客户的设定上不能说适合所有客户。文化主题的宴会大多数适合文化程度较高且对相关主题有兴趣的群体，制度型宴会的主题适合的大多是体制内的客户，民俗主题的适合大多数旅游者。这三者之间会有交叉。

3. 拟定价位

宴会售价的拟定要与目标客户相关联，可以说价格是对目标客户的精确划分，价格对举办宴会的场合、场地也做出了一定的限制。

（二）主题与菜单的关系

宴会主题与菜单的形式、菜名和具体的菜品之间要有关联。仿古宴会的菜单也是古典风格为主，菜名与具体菜品最好和所仿的时代有关联。

1. 菜单形式

中低档宴会对菜单形式要求不高，一般纸质打印的单页菜单；中高档宴会菜单形式比较多，除了单页菜单，常见的还有折叠菜单、册页菜单、卷轴菜单、扇面菜单等。册页、卷轴、扇面这些形式比较适合古典风格的宴会空间，宴会的售价通常也比较高。专属性强的主题宴会菜单往往都是一次性的，成本比较高，因此在宴会售价中要有体现。

2. 菜名与菜品

菜名与菜品是可以明确宴会主题的重要符号，但两者之间没有必然的对应关系。菜名是根据宴会主题情境设定所取的名字，仅用于本次宴会中，而菜品可以是为本次宴会专门设计的，也可以是历史上某个时期存在于某个地区的菜肴、点心、酒水。如唐诗主题的宴会菜名必须出自唐诗，但所对应的菜品完全可以是现代的、可以是国外的或者是为这个名称专门设计的菜品。但当宴会主题有确定的时代背景时，菜名、菜品都应该与这个设定相对应，如“仿唐宴”

的菜名与菜品都出自唐代的饮食史料，“红楼宴”的菜名与菜品也都出自《红楼梦》。

三、流程细分

宴会设计时要对宴会流程进行细分，以便于落实具体的任务，但也不用细致到宴会的每一个细节。厨房的生产与前厅的服务都有其专门的运转模式，这些模式在一个酒店开业之初就已经调试成熟。因此，宴会设计中的流程细分是在这个已有的基础上进行的。

（一）上菜时间计算与安排

上菜时间关系到宴会的时长，反过来，不同类型的宴会对于上菜时间的要求也不尽相同。

1. 宴会时间段与上菜时间

（1）中午的宴会时间通常比较短，大多数客人在下午会有各种工作安排，因此上菜速度要快，宴会最好在 1.5 小时内结束。

（2）晚上的宴会时间通常比较长，晚餐后大多数人没安排活动，因此上菜速度要慢些，宴会时间一般在 2.5 小时左右。

2. 宴会类型与上菜时间

（1）朋友小聚的宴会，客人们之间需要较多的交流沟通，用餐时间一般会比较长，因此上菜速度要慢些 .

（2）一般的政务宴会用餐时间会比较短，但不会因此而加快上菜速度，因为这类宴会仅是大型仪式的一个部分，而且政务类的宴会菜品数量很少，也不足以维持长时间的宴会。

（3）冷餐会或自助餐类的宴会中，客人们的交流时间也比较多，同时食物的消耗量也比较大，虽然这类宴会不太需要专门的上菜服务，但菜品台的食物还是要根据消耗情况经常补充，明档的工作也会贯穿整个宴会的。

3. 预估不同菜品的品尝时间

（1）冷菜或前菜。不分位冷菜的品尝时间在 10 ～ 15 分钟；分位冷菜的品尝时间在 5 ～ 10 分钟。

（2）炒菜。炒菜都需要趁热吃，但因为用盘子盛装的原因又容易冷，所以炒菜的品尝时间比较短，大约在 10 分钟以内。分位的炒菜品尝时间在 5 ～ 10 分钟。

（3）炖盅与砂锅。大号的炖盅或砂锅盛的都是高品质的菜肴，物料比较丰富，也不容易冷，品尝时间比较长，在 10 ～ 20 分钟。分位的炖盅因为量小，又在客人面前，没有等待时间，品尝时间在 5 ～ 10 分钟。

（4）红烧类菜品。这类菜原料上肉类较多，大多用碗、盆盛装，保温效果相对较好，品尝时间较长，一般在 10 ～ 20 分钟。分位上品尝时间在 5 ～ 10 分钟。

（5）点心、水果和汤菜。热食的点心在 5 ～ 10 分钟，对温度要求不高的点心与水果上桌后可以放较长时间，整体上不计入宴会菜品的品尝时间。汤菜是宴会的最后一道，不影响厨房的工作，因此也不计算品尝时间。

（二）分菜服务与菜品介绍

1. 分菜服务

对于不分位的宴会来说，分菜是经常需要的服务。分菜服务主要是针对一些体积较大的整型菜品，如清炖鸡、三套鸭、烤乳猪、烤全羊等；或是有骨有刺不方便食用的菜品，如清蒸鱼、剁椒鱼头等。分菜时要将菜品中最好的部分分给主宾，其他客人平均分余下的部分，不雅观或吃相不好的部分如鸡屁股、鸡爪不分；分菜时要尽量保持食材的整齐，主料与配料都分到。在宴会设计方案中，应该对需要分菜的菜品作特别标记，明确具体菜品的分菜方式并对服务员进行培训。

2. 菜品介绍

（1）基本介绍。最基本的菜品介绍就是报菜名，每上一道菜都报一下菜名。要求服务员对于菜品的名称、用料有所了解。这样的基本介绍不需要写到宴会设计方案里。

（2）特色介绍。有两类菜品需要作特色介绍，介绍的内容也需要事先写进宴会设计方案里。其一是宴会中的名菜，如宴会中上了一道“叫化鸡”“三套鸭”“佛跳墙”之类有历史有故事的菜肴，服务人员需要向客人进行生动的介绍；其二是主题宴会中的菜品，尤其是高端宴会，很多菜品的名称与工艺设计都是有寓意的，如不介绍，客人很难体会设计者的创意。

（三）宴会的开始与结束

中低档宴会的仪式感较弱，开始与结束只需要写上时间节点就可以，如习惯上宴会的结束是上主食，称为“饭到酒止”或“面到酒止”。

高端宴会中，由于参加宴会的人身份地位比较高，由承办方通过某个仪式来宣布开始会显得与宴会的规格相符。这样的仪式与宴会的场地以及宴会的类型相关。如在中式古典建筑或园林中举办的宴会，开始时，可以设计请主宾或主人击磬的环节，磬里放点水和两条金鱼，根据客人身份，称之为“鱼水同庆”或“吉庆有余”；在现代风格的宴会中，可以安排主宾或主人插花，花艺师在宴会开始前表演插花，留下最大的一枝花给主宾来完成，随之宣布宴会开始。开始的仪式没有固定的方式，可以根据具体情况来设计。

高端宴会的结束仪式往往会有领导或名人题字。写字用的道具材料都要详细写进宴会方案。如果是酒店方请客人题字，还应替客人想好所题内容，以免客人不知写什么内容的尴尬。宴会结束后的送客仪式也在设计中，需要写清楚送客的方式。

四、宴会蓝图制作

宴会蓝图包括筵席餐具摆放与餐位安排、多桌宴会厅餐桌布局和宴会厅的环境布置三个部分，前两个部分参见前一章节相关内容，第三部分简单的由酒店来完成，复杂的环境布置会交由专业的团队去完成。

大多数宴会的现场不能进行大规模改动，所有的桌椅环境都是装修时形成的，只能通过装饰、装置的调整来布置宴会环境。当宴会在临时空间进行时，设计空间会比较大，同时容易遗漏的细节也比较多，宴会蓝图的制作可以使得场景布置变得井井有条。

第二节　厨房工作流程

厨房工作是宴会任务的重中之重。厨房工作基本不会直接面对客人，但厨房工作的成果——菜品是宴会的核心，菜品生产的快慢直接影响宴会的节奏，菜品呈现方式直接影响客人的消费体验。从宴会设计的角度来看，厨房工作有以下三个要点。

一、制定宴会菜品方案

菜品方案是宴会方案的一部分，在确定宴会方案之后，菜品方案就进入设计制定过程，这一方案将直接指导宴会的菜品生产。菜品方案包括菜品生产工艺与餐具两个部分。

（一）确定餐具

餐具是菜品的第一展示平台，与宴会的类型、主题与文化定位相关，是宴会菜品设计重要的组成部分，因此在制定菜品方案时，首先要确定宴会所用的餐具。

1. 确定餐具数量

（1）不分位宴会的餐具数量，以 10 座餐桌计。冷菜碟 8 件，尺寸为 6 ～ 8 寸。现代宴会讲究摆盘艺术，冷菜碟也可以用 10 寸的。但从使用角度来说，6 ～ 8 寸已经够用了。小菜碟是用来盛一些开胃酱菜或坚果之类消遣食品的，4 碟是基数，6 碟也可以。炒菜碟用 2 个，10 寸是正常规格。头菜有用碗的，也有用盘的，用盘时需要用可以盛汤的深盘。大菜盘碗皆可，规格要求与头菜相同。鱼盘用长盘圆盘都可以，一般来说，一整条鱼用椭圆形的长盘比较多，多条鱼一起烧的用圆盘比较多。中式宴会的结尾安排一款鱼菜是约定俗成的惯例，这款鱼菜大多数情况下是红烧或清蒸的整条鱼，因此应该用椭圆形的长盘。鱼盘要够长，能够容纳整条鱼的长度。炖盅是按客位上的，每人 1 份，因此需要用 10 个炖盅。汤碗用来盛最后的汤菜，容量够 10 人份，一般 10 寸的大汤碗足够。点心盘用 2 个，是因为现代宴会通常会安排 2 道点心，当点心是包子、蒸饺之类时，点心也经常放在蒸笼里上桌。水果盘在宴会的最后上，10 人座的餐桌最后上一个果盘，如果宴会价格高，可能会上 2 道或 3 道水果（表 8–1）。

表 8–1　不分位宴会的餐具数量

类别	件数	规格
冷菜碟	8	6 ～ 8 寸
小菜碟	4	4 寸
炒菜碟	2	10 寸
头菜盘（碗）	1	12 寸
大菜盘（碗）	5	12 寸
鱼盘	1	15 寸
炖盅	10	300mL
汤碗	1	10 寸
点心盘	2	10 寸
水果盘	1	12 寸

（2）分位宴会的餐具数量，以 10 座餐桌计。全分位的宴会上，所有菜品均每人一份，有些菜品还采用组合设计，一道菜由 2 个或 3 个品种组合而成，这样一来，餐具的数量要远远大于不分位的宴会。冷菜碟 10 件，每人 1 只，所用菜品为组合冷菜，几个品种的冷菜盛在一个盘子里，因此尺寸比不分位的冷菜碟要大一些，尺寸为 8 ～ 10 寸，圆盘长盘方盘都可以。小菜碟按 4 个品种计，每人一套，需要 40 个，如果用连体的四格碟则每人 1 件。炒菜碟每人用 1 个 10 寸大碟，内有 2 个 4 寸小碟双拼两个炒菜。头菜碗每人用 1 个 6 寸的碗，有盖无盖的都可以

用。大菜盘碗皆可，餐具形状没有大的要求，尺寸与头菜碗差不多。分位的宴会上用鱼基本不会用整鱼，可以用一些8寸左右的盖碗。炖盅每人一份，因此需要用10个炖盅，看情况也有安排2～3个炖盅的。炖盅多的时候汤就不一定安排了，如果有汤，餐具与炖盅差不多，通常还会与点心搭配一起上桌。点心、水果碟可以单用，也可以与其他菜品组合（表8–2）。

表8–2　分位宴会的餐具数量

类别	件数	规格
冷菜碟	10	8～10寸
小菜碟	40	4寸
炒菜碟	10	10寸
炒菜套碟	20	4寸
头菜碗	10	6寸
大菜盘（碗）	10	7～10寸
鱼盘（盖碗）	10	7寸
炖盅	10～20	300mL
点心盘	20	4寸
水果盘	10	4寸

2. 确定餐具类型

餐具有多种分类方法，在宴会设计时，可以根据预设的文化审美特点来确定所用的餐具。

（1）按材质来分。江南风格的文宴所用餐具适合用青、白瓷；乡土宴会、禅意宴会适合用粗瓷、陶器和竹木等；官府宴、商贾宴适合用贵重器皿，如青铜器、漆器、宋代五大名窑瓷器等；时尚宴会适合用简洁的骨瓷。

（2）按文化风格来分。西餐适合用欧洲的餐具，中餐适合用中国的餐具，日本料理适合用日本的餐具，等等。用文化上有关联的餐具更能够体现宴会的文化风格。具体使用时，大的文化圈餐具可以适当借用，如中式宴会上用一两件日韩餐具也会比较协调，现代感的时尚宴会用简约的骨瓷餐具配日式极简风格的餐具也很合适。

（3）按宴会主题来分。宴会主题与时代有关的，可以选择有时代特征的餐具，如仿宋宴的餐具应该用仿宋代的瓷器，如湖田窑、汝窑、哥窑、定窑、耀州窑等；主题与地区有关的，可以在设计餐具时加上相关的符号，如杭州 G20 峰会的招待宴会上所用餐具图案与造型都是江南烟雨的清新感，还有很多的杭州景点元素。

（二）确定菜品生产工艺

一般来说，宴会菜品都是根据客人的要求设计的，其中有很多与客人有关的诸如饮食禁忌、创意设计、口味爱好等。如果在宴会前不明确这些内容，很容易与其他宴会的菜品风味混淆，影响宴会品质。

1. 确定菜品的生产工艺

写在菜单上的菜名是给客人与服务员看的，厨师要了解具体菜品实际的组配与生产工艺要求。如扬州的狮子头，调制肉泥时，有加马蹄末的，也有加萝卜丁的；烹调时有红烧，也有清炖；配菜有青菜，也有用黄芽菜。

2. 确定菜品的制作时长

宴会中菜品是有设计好的上菜次序的，为了保证菜品在规定时间内上桌，必须要了解不同菜品的制作时长，文火慢炖的菜品要提前准备，急火烹制的菜品要在上菜前 5 分钟才开始烹制。

3. 确定菜品所用餐具

要确定每道菜所用的餐具，并提前将选定的餐具放进保温柜。固定的菜品用固定的餐具，保温的餐具可以确保菜品上桌时的最佳品尝温度。

4. 确定菜品生产中所用的工具材料

现代厨房生产所用的工具比传统厨房要复杂得多，很多菜品工艺又必须依赖工具与辅助材料才能完成。因此在工作前要确定这些工具、材料都已经到位，以免相关工艺不能实现。

5. 确定菜品装盘形式

宴会中每道菜品的装盘形式也是经过设计的，不可以随意发挥。提前预演过的菜品可以将定型的装盘拍照留存，在操作时对着照片来进行装盘，这样可以保证最佳装盘效果。

二、后厨宴会任务安排

后厨基本承担了全部的宴会菜品的生产任务，这里是菜品生产人员最集中的地方，从厨工到厨师，工种复杂，人员调度琐碎。后厨工种及在宴会中的任务如下。

1. 厨师长

（1）负责与餐饮经理共同制定宴会方案，着重负责其中的菜品生产方案。

（2）负责安排调度后厨各个岗位上的人员，下达采购、加工等生产任务。

（3）负责解决宴会菜品生产的技术问题，要给每个岗位上的难题作出解答。

（4）开餐前与前厅领班对接菜品知识与上菜节奏，熟悉传菜人员，了解客人的相关情况。

（5）负责宴会生产中的人员调度与技术监督，随时准备接替岗位上空缺。

2. 初加工组

（1）负责所有食材的初加工，包括蔬菜摘洗、动物原料宰杀与分割。

（2）负责干货原料的涨发加工，这部分工作涉及很多名贵食材。

3. 冷菜组

（1）负责宴会冷菜的制作。冷菜是筵席中最先上桌的，因此冷菜组要比其他岗位更早进入工作状态。

（2）冷菜生产间的卫生状况好，通常要承担菜品装饰材料的制作。

（3）冷菜厨师在热菜烹制时间已经没有太多工作，经常需要协助热菜装盘。

4. 切配组

（1）负责所有热菜的刀工处理和组合搭配。

（2）负责食材的腌渍、上浆、挂糊等预处理工作。

5. 炉灶组

（1）头炉厨师负责宴会中主要菜品的烹制，并对二炉厨师、三炉厨师的工作进行指导。

（2）二炉厨师负责宴会中次一等菜品的烹制，并与头炉合作，分担头炉厨师的部分工作。

（3）三炉厨师负责油炸、蒸煮、红烧等菜品的制作，并为头炉、二炉作辅助。负责所有食材的预熟加工，包括汤锅、蒸箱、烤箱。

（4）各岗位厨师要在宴会开始前准备好自己岗位要用的调味料及小配料。在宴会开始前要对炉灶用具进行清洁，确保炉灶卫生。

三、明档工作安排

明档是厨师在用宴会场合为客人展现精湛厨艺、演示菜品制作过程的节目，具有技术性与观赏性。宴会的明档工作本质上来说属于后厨的一部分，又不同于后厨，它公开透明，操作过程没有纠错的余地。

1. 明档厨师要求

（1）厨艺基本功扎实，最好有一些花式表演技能。普通的厨艺不容易吸引客人的注意力，而花式技能具有较高的观赏性。

（2）个人形象气质好，体态匀称，自信干练。太胖的厨师大多数不符合现代人的审美标准，体态匀称、自信干练容易让人对其厨艺产生信心。

（3）明档厨师的年龄不宜过大，在30岁左右为宜，男女均可。

（4）厨师在操作时不要有多余动作，不能抓头摸鼻、不能用手直接接触食物、不能有长指甲、不能带首饰。

2. 明档菜品选择

菜品要选择有表演空间的。如要表演刀工，扬州的文思豆腐可以向客人们展示那种不可能的技术；要选择名气大的菜品，如北京烤鸭、广东的烤乳猪等在上菜时经常由厨师当着客人的面进行片皮；有花式动作的菜品饮料演示，如鸡尾酒的调制、咖啡拉花、花式铁板烧等。操作时汤汁四溅的菜品不宜做明档演示，以免烟火缭绕，影响就餐环境。

3. 明档场景与道具

明档在宴会厅内，可以直接借用宴会厅的背景。如果宴会厅的背景图案色彩不能突出明档表演者，可以在明档后面摆上屏风，单独营造出一个小空间。明档的道具不要太复杂，一张长条桌，桌上放砧板、干净抹布，旁边放干净盘子，有服务员拿着托盘在边上等候。很多客人对于明档表演的菜品有可能不熟悉，所以还需要有一位服务员拿着话筒在边上解说。厨师一般穿干净的工作服出场就可以，特定文化背景下，可以穿着仿古服装、民族服务等上场演示，如演示东南亚的娘惹菜，就可以穿着当地的娘惹服。明档现场所用的刀具与餐具除了好用以外，也要兼顾美观。

第三节　前厅工作流程

前厅是宴会内容直接展示的场所，前厅工作基本上就是服务员的工作，前厅工作的效果直接关系到宴会的效果。前厅工作大概分为酒水服务、筵席服务与传菜三个部分。每个岗位的工作都在宴会总的流程中，每个岗位也都有自己的工作流程。这部分通常在服务员的相关培训中会有详细的讲解与训练，在本章中大概介绍这部分内容，以便于对宴会设计有全面的认识与理解。

一、酒水工作安排

酒水的内容包括各种酒品、瓶装水、茶、咖啡、自制冷热饮品等。针对不同的宴会需要准备不同的酒水及相关酒具。

（一）酒水领用

在宴会开始前，应根据宴会方案确定酒水需求，如酒水品种、开瓶服务、醒酒服务、酒具配置等，然后填写酒品领用单去配置相关用酒（表8–3）。

表 8–3　宴会酒品领用单

Banquet Wine/Liquor Requistion

<table>
<tr><td colspan="2">日期 Date：</td><td colspan="2">时间 Time：</td><td colspan="3">场地 Room：</td></tr>
<tr><td colspan="2">宴会名称 Function：</td><td colspan="5">主办方 Organization：</td></tr>
<tr><td colspan="7">客人数量 Number of guest：</td></tr>
<tr><td colspan="2">销售方式 Manner of sale:</td><td>□按小时 By Hour</td><td colspan="4">□按份 By Drink</td></tr>
<tr><td colspan="2"></td><td>□按瓶 By Bottle</td><td colspan="4"></td></tr>
<tr><td colspan="7">销售类型 Manner of sale: □免费招待 Hosted　　□付费 Cash bar</td></tr>
<tr><td>酒品
Description</td><td>领取数量
Issued</td><td>剩余量
The left</td><td>消耗量
Used bottles</td><td>份数
Drinks</td><td>每份酒价
Drink price</td><td>总价
Total</td></tr>
<tr><td></td><td></td><td></td><td></td><td></td><td></td><td></td></tr>
<tr><td></td><td></td><td></td><td></td><td></td><td></td><td></td></tr>
</table>

客人自带酒水时，要问清客人的要求，如是否提前开瓶醒酒、是否冰镇等，未得到客人许可不要帮客人开酒，以免产生纠纷争议。宴会设计方为客人打包准备酒水时，应按照各类酒品的侍酒要求来决定是否提前醒酒，但也要提前征求客人意见。

（二）酒品配置

中式宴会用酒通常红酒、白酒、啤酒都会用，在江南地区经常用黄酒。红酒有醒酒的需要，黄酒有温酒的需要，啤酒有温酒的需要，白酒一般常温饮用，但在一些特别设计中也会有温酒的需要。中式宴会中菜品相对油腻时通常配白酒的比较多，如有烤全羊这样的菜，配白酒会比较合适些；菜品清淡时，配黄酒、米酒的情况要多些。西式宴会中葡萄酒是常用酒，威士忌、金酒、朗姆酒等也经常使用。日式宴会常用清酒、韩式宴会常用真露酒，其他用酒与中式宴会相仿。在国际宴会中一般不用高度酒。西式酒会是以供应酒水饮料为主的，所以它的酒水准备要比其他宴会复杂。

（三）饮品配置

为了不饮酒的客人所准备的热饮、冷饮需要保持温度。冷饮保持温度有冰镇与加冰两种，冰镇的需要提前准备，热饮则需要在宴会开始前 10 分钟左右准备，保证上桌时的温度在 50℃左右。配置饮品尽可能不选用有饱腹感的，偏油腻的菜品宜配单宁多些的饮品，如葡萄汁、茶等以开胃护胃的饮品为佳。

（四）酒具配备

酒会中杯子数量一般为宴会客人数的 3 倍左右，根据提供酒品饮料通常需要准备红葡萄酒杯、白葡萄酒杯、果汁杯、啤酒杯、鸡尾酒杯等。如需要为客人现场调制鸡尾酒，应确保服务人员和吧台的调酒师都熟悉酒会所提供的酒水品种并能熟练操作。

二、传菜工作安排

传菜是个相对简单的工作，就是从厨房把菜送到餐厅的备餐间，但是在工作中还是有一些注意事项。

第一，宴会现场需要根据档次、规模的大小配备传菜人员。现代高端宴会菜品大多是分位上的，如果一桌有十人，那么一道菜会有至少十个餐具，这样的话，至少需要两名传菜员，在宴会场地平整可以用餐车的时候，也可以用一名传菜员。中餐的中低档宴会位上的菜品不多，一道菜就是一个餐具，这种情况下，一名传菜人员可能同时为四桌传菜。

第二，明确传菜人员的工作任务。规模较大的宴会现场可能有几十桌，上菜的速度不可能一样，需要在每道菜品出厨房时，确切地核对传菜员所要传送的菜品与桌号，以免漏菜或重复上菜。在传菜员人数足够的场合，应该明确每位传菜员所负责的桌号，这样可以保证传菜工作秩序井然。

第三，解决传菜途中的菜品卫生与保温问题。高档酒店的室内温度控制较好，但从厨房到餐厅还是有一段距离，菜品传送到餐厅后也可能不会立刻上桌，这样一来，菜品的温度下降，色香味型都会受到影响。因此，在传菜途中，所有菜品都应该加盖保温，同时也防止途中有灰尘污染。送到餐厅，如果需要稍待一会儿上桌，那么在备餐间应该有可以保温的设备，如保温箱、保温工作台等。

第四，精确控制上菜时间。中国菜对于温度的要求非常高，大多数菜品必须趁热品尝味道才比较好，放在保温箱里时间长了，虽然温度可以控制，但菜品风味还是会受影响的。因此，最好的做法是精确控制上菜时间。前台的服务人员观察桌面用餐情况，根据客人用餐速度的快慢来联系厨房出菜，这样既保证了温度也保证了风味。

三、筵席服务工作安排

（一）掌握宴会情况、明确任务

宴会开始前，服务领班应对宴会的客人情况、菜单情况有充分的了解。客人情况要了解有无饮食禁忌，尤其是宴会中的主宾的情况。菜单情况要了解筵席菜单的内容、菜品的风味特点、菜品文化、上菜顺序、上菜节奏及宴会过程中的节目安排。然后明确服务员的岗位职责与服务流程，将宴会服务的任务分派给服务员，人数充足的情况下，撤餐具与上菜的服务员应该安排两人，如此方能显得有条不紊。

（二）布置宴会场地

高端宴会场地的布置会有特别的要求，不会由服务员来承担这部分工作。一般的宴会场地是基本固定的，在很多类型宴会中通用，服务员需要根据本场宴会需要来进行细节上的调整。

制度型宴会或其他的高端宴会会有休息室，有必要时可分设男宾休息室与女宾休息室，还要有专门的吸烟区。室内香氛、烟缸、纸巾、茶水等都要到位。

宴会厅内的插花、挂画、香氛等要再次检查。通常出现的情况有宴会现场照明与空调系统故障、音响系统故障、宴会会标中有错字或简写缩写不准确、插花时间太长未及时补水、挂画不正或与主题不符、对联的上下联挂反了、香具内前次所用的香灰没有及时清理等。

（三）准备工作台

工作台有两部分，一部分在备餐间，另一部分在宴会现场边上。要根据宴会的人数来准备必需要用的餐碟、渣斗、汤碗、汤匙、筷子、酒杯、调味碟、调味瓶、纸巾、果签、牙签、毛巾、茶水、托盘等等，小型宴会在数量上要以用餐人数的1.3～1.5倍来配备，大型宴会按1.2倍来配备。这些物品不要都放在台面上，要保持台面的整洁美观。放置物品的抽屉、柜子等要保持清洁。

（四）准备餐具、酒具和用具

这里主要是指摆台所用的物品。普通大盘桌餐所用的餐具品种比较少，分位菜品多的餐桌上配套的物品也会比较多，具体要根据菜品情况来准备。中式宴会中搭配牛排等西式菜品时，服务员要准备好西餐所用的刀叉；西式宴会配套中式菜品时也应该备上筷子，用中国白酒时，应该配上中式的喝白酒的小杯。

（五）摆台

摆台时要根据宴会的风格类型来摆放餐具。前面对于宴会摆台有过详细说明。在摆台时需注意调味碟中的酱油、醋、芥末等调味料不可提前放入，以免影响餐厅的气味。所有摆台的餐具、酒具都需要检查，不可有破损，不可有污渍。摆台时，冬季配热毛巾，夏季配凉毛巾，都要等客人入座时才摆上。

（六）开宴前的准备

所有准备工作需要提前30分钟做好，服务人员仪容整齐地在餐厅等候宴会开始。宴会开始前5分钟左右，主动询问宴会主人是否可以开席，经主人同意后，通知厨房上菜，同时引导客人入席，先女宾后男宾，先客人后主人。客人来到餐桌时，服务员拉椅让座要即时。当客人入座后，为客人递上餐巾、除去筷套，斟上茶水。

（七）上菜服务

按照宴会设计的既定程序上菜；服务员在现场要能够报出菜名，并对菜品文化进行介绍；分位宴会上菜时，必须先撤下前一道菜，再上后一道菜，并配上相应的餐具；毛巾、烟缸的更换没有固定节奏，服务员要根据现场客人的使用情况酌情更换干净的毛巾与烟缸。为客人斟酒时要尊重客人的意见，不能教条地遵守培训的内容。在客人讲话祝酒时，服务员要停止在场内走动。

第四节　宴会成本管理

宴会成本有多个方面，但是从宴会设计及宴会运营最紧密的联系来看，影响到宴会成本的主要有三个方面，一是菜品成本，二是耗材成本，三是人力成本。在宴会售价一定的情况下，这三个成本却是可变的，直接关系到宴会的利润。

一、菜品成本

（一）原料控制

1. 食材采购

食材从新鲜度、外形到产地有不同的等级，在采购时首先要明确宴会对于食材的要求。低档宴会对于食材的等级要求也不高，而高档宴会对于食材等级要求就很高。如用板栗，最低档的可以用板栗罐头，讲究一些的就要看是不是当年的新板栗、是否有虫有坏斑、是否著名产地等。企业应该制定一套食材采购的标准，以便工作时参照执行。

2. 食材验收

厨师长或专门的验收员按照宴会的用料标准验收食材，要准确填写品种、产地、品质档次、价格、数量、收货日期、存放位置等信息，以便使用时查找。新鲜食材在验收后就要通知厨房来领走，干货、冻品、调味品等在验收后要入仓库保管。

3. 食材贮藏

贮藏分为常温仓库与冷冻库两部分，干货与调味品在常温仓库贮藏，冻品在冷冻库贮藏。在贮藏时要分类定点存放，这样方便查找。仓库要建立专门的入库、出库的制度，要有专人负责，每次领用都应该填写出库单，写清所领食材的品种与数量。领用食材时要遵守先进先出的原则，以免食材在仓库存放时间过久而变质损失。在贮藏时要经常检查仓库的温度与湿度，一般干货库的温度在18～22℃，酒水库的温度在14～18℃，冷藏库在0～4℃，冷冻库在-18℃左右。检查是否生虫、霉变、鼠咬等。仓库在贮藏时要合理定损，所有报损的食材均需要有主管的签字。仓库要定期盘点，盘点频率根据宴会状况而定，宴会任务较多时盘点要按星期来进行，宴会较少时可按月盘点。

4. 食材领用

要有专门的领用制度与发放程序。领料有领料单，领料单上有主管的审批签字；出库有出库单，出库单上有领料人的签字。未经批准的食材不得出库。

（二）加工控制

1. 综合利用

食材在加工时要合理分档取料。除去不能使用的粗老污损部分，其他部分都应该设计到菜品当中去。由于这些部分的品质有差异，制作出来的菜品当然也有档次上的区别的。综合利用的程度越高，菜品的成本自然也就越低。不同规模的酒店中菜单与菜品成本的关系是不一样的。大型酒店可以接待的宴会类型多，菜品档次也多，原材料可以综合利用，宴会菜品的成本也就有下降空间。小型酒店的餐厅少，菜品档次不多，原料综合利用的空间不大，菜品成本很难降低。所谓菜品的档次，是指菜品的成本及其能够出现的宴会场合。比如，名菜佛跳墙的价格很高，所用食材也都是高端的，所以这道菜算是高档菜，不会出现在中低档的宴会中。

2. 菜品标准

综合利用的前提是制定菜品加工标准，每一款菜品在加工时的主料、配料、调料的用量，主配料加工时的形状与尺寸都要有标准，这样在操作时才可以选择最合适的食材。标准菜单是宴会菜品质量与成本的一个保证。宴会的菜品需要根据主题、季节、客情等随时调整，没有标准菜单，就很难保证每次做到某个菜时都能选择搭配同样的食材，成本与品质也就很难得到保证。相对而言，分位菜品的成本更为精确，但在制作时因菜品质量要求高而产生的废弃原料也多，所以这类菜品的成本控制很大程度与废弃原料的处理有关。废弃原料在厨房内需要严格控制，要发掘发现食材使用的空间，有些边脚料正好可以做其他菜品的配料，有些边脚料可以变换方法成为另一道菜的主料，有些不适合用在宴会上的材料也可以作为员工餐的食材（表 8–4）。

表 8–4　标准菜单：韭香蟹肉蟹味菇

类别	热菜	烹调方法	烩	成本	50 元
份 数	1	适合餐式	位上	餐具	白瓷碗、盅
原料	10 人量				
主料	蟹味菇 150 克				
配料	韭菜 15 克、母螃蟹 1 只（125 克）、葱段 5 克、姜米 3 克				
调味料	盐 3 克、鸡粉 4 克、胡椒粉 3 克				
制作过程	1. 蟹味菇汆水洗净，加浓汤小火煨 15 分钟				
	2. 韭菜切成粒，螃蟹上笼蒸熟，剔出蟹黄、蟹肉				
	3. 锅上火，将葱段、姜米、蟹黄、蟹肉煸香，放入蟹味菇小火煨 3 分钟，放入调料、韭菜出锅即可				
操作要点	1. 蟹味菇用汤煨一下才能提出鲜味				
	2. 螃蟹肉、黄要新鲜				
成品特点	双鲜合璧，鲜美绝伦				
营养成分					

3. 菜单设计与菜品组合

菜单设计的相关内容在第四章有过详细讲解。从成本的角度来说，菜单设计需要注意特色菜品与普通菜品的组合、高成本菜品与低成本菜品的组合，就是用名贵食材本色制作的菜品与普通食材制作的特色菜品相结合，这样可以降低成本同时又很好地照顾到客人品质感受。特色菜品通常是有比较高附加值的菜品，从字面理解就可知附加值不是菜品的材料价值，而是因为菜品的制作工艺、知名度或特别的设计创意而产生的价值。如扬州名菜“文思豆腐”，主料是豆腐，其成本不过几元钱，但经过厨师精湛的刀工切成细丝，再加上它名菜的光环，用在高端宴会上也毫不逊色。类似的菜品还有“开水白菜”“北京烤鸭”等一大批技术类的名菜。

二、耗材成本

耗材是指菜品以外的，在宴会中使用周期较短的物品，有一次性使用的物品，包括：纸巾、牙签、果签、一次性纸杯、筷套、保温蜡烛、固体酒精、菜单等；有可以短期重复使用的如：桌面插花、空间花艺、香氛、桌面食雕、小毛巾、餐巾等。与具体菜品相关的耗材一般都算在菜品成本里。

为保证宴会的服务质量，耗材的使用不宜控制太僵化。考虑到客人在宴会中各种不可控的情况，一次性物品的配备，小餐厅宜按餐位的 1.5 倍来配备，大宴会厅宜按餐位的 1.3 倍来配备。短期重复使用的耗材要看情况，如果在宴会中被客人损坏，还是要及时更换。

此外，宴会现场也经常发生餐具、酒具及小配件损坏丢失的情况。从企业内部管理的角度来说，应该建立报损制度，明确这些物品的责任人，按责任奖惩。从经营的角度来说，不同档次的宴会应有不同的应对方法，中低档宴会上，因为宴会售价中毛利率不高，客人损坏物品是需要作出赔偿的；高端宴会的售价中毛利率比较高，宴会所营造的体验感也是高雅、时尚、尊贵的，对于物品损坏的情况应该预估并分摊到宴会的售价中去。

三、人力成本

参与宴会工作的人主要有厨房工作人员、传菜员、服务员、迎宾、后勤等。

（一）厨房工作人员

厨房工作人员的数量是基本固定的。服务一桌高端宴会，最少需要四位厨师（其中一位冷菜厨师、一位点心师、一位炉灶厨师、一位案板厨师，详细分工见本章第二节）、一位勤杂工，服务五桌这么多人也足够。如果是中低端宴会，这样的厨师配备可以完成二十桌以内的宴会菜品生产任务。所以，对于厨房人力成本的控制，需要按照工作任务的要求来配备人力。

（二）传菜员

传菜员以男性为主，所需要的人数与宴会规模、形式、档次、等级有关。普通的中低档宴会，一位传菜员可以服务 4 ～ 5 张餐桌；高档宴会需要每桌同时上菜，需要每桌配备一位传菜员。菜品分位的比不分位的宴会需要的传菜员人数要多。中低档宴会上经常用让传菜员来兼任服务员的一部分工作，以此来降低这部分的人力成本。高档宴会的传菜员一般不直接为客人服务，只是承担厨房与服务员之间的联系工作。当厨房与餐厅的物流链比较顺畅，如地面平坦可以方便地使用餐车、厨房有直通餐厅的电梯，传菜员的人数也可以减少。

（三）服务员

服务员以女性为主，所需要的人数也与宴会规模、形式、档次、等级有关。普通的中低档宴会，一位服务员可以服务 4 ～ 5 张餐桌，如果是一桌的包厢，一位服务员可以照顾两个包厢。高端宴会对服务的品质要求比较高，服务员在宴会中间要及时为客人撤换餐具、烟缸、毛巾、拉座椅，所以通常一桌至少会有一位服务员，多的时候每桌有四位服务员。在一般的中高档宴会中，服务员也经常承担领座员的任务，在园林会所的宴会中设定的是家庭氛围，领座的工作通常由设定为女主人身份的服务领班（也常常称为小管家）来做。

（四）迎宾

高规格的宴会都需要安排迎宾人员。按照中国的传统礼节，远的可以一直迎到机场、车站。至宴会现场后，也需要有迎宾人员。现场的迎宾分为两种：一种是站在酒店或宴会厅门口，另一种是将客人带到餐位上的领座员。现场的迎宾通常由服务员兼任，客来迎宾，结束时送客。

（五）后勤

宴会中的后勤人员主要有四类，一是保洁，二是音响师、电工，三是文员，四是安保。

保洁是所有宴会都必须有的工作人员，他们的工作范围涵盖了宴会活动的各个场所，是客户体验必不可少的部分。

音响师与电工的工作区域接近，他们保证宴会现场的声、光、电的提供，工作时间从宴会的准备阶段一直到宴会结束。

文员负责宴会前后所有的文件准备工作，包括宴会预约、结账、菜单印刷、席次卡、宣传文案等。在很多企业里，这部分的工作会由专门的公关人员去完成。

第五节　接待与后勤

大部分酒店宴会与零点餐厅是分开的，在业务管理上，宴会也是由宴会部来经营管理，与零点餐厅是分开的，但在人员的调配上，两个部分又经常有合作。因为两个部分的工作重心、模式和任务不同，部门分设更有利于高效优质地开展工作。

一、机构设置与职责

不同规模的酒店宴会管理机构有区别。小型酒店一般不会设专门的宴会部门，如果有宴会就把餐饮大厅整理布置一下，宴会业务也由餐饮经理或某一位业务员来兼任。中型酒店会有专门的宴会厅，也称为多功能厅，除了宴会，还可以接待会议。管理层级与人员也比较多。大型宴会部都是拥有举办大型宴会的环境条件与实际能力的，在酒店里的独立性高于中小型酒店，厨师与服务员甚至库房往往也不共用。图 8-1 和图 8-2（引自丁应林主编的《宴会设计与管理》）基本能够说明酒店管理中宴会部分的情况，随着企业规模规格的提高，宴会部门的管理机构也会越来越庞大，但基本格局都差不多。

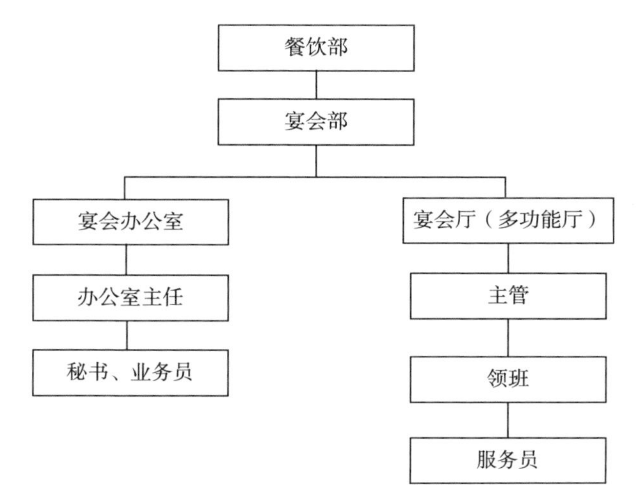

图 8-1　中型宴会部门机构设置

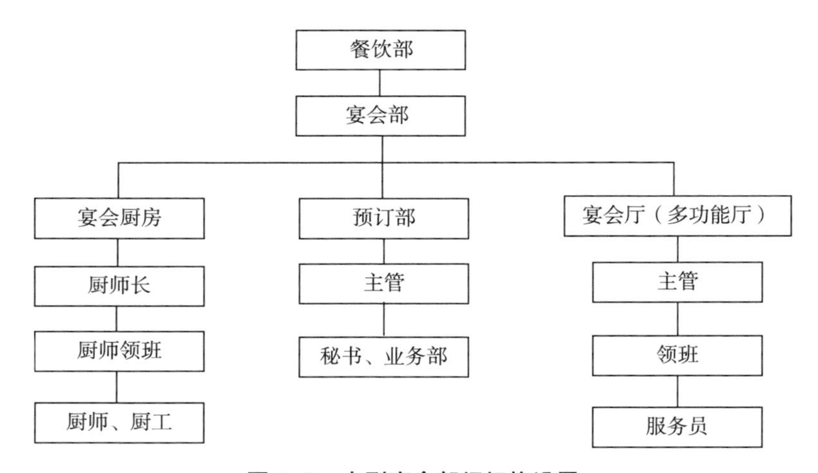

图 8-2　大型宴会部门机构设置

二、宴会预订与定价

宴会部门通常需要有 1 ～ 2 人负责宴会的预订工作。由于宴会部组织机构不同，实际的人数往往相差很大，大型企业还会配有专门的销售部来负责宴会预订工作，但在中小规模酒店，除了有专门的宴会预订外，也经常采用全员营销的形式。

（一）根据目标市场与客户的潜在需求制定宴会销售方案

首先，要搜集、整理市场信息。对已有客户的信息要归纳分类，对目标客户的消费能力与消费愿望有深入的了解，然后才能开发客户市场。其次，制定宴会部销售计划，定期拜访客户，并制定客户服务计划。最后，根据前期调研情况，进行宴会的策划设计，并制定销售方案。

目标市场是已经形成的，如高中生的升学宴、大学生的毕业宴、婚宴、寿宴、婴儿满月、公司尾牙等民俗型宴会。制度型宴会分两种情况，大型的、高规格的制度型宴会往往都是由专门单位承办，不会出现在宴会市场上；小型制度型宴会有可能会因各种原因出现在宴会市场。在这样的市场中会有不止一家的竞争对手。文化型宴会在普通的宴会市场上很难见到，如红楼宴、仿宋宴等，很难在哪家酒店随时订餐，因为这部分客人的需要不是日常性的。正是这种不常出现的客户需要，是宴会销售部门需要去挖掘的潜在需求。挖掘客户潜在需求可以避免与同行间的同质化竞争。

（二）宴会预订方式

宴会预订是客户与宴会预订人员沟通宴会信息并预订销售的过程。具体预订方式有电话预订、面洽预订、网络预订、中介预订、指令预订等。

1. 电话预订

电话预订是酒店最常见的方式。选择电话预订的客户通常对酒店的情况有一定了解，在预订时会比较直接。

2. 面洽预订

酒店直接与客人见面洽谈宴会预订的方式。具体有两种情况，一是客人来酒店谈，这种情况下客人对于酒店的情况可能不是很熟悉，需要接洽人员详细介绍酒店的宴会接待情况，包括场地、菜品、服务等；二是营销人员在拜访客人的时候发生的预订，此种情况，客人对酒店的情况比较清楚，双方谈的更多的是场景、服务等要求。

3. 网络预订

这是现代电子商务的一部分。现代酒店大多会有自己的网站，上面会有酒店各项业务的联系方式，宴会预订是其中一种。网络预订的客人大多数偏年轻，更容易接受时尚的产品，因此在网站的介绍里，要放上美观、时尚的宴会资料图片。

4. 中介预订

专业的中介公司在目前的酒店业中出现的不多。酒店最常见的中介预订是本单位职工的代预订。这也是很多酒店采用的全员营销的方式。

5. 指令预订

这是由政府或主管单位下达的宴会预订，主要见于制度型宴会，大多数是发给专属酒店的。在一些涉及到大型活动如体育比赛、会议或是城市庆典的时候，这样的预订也有可能会发给普通的社会餐饮。

（三）宴会定价

宴会定价与酒店的定位有很大的关系，在正常情况下，都是正向定价，酒店档次高，宴会价格也高。反向定价的情况在经营中也有，高档酒店却开出了较低的价格。总的来说，宴会定价与成本、需求情况以及同行竞争有关。

1. 价格构成

宴会价格由四个部分组成：菜品成本、经营管理费用、税金和利润。用公式来表示就是：

销售价格＝产品成本＋经营管理费用＋税金＋利润

税金所占的比例是不能变动的，其他都是可变的。所以价格的变动意味着通过管理出效益，成本与费用下降了，或是利润下降了。从宴会设计的角度来说，主要控制的是菜品成本。

2. 定价程序

（1）核定宴会的总成本，这是价格的基础，因此，要先对总成本进行核算。

（2）预测市场的价格承受能力。市场的价格承受力与酒店、宴会定位有关，低端定位要调查酒店影响范围内人群的消费能力，调查潜在客户的最高消费承受力，这是酒店的最低消费水平；高端定位要调查潜在客户的最低价格承受力，因为这部分的消费者对于过低价格往往会不屑一顾。

（3）分析竞争者的价位与反应。其他竞争者们的价格是很重要的参考指标。

（4）选择合适的定价方法与调整价格的时机。根据对市场的调查结果来确定如何定价并最终确定价格。如近些年来以宋代为文化背景的电视剧比较受人欢迎，价格略高的仿宋宴也就容易被人接受。

3. 定价方法

（1）包价法。这个方法适用于大型宴会。很多大型活动因为参加的人比较多，对于宴会的用餐人数并不很确定。此时可以用一个总价来预订宴会，如用餐人数有一定范围内的增加，酒店方也不再对宴会加价。大型宴会因为参加的人多，食材及各项用品的量采购得也多，在物料使用方面有通过管理、统筹利用降成本的空间。自助餐宴会也经常会采用这样的包价方法。

（2）以成本定价格。通过成本定价可以知道宴会的最低价格，是最常见的定价方法，其指导思想是保本经营，在保本的基础之上再考虑利润。比较常用的计算价格的方法是毛利率法。所谓毛利是指营业额中除去产品成本之外的部分。

销售毛利率＝毛利额／销售价格

成本毛利率＝毛利额／成本额

用上面的两个公式可以很轻松地计算出宴会的价格、成本、毛利。这种方法对于中低档宴会来说非常实用，这类宴会举办的比较频繁，又有很多的同行竞争者可以参考，计算出来的价格相对客观。

（3）以需求定价格。通过需求定价可以找出宴会的最高价。这是根据顾客对宴会品牌价值的认知程度和需求程度确定价格的方法。这种方法确定价格有两种情况，一是高质量高价格，二是薄利多销，前者适合于高档酒店，后者适合普通酒店。而这两种情况分别对应两类顾客，一类是身份地位较高，经济上也较为宽裕的顾客；另一类是对实惠的需求，对应的是身份地位、经济状况比较普通的客户。

（4）以竞争定价格。参考同行的价格标准，然后制定略高于或略低于竞争对手价格的方法。这种方法简便易行，不需要进行复杂的测算。

具体在使用时还有随行就市法、最高价格法、同质低价法、折扣定价法、吉数定价法等。

三、宴会安监工作

（一）食品安全

食品安全是宴会安全的头等大事。要做好加工过程的安全保障、特殊客人特别服务和生产后的留样备检。

第一，食品加工过程从食物的采购、加工、保存、传菜到上菜的每个环节都要认真对待。这在每个餐饮企业都会有相关的制度。其中要特别注意的是夏季的大型宴会，菜品从加工到食用之间的时间比较长，易腐败变质，要注意尽量不用生冷的食物。如果是户外的宴会，还要注意食物的冷链配送卫生。

第二，特殊客人是指客人因身体原因不适合某些食物，在菜品制作时要有预备方案。

第三，宴会食品生产结束后，应该对每一道食物都留下样品备检，以防万一出现食品安全事故时可以通过留样食品追查源头。

第四，个人卫生是食品卫生中的一个变量。食品生产人员要保持个人清洁卫生，不吸烟，不在工作区域整理头发、修剪指甲，不化浓妆，不留长发，工作衣帽穿戴整齐，在生产时所有人员不得用手直接拿取熟食。

（二）用电安全

第一，临时搭建的宴会场所，需要在宴会前反复调示、预演，以确保照明用电、加热用电、音响用电、舞台用电的安全。在连接电源时，要注意专线专用，以免增大原线路的负荷而引发事故。

第二，固定的室内宴会厅，需要定期检修电路，发现问题，立刻整改。为确保用电安全，宴会厅不得使用明线，不得从地面拉接电线。

第三，电闸、开关、插头附近不得有易燃、易爆物品，不能有潮湿环境。

（三）行动安全

第一，宴会现场除了进口外，必须有多个安全通道，以便万一发生事故时疏散人群。政务类的宴会还应该有特别通道供重要人物离场使用。

第二，宴会现场的各个通道必须通畅，不得用来堆放影响通行的杂物。

四、宴会设施与环境管理

（一）配置标准

宴会设施与环境的配置包括宴会场所的类型、大小、餐台布置与服务设施。

第一，宴会场所的类型有室内场所，风格上包括中式建筑、西式建筑、现代建筑等；室外场所包括公园、绿地、野外等等。

第二，场所大小从客容量上来说有大餐厅、中餐厅、小餐厅。大餐厅的客容量在 20 桌以上，以每桌 10 人计，至少可容 200 人；中餐厅的客容量在 20 ～ 80 桌之间，至少可容 80 人；80 人以下的是小餐厅。实际经营时为避免太过拥挤，并不会按照最大容量来接待客人。

第三，餐台布置按照空间大小来配，每张 10 座餐桌的占位约 6.5 平方米，如果再小，餐桌之间就不便行走了。从舒适度来说，座位面积在 1.6 ～ 1.8 平方米为宜。餐桌椅的大小、款式要整齐协调。为方便带婴儿的客人，餐厅应配备儿童坐椅。

第四，宴会现场与厨房之间应该有备餐间、工作台和保温设施，便于备餐上菜。

第五，高级宴会厅应该在餐厅边上配上休息室与吸烟区，设有沙发、茶几供客人休息。

第六，现代社会手机是每个人常备的通讯工具，为方便客人，宴会现场应该有免费的无线网络信号，有方便手机充电的设施。

（二）环境管理

第一，宴会厅门前需要保持清洁，名牌、标志要醒目，要有中英文对照。进门处应该有屏风或盆栽，营造宴会厅的私密感。

第二，宴会厅装饰要与宴会的主题、氛围相协调，这一点在前面相关章节已有说明。宴会厅的装修装饰不可以有气味、不可以脱落。

第三，宴会空间需要保持舒适温度和通风，每次宴会前，都应该检查空调和新风系统。吸顶式空调有时会发生滴水情况，滴在餐桌上或是客人身上都属于宴会中的事故。

第四，宴会灯光在保证照明与装饰的同时，也要注意光线不能刺眼，投射在客人身上的光线也不能太热。

第五，宴会空间人多，声音嘈杂。在装修布置的时候应该对空间进行降噪处理，如果无法对宴会现场做硬件的改动，也可以通过悬挂帐幔、摆放绿植的方法来降噪。

第六，为便于传菜和客人的行动，宴会厅的地面不宜有过多台阶，地面也不可以有电线，以免绊倒客人。现场的所有花艺布置、看台布置也都以不影响服务员工作和客人行动为前提。

第七，卫生间是宴会餐厅必备的附属设施，必须要注意通畅、除臭。卫生间的大小应该与宴会厅相匹配。

五、突发事件处理

突发事件的处理以客人满意为主要原则，兼顾企业的形象与本企业员工的合法权益。

（一）菜品安全卫生问题

当客人发现菜品不熟、摘洗不净、有异物时，服务领班、餐饮经理在向客人表达歉意后，应满足客人提出的合理赔偿要求。行业里常用的方法有为客人免单、赠送酒水或菜品等。在客人要求合理的时候，不要把问题扩大化。

（二）客人误解菜品特点

外地的客人误解本地的菜品和本地客人误解外地菜品特点，这在酒店经营中是经常发生的事。如客人看到白斩鸡骨中带血误认为其不熟，吃到西湖醋鱼觉得没放盐味道太淡，吃到安徽的臭鳜鱼以为鱼腐败变质等。这种情况下，服务员要耐心向客人解释菜品的特点，如果客人仍不能接受，应该为客人换菜。

（三）汤汁洒出弄脏桌面与客人衣服

发生这种情况，应第一时间清理桌面，帮客人清理、更换衣服，不影响其他客人用餐。如果是酒店工作人员的责任，应妥善处理赔偿与清洗问题，不要在现场争执影响宴会氛围。

（四）急救问题

大型宴会中，酒店方最好能有急救的应急方案。很多酒店有自己的医务室，可以配合。小型宴会场所一般不配备医务室，如发现客人被食物噎住，在报 120 急救的同时，应在现场征求懂急救的人。针对这一问题，酒店在平时的员工培训中，也可以增加急救的培训。

（五）客人醉酒闹事

客人醉酒也是宴会中常见的情况，发现这种情况，要首先找到与他一同来的朋友或家人将其带走。不要在言语上刺激客人激化矛盾。如果在现场打坏用具，应该找宴会的主人来协商赔偿。客人醉后暂时没走，应该安排他在一个安静的地方休息，并为其准备一杯醒酒的茶水饮料。

（六）客人对账单有争议

服务员应第一时间与客人接触，核对宴会所上的菜肴饮品及各种收费物品。如果是酒店方错误，应诚恳道歉，退还多收钱款。这时，赠送小礼品是缓解尴尬气氛的常用手段。

（七）客人损坏物品

当客人损坏物品时，服务员应该首先查看客人有没有受伤，如果损坏的是餐具，要迅速换上新餐具，不要影响客人用餐。损坏物品按照酒店的规定向客人索赔，但一般来说，低价的物品如小的白酒杯、筷架等不会要客人赔偿；高档宴会的客单价很高，或者政务型宴会，客人的身份比较高贵，一般的损坏也不会让客人赔偿。

（八）处理投诉

客人投诉的原因多种多样，很多时候并没有标准的对与错。处理投诉时，首先要耐心听取客人的意见，然后表示理解与同情。一般的小问题不要与客人争对错。其次，如果确是酒店方的过失，在取得客人谅解之后，应该尽量满足客人的要求。再次，要真诚感谢客人指出酒店的服务方面的问题使得酒店以后的工作得到提升。最后，在检查改进后，向客人反馈整改落实的情况，再一次向客人表示感谢。

思考与练习

1. 撰写一份宴会策划方案。
2. 熟悉宴会厨房的物品调配与工作流程。
3. 为宴会策划方案的菜品生产制定一份简要的生产方案。

4. 熟悉前厅的服务工作流程，并为宴会策划方案制定一份简要的服务方案。
5. 根据宴会的不同档次来控制宴会产品的成本。
6. 了解不同档次宴会的接待流程与规格。
7. 了解不同档次宴会的定价方法。

参考文献

[1] [汉] 郑玄，[唐] 贾公彦 . 周礼注疏 [M]. 上海：上海古籍出版社，2010.

[2] [汉] 郑玄，[唐] 贾公彦 . 仪礼注疏 [M]. 上海：上海古籍出版社，2008.

[3] [汉] 郑玄，[唐] 孔颖达 . 礼记注疏 [M]. 上海 : 上海古籍出版社，2016.

[4] 邱庞同 . 中国菜肴史 [M]. 青岛：青岛出版社，2001.

[5] 邱庞同 . 中国面点史 [M]. 青岛：青岛出版社，2010.

[6] 周爱东 . 扬州饮食史话 [M]. 扬州：广陵书社，2014.

[7] [宋] 孟元老，等 . 东京梦华录 · 都城纪胜 · 西湖老人繁胜录 · 梦粱录 · 武林旧事 [M]. 北京：中国商业出版社，1982.

[8] [清] 李斗 . 扬州画舫录 [M]. 北京：中华书局，1960.

[9] 中川忠英 . 清俗纪闻 [M]. 北京：中华书局，2006.

[10] 马丁 · 琼斯 . 宴飨的故事 [M]. 济南：山东人民出版社，2009.

[11] 康拉德 · 托特曼 . 日本史 [M]. 上海：上海人民出版社，2008.

[12] 薛爱华 . 撒马尔罕的金桃 [M]. 北京：科学文献出版社，2016.

[13] 克拉丽莎 · 迪克森 · 赖特 . 英国食物史 [M]. 重庆：重庆大学出版社，2021.

[14] 蔡玳燕 . 德国饮食文化 [M]. 广州：暨南大学出版社，2011.

[15] 尼科拉 · 弗莱彻 . 查理曼大帝的桌布 [M]. 北京：三联书店，2007.

[16] 弗雷德里克·芒弗兰，多米尼克·韦博 阿丽娜·康托 . 国王的餐桌 [M]. 北京：商务印书馆，2020.

[17] 意大利百味来烹饪学院 . 意大利经典美食 [M]. 北京：北京出版集团 北京美术摄影出版社，2020.

[18] 艾琳娜 · 库丝蒂奥科维奇 . 意大利人为什么喜爱谈论食物？ [M]. 杭州：浙江大学出版社，2016.

[19] 辻嘉一，茶怀石 [M]. 日本：婦人画報社，1960.

[20] 丁应林 . 宴会设计与管理 [M]. 北京：中国纺织出版社，2008.

[21] 叶伯平 . 宴会设计与管理 [M]. 北京：清华大学出版社，2007.

[22] 黄万祺 . 淮扬风味宴席 [M]. 南京：江苏科学技术出版社，1998.

[23] 贺习耀 . 荆楚风味筵席设计 [M]. 北京：旅游教育出版社，2016.

[24] 孙建辉 . 西餐服务 [M]. 北京：旅游教育出版社，2020.

[25] 党春艳，王仕魁 . 西餐服务与管理 [M]. 杭州：浙江大学出版社，2016.

[26] 王敏 . 宴会设计与统筹 [M]. 北京：北京大学出版社，2016.

[27] 李晓云，鄢赫 . 宴会策划与运行管理 [M]. 北京：旅游教育出版社，2014.
[28] 周爱东，蒋蕙琳 . 茶艺师：高级 [M]. 北京：中国机械工业出版社，2021.
[29] 丁章华，李维冰 . 红楼食经 [M]. 南京：江苏人民出版社，2019.

附　录

附 1　唐代韦巨源烧尾宴食单

为方便了解唐代宴会菜品，按食物品种分类如下。

主食点心有：单笼金乳酥（是饼但用独隔通笼，欲气隔）；曼陀样夹饼（公厅炉）；巨胜奴（酥蜜寒具）；贵妃红（加味红酥）；婆罗门轻高面（笼蒸）；御黄王母饭（遍镂印脂，盖饭面，装杂味）；七返膏（七卷作圆花，恐是糕子）；见风消（油浴饼）；生进二十四气馄饨（花形、馅料各异，凡廿四种）；水晶龙凤糕（枣米蒸，方破，见花，乃进）；双拌方破饼（饼料花角）；玉露团（雕酥）；汉宫棋（二钱能印花，煮）；长生粥（进料）；天花饆饠（九炼香）；赐绯含香粽子（蜜淋）；甜雪（蜜爁太例面）；八方寒食饼（用木范）；素蒸音声部（面蒸，像蓬莱仙人，凡七十事）。

冷食肉脯有：同心生结脯（先结后风干）；冷蟾儿羹（蛤蜊）；金银夹花平截（剔蟹细碎卷）；逡巡酱（鱼羊体）；羊皮花丝（长及尺）；吴兴连带鲊（不发缸）；唐安餤（斗花）；八仙盘（剔鹅作八副）；丁子香淋脍（腊别）；清凉臛碎（封狂狸肉夹脂）；五生盘（羊、豕、牛、熊、鹿，并细治）；格食（羊肉、肠、脏缠豆荚各别）；缠花云梦肉（卷镇）；蕃体间缕宝相肝（盘七升）；火餤盏口䭔（上言花，下言体）；金粟平䭔（鱼子）。

烧烤有：金铃炙（酥搅印脂取真）；光明虾炙（生虾可用）；升平炙（治羊鹿舌，拌三百数）；红羊枝杖（蹄上裁一羊，得四事）；箸头春（炙活鹑子）；水炼犊（炙，尽火力）。

热菜有：白龙臛（治鳜肉）；乳酿鱼（完进）；葱醋鸡（入笼）；西江料（蒸彘肩屑）；雪婴儿（治蛙，豆荚贴）；仙人脔（乳瀹鸡）；小天酥（鸡鹿糁拌）；分装蒸腊熊（存白）；凤凰胎（杂治鱼白）；卯羹（纯兔）；暖寒花酿驴蒸（耿烂）；过门香（薄治群物，入沸油烹）；红罗饤（膋血）；遍地锦装鳖（羊脂、鸭卵脂副）；汤浴绣丸（肉糜治，隐卵花）；通花软牛肠（胎用羊膏髓）；生进鸭花汤饼（厨典入内下汤）。

附 2　晚清军机大臣瞿鸿禨食单

光绪三十四年（1908 年），军机大臣瞿鸿禨（1850—1918 年）被朝廷罢官，回到故乡长沙。瞿氏为长沙望族，瞿鸿禨父亲瞿元霖也曾官居吏部主事。对世代为官的瞿氏大家族而言，家族活动最为重要的无疑是祭祀。为此，瞿鸿禨亲自制定长沙瞿氏祭祖的全套规约。这份规约涵盖祭祀的顺序、时间、祭品和供品等方方面面，其中更详细记载了晚清湘菜的诸多品种。

藏于《长沙瞿氏家乘》卷六中的这份祭品菜单，包含冬至及中元节两个重要节日的祭品单目，其中冬至祭单一天，中元节的祭单则从7月10日一直到7月15日，涵盖菜品近200种。祭祀的菜品尽管是为了歆享神明，但中国人习惯祭祀之后享用这些馀馂，故而这份祭祀的食单也是1908年长沙富贵人家的菜单。

冬至供全席菜单

十六楪：蒸火腿、酱鸭、卤鸡、酥鲫鱼、红虾、炝冬笋、拌韭菜、皮蛋、蜜青梅、山查糕、杏仁、瓜子、青菜、金橘、橘红、甘蔗；

八大盘：红煨鱼翅、熘焖鳜鱼、八宝果饭、冬菜肥鸭、鱿鱼片、糟鸡、清炖羊肉、酱汁肘子；

八中碗：红煨刺参、虎皮鸽蛋、干炒虾仁、红烧野鸭、红煨鲍鱼、金钱鸡、熘荸荠饼、酿羊肚菌；

点心四盘：炸春卷、炸汤圆、大包子、烧麦。

中元节菜单

初十日晚供：

十六楪：酒蒸火腿、酥鲫鱼、红虾、熏鸡、蜇皮、皮蛋、拌韭花、炒荸荠、杏仁、瓜子、蜜金橘、蜜枣、苹果、石榴、玉带糕、太史饼；

六小碗：桂花鱼翅、熘鱼片、绣球海参、溜子鸡、脍竹蔬、烩黄木耳；

点心：卤子面九碗。

十一日：

早供八碗：蛋饺海参、清蒸鲫鱼、虾仁豆苗、姜芽炒子鸡、瑶柱芥蓝、火腿冬瓜、韭花炒墨鱼丝、白菜木耳烧肉丸；

午供八碗：酱汁鸭、炖鱿鱼片、荷叶蒸肉、椒盐烧鳜鱼、清炖羊肉、炒鸡鸭杂、菱耳小炒肉、绍兴豆腐；

晚供十六楪：酱肘、香肠、熏鱼、炒鸡丁、海虾、炒盐蛋、香干、拌豆角、烘青豆、糖核桃、佛手片、冬瓜饯、菱角、藕、藕粉糕、玉露霜；

点心：饺子。

十二日：

早供八碗：大脍海参、菱角焖鸡、金钩鱿鱼丝、黄焖扁鱼、蛏干煨萝卜、虾仁炒蛋、口蘑烧面筋、韭花烧豆腐；

午供全席：

十六楪：蒸火腿、烧鸭、红虾、酥鱼、真挑瑶柱、盐醋鸡、熘冬菰、韭花香干、杏仁、五香瓜子、蜜樱桃、青梅、苹果、石榴、佛手柑、大柿子（无则或用大桃、香橼、橘子、葡萄）；

八大碗：清炖鱼翅、川冬菜炖鸭、糖醋熘鲫鱼、八宝果饭、清炖羊肉、红炖肘子、海参、扣鸡；

八小碗：银耳、鸽蛋、炒虾仁、洋鳆鱼、熘子鸡、烩菱瓜、锅贴鱼、酿羊肚；

点心两（四）道：枣泥包子、蛋糕、酥合子、烫面饺；

晚供十六碟：肉松、炸鸡肫肝、金钩虾姜芽、拌海带丝、糟鱼、卤蛋、糖醋萝卜、炒扁豆、大红袍花生、炒梧桐子、桂圆、荔枝、莲蓬、花红、鸡蛋饼、核桃酥；

点心：煮百合。

十三日：

早供八碗：虾仁海参、芙蓉鲫鱼、兰花菇肉片汤、熏鸡、萝卜炒猪肝（或白片肉）、小炒羊肉、木槿花蛋汤、金钩虾白菜；

午供八碗：八宝鸭子、清蒸白鱼、清炖鱼肚、红烧甲鱼、炒腰花、芋头炖肉、虾子烧豆腐、香干红辣椒肉丁；

晚供十六楪：甜酒糟火腿、排骨、炒蜇头、糟鱼、卤鸡肫、炸银鱼、麻辣白菜、炒山药、兰花豆、乌梅丁、菠萝蜜、白葡萄干、玫瑰饼、金钱饼、荸荠、甘蔗；

点心：馄饨。

十四日：

早供八碗：脂麻酱拌海参、炮肚尖、蛏干煨百合、鳝鱼片、鸡蓉芋头泥、虾子腐乳蒸蛋、瑶柱烧萝卜、橄榄肉丸粉条；

午供八碗：蝴蝶海参、酱油蒸肘子、红烧鱼皮、淡菜炖肉、炒连壳虾、鲫鱼豆腐、炸荸荠丸、虾子烧川笋；

晚供十六楪：卤肉、鸭舌、炒蛏干、熘鱼片、韭花炒蛋皮丝、金钩虾拌苔丝、油炒黄豆、炝花生、蜜枇杷、柿饼、豆油卷、青笋、月饼、蛋糕、凉枣、黄梨；

点心：汤圆（无则用大包子）。

十五日：

早供八碗：红烧海参、青带丝、火腿夹肉、香糟蒸鸡、椒盐鳜鱼、虾仁丸子、口蘑冬苋菜肉汤、金针木耳荷包蛋；

午供八碗：一品海参、鲞鱼炖肉、白片鸡、酱汁鸭子、红烧鱼唇、清蒸鱼、荔枝鱿鱼、红烧面筋；

晚供十六楪：蜜制火腿、盐醋鸡（或炒鸡片）、鱼松、油虾、糟蟹（无则用腌鸭、香肠等味）、炒墨鱼丝、笋脯、腌香椿、油炸杏仁（或松子仁）、五香瓜子、南枣、桂圆（或果脯）、橘饼、香橼条、橘子、葡萄；

六小碗：清脍鱼翅、海参丝、熘鸽蛋、虾糕、桂花木耳、炒鱼片；

点心：三丝清汤面。

供酒：陈绍酒十五斤，三次沽；桑葚酒、冰梅酒、砂仁酒、薄荷酒（或汾酒），各一斤；常用绍酒，间用他酒。

附 3　国宴流程

国宴的主要流程包括：宴会前的组织准备工作（了解宴会人数、所在餐厅、开始时间；备好宴会所用餐具以及所用的其他用具；宴会的场景及台型的布置；宴会人员的分工安排等）宴会开始前主、客双方见面的形式（如会见、会谈、欢迎仪式、签字仪式等）；宴会中的服务工作（上撤菜的服务，饮料酒水的斟到服务，以及提供客人所需的一切服务）；宴会结束后的收尾工作（送宾、帮客人去送衣帽、整理好服务现场等）。

一、宴会前的准备工作

接到宴会通知单后，要了解将要到来客人的到店时间、宴会开始前有无其他活动（如会见、会谈、签字仪式等并做好相应准备）、宴会结束时间、宴会人数、身份、国籍、年龄、宗教信仰、风俗习惯、宴会的规格、举办单位、以及客人提出一切有关宴会的问题，并要及时通知厨房做好准备工作。

根据国宴的宴会等级（国宴可分为三级：总统、总理为一级；副总统、副总理为二级；部长为三级），去厨房开菜单，要一式两份，一份交打印室，要写清所在餐厅、时间、中英文、份数（按人数需要打印）日期。另一份留在餐厅准备备餐。

准备餐具，按菜单备好每一道菜的餐具，餐具要有富余，例如：十人的小型国宴要备十二人的餐具，几百人的大型国宴要多备出十到二十人的餐具。

按国宴的人数备出宴会所用的毛巾，宴会毛巾一般情况是三道，客人落座后一道，上完面包后撤；不算汤的第二道菜后一道，上素菜后撤；上水果前一道。如国宴开始前有会谈、会见等活动，活动中所用毛巾也一并备出。毛巾备好后，叠好放入蒸箱待用。

准备国宴所需的各种杯子，白酒杯、红酒杯、干白杯、加饭酒杯（日本客人较喜欢，需加热饮用并配干话梅）、饮料杯、茶杯咖啡杯等。要用的银器（刀、叉等）、垫盘、口布、筷子筷架、烟缸火柴等以及宴会中一切所需物品。

按人数及台型要求架好宴会所需台面，摆好餐椅，并检查是否牢固、平稳、桌椅是否干净。国宴的台面种类和普通宴会大致相同，圆台、长台、U形台、口字形台、T形台等。圆台是中餐的基本台型，国宴中比较少见，多用于一些主、宾双方较熟悉或非正式的国宴，其他台型属于西餐台型，但在国宴中较为常见（长台尤为多见），因为西餐餐台在国宴中方便安排主人、主宾及其他宾客的座次，主位清晰。而且礼宾程序也方便进行，再国宴中较为正式，被广泛使用。

台面架好后，铺台布，要注意反正，不要铺反，适当的洒水，使之平整、台布按桌面大小、长短准备。并检查是否干净，有无破损；台布铺好后，根据台布颜色，搭配好桌围并扎好，桌围、台布的颜色也要与宴会厅的整体相协调，并烫好铺平。

搞好宴会所在厅室的卫生，检查设备设施是否完好（要做到地毯无灰尘、杂物；工作台整洁、平整无污迹；以及宴会厅的灯、空调、暖气是否完好并保持好宴会厅的温度，一般保持在 20 ～ 22℃；夏天检查好是否有蚊蝇，提前喷洒消毒剂并做好通风工作）。

二、宴会的摆台

我国的国宴菜肴多采用中餐，有中国特色的菜肴，但中餐餐具中只用筷子，很多外宾不会用筷子，而且中方客人又不习惯用刀叉，所以国宴中大多采用中西结合的摆台方法，既方便宴会双方人员的使用，也方便服务程序的操作，即中餐西吃。

首先，把宴会所需的物品拿到宴会厅，包括：大刀大叉、二刀二叉、筷子筷架、牙签、垫盘、黄油刀、各种杯子、小菜垫碟、口布、烟缸火柴、菜单、蜡台蜡烛等，以及宴会所需的相关用品用具待用。

其次，根据宴会的台型、人数定位，用餐椅定好正副主人和其他客人餐位，所有的餐椅前沿要与桌围垂直。

再次，摆台前服务人员的双手要进行严格消毒和清洗，从第一主宾席位开始，按顺时针方向摆台，依次把餐具摆到以定好的餐位内（摆台顺序依次为：垫盘、二刀二叉、筷架牙签、筷子、面包盘、黄油刀、黄油碟、干红杯、干白杯、饮料杯、菜单、小菜垫碟、口布）。

最后，餐台摆完后，要进行检查，检查无误后，核对菜单是否与实际菜肴相符合。

三、宴会服务

1．基本原则

（1）上岗前服务人员要服装整洁、仪表端庄、注意个人卫生，面带微笑，见到客人后要主动问好。

（2）客人到达酒店前一小时上岗，在宴会厅门口迎接客人，把客人引领至休息厅休息。

（3）在宴会服务操作的全过程中，要遵循先宾后主、先女后男的服务原则，按顺时针方向进行服务操作。

（4）及时添加酒水、及时处理临时情况（如酒杯倒了、口布掉了等，要及时给客人更换）；客人起身敬酒或由于临时情况客人起身时，要及时给客人提供拉椅服务。

（5）上菜、撤菜、倒酒水、上茶水、咖啡从客人的右侧上或问让，上配料、点心从左侧上。

2. 操作程序

（1）宴会开始前 10 ～ 15 分钟开始摆黄油、小菜、冷菜（图案要一致摆放并正对客人，冷菜要扣上金或银帽子，以保持冷菜的卫生和新鲜）。而且要再次检查台面，如有遗漏及时补救。

（2）倒酒。国宴开始前一般有讲话，敬酒。所以酒水应事先和主办单位协调好，确认宴会中所需要酒的种类和品牌，提前约五分钟倒好。

（3）点蜡。宴会开始前 5 分钟点燃蜡烛（午宴不需要蜡台和蜡烛，可采用其他装饰物）。

（4）待位。各项准备工作结束后，看台服务人员站到各桌主人、主宾餐位后等待客人，注意站姿。

（5）引座。客人进入餐厅时，主桌服务人员要引领主宾和主人入座，其他客人由各桌服务员拉椅让座。注意面带笑容，示意客人入座。

（6）讲话。客人落座后，双方客人会有简短的讲话，服务人员要在一旁站立，不要打扰客人。

（7）打口布、撤筷套。讲话结束后，看台人员要为客人开口布（注意正面朝上）；打开筷套（注意筷头位于筷架上的位置）；开菜单。动作要利索。以上服务均在客人右侧进行。

（8）上毛巾。跑菜人员上毛巾。根据本桌人数，将小毛巾放置毛巾托上，上在客人的左侧、面包盘下方，并示意客人。毛巾上完后，跑菜人员要撤掉扣在冷菜上的帽子（要轻拿、轻放，不要发出声音）。

（9）问让饮料。一个看台人员用托盘拖着饮料，另一看台人员，在不打扰客人的情况下，（注意：如果客人在讲话，先不要打扰他可以空过，也可不问让，直接为客人到一杯矿泉水，讲话后再问让客人。如果客人需要别的饮料，再把矿泉水换掉），在右侧问让。斟倒饮料时，将饮料的商标朝向客人，不要把瓶底倒干。

（10）让面包。在看台人员问让饮料的同时，跑菜人员要问让已从厨房烤好的面包（把不用面包客人的黄油刀和黄油撤掉）。从客人的左侧轻声问询客人，要给客人介绍面包的种类。根据客人的喜好和需求，用面包夹给客人夹取面包（面包要正面向上的放在面包盘上）。注意：看台人员和跑菜人员问让饮料和面包的同时，不要同时询问一位客人，如果有重叠时，跑菜人员要让开看台人员，问让下一位客人。也可由看台人员同时问让那位客人需要那种面包，转告跑菜人员，可直接让给客人，避免多次打扰客人。注意协调。

（11）座位卡。让完面包后，跑菜人员撤掉座位卡（跑菜和看台人员，在问让酒水和面包时要看清座位卡上每一位客人的姓名和职务，给客人服务时，可直接称呼其职务，如张部长，刘局长等），准备上热菜。

（12）分小菜。由看台人员分让小菜。由左手托着小菜盘，在客人的左侧，分让小菜。轻声报上小菜的名称（注意：小菜盘置于面包盘的下方，不要放在桌子上，不要盖住面包盘。说话时距菜盘一定距离）。

（13）按程序上撤菜。看台、跑菜人员要相互配合忙而不乱，要做到服务动作稳、轻、准。

注意：看台人员要着重注意主要客人的用餐速度，菜吃到一半或只剩下1/3后，通知跑菜人员走下一道菜，与此同时跑菜人员要通知备餐人员拿餐具，并通知厨房走菜。菜做好后，及时把菜走到餐厅门口，示意餐厅内的看台人员，菜已准备好。看台人员撤菜后（主宾、主人的菜撤完即可），跑菜人员及时把菜上到客人面前。上撤菜的速度要快，保证热菜热上，但要轻拿轻放尽量降低噪音。并且保持好每一道菜的衔接，不要让客人的台面空着。

（14）上水果。在上水果之前，问让咖啡和茶（如有冰激凌不给茶水）。上水果之前把水果刀叉摆好（注意：水果的整体图案）。

（15）送宾。水果上完后跑菜人员主动到餐厅门口站好准备送宾。看台人员要帮助客人整理好餐台，撤掉客人用过的餐具（看台人员不要着急收拾工作台，工作台保持干净整洁即可）。需注意整个宴会过程中要保持宴会厅、备餐间及厨房的安静。任何服务和操作都要轻，尽量不要发出声响。工作人员更不要大声喧哗，以保证给客人提供一个优雅、舒适、安静的就餐环境。

（16）宴会结束后，客人起身时，看台人员要及时的为客人拉椅服务。面带微笑地引领客人走出餐厅，向客人说再见，送宾礼貌的表示，欢迎客人的再次光临。

3. 收尾工作

做好收尾工作是非常重要的，客人离开餐厅后要及时检查餐厅内的每一个地方，如有客人遗留物品，要及时赶上客人，并将遗留物品还给客人。如果客人已离开酒店，要及时与宴会的联系单位联系，告知有客人遗留物品。

4. 宴会的总结工作

做好宴会的总结工作，有助于提高工作和业务水平，而且可以不断地总结出经验，找出不足和需要改进的地方，使酒店的服务水平不断提高。

每场宴会结束后，都要把整场宴会过程总结一下，找出宴会中操作上有哪些不足，有哪些需要改进，并记录下来。在以后的宴会中不断的完善。

宴会结束后还要总结主要客人的生活习惯，填写好客人生活习惯表，记录下宴会中总结出的主宾、主人的生活习惯并留存好。以便客人下次到店时，可直接按客人习惯给客人提供服务。

后 记

我承担宴会设计这门课程的教学任务近十年，从事宴会设计的工作也有十多年。教学与行业实践的来回切换，让我觉得应该有一本贴近行业发展与需求现状的教材，从觉得要编这本教材到最终编写完成，经过了五年左右的时间，教材的框架也几番修改。

我对宴会设计这门课的认识也在教材编写过程中逐渐清晰。这其中有课堂上对学生讲解时突然出现的困惑以及其后自我解惑的收获，有对于国内外重要宴会的观察与分析而得的收获，有从各专业书籍中得到的历史学、文化学、人类学等学者的观点的帮助，当然也少不了同行前贤相关教材的启发。关于这些我尽可能地列在了参考文献里。

还有一部分内容，来源于多年从网络中收集的资料，这部分与宴会的现状关系密切，所以也是很重要的内容。因为编写教材的时间所限，有些内容在书中作了说明，但也有很多无法找到最原始的出处，尤其是一些图片的出处，谨在此致谢与致歉。如有相关图文作者发现书中用到您的作品，请务必与我联系，当奉薄礼再谢！

周爱东

彩图

图 2–1　河北博物院藏九鼎八簋

图 2-2　先秦酒具

图 2-4　陕西长安县南里王村唐墓壁画

图 2-5 《韩熙载夜宴图》饮宴场景

图 2-6 汉代漆食案、漆盘与漆杯

图 2-7 何家村地窖唐代金杯

图 2-8　**宋徽宗文会图局部，宋代宫廷中的文士雅集**

图 2-9　**白沙宋墓壁画宴会场景**

图 2–10 **宋代酒注、温碗与酒盏的搭配**

图 3–1　日本桂离宫的庭园空间

图 3–3　达芬奇《最后的晚餐》

图 3-4　让·弗朗索瓦·特鲁瓦《牡蛎宴》

图 3–5　彼得·勃鲁盖尔《乡村宴会》

图 3–6　圣彼得堡叶卡捷琳娜宫骑士餐厅

PRÉSIDENCE DE LA RÉPUBLIQUE

Palais de l'Élysée

Dîner d'État

offert par

Monsieur le Président de la République
et Madame Brigitte Macron

en l'honneur de

Son Excellence Monsieur Xi Jinping
Président de la République populaire de Chine
et Madame Peng Liyuan

Lundi 25 mars 2019

Homard de Roscoff rafraîchi, concentré de céleri-mélilot

La volaille de la Cour d'Armoise
cuite en cocotte, Vin Jaune et foie gras,
sot-l'y-laisse, morilles, petits pois et asperges

Fromages de la maison Lorho

La fraise Gariguette juste sucrée, croquante,
verveine glacée, meringues croustillantes

图 5-1　法国国宴菜单

图 5-4　G20 杭州峰会团扇式菜单

图 5-5　上海本帮菜便宴菜单

图 6-7　**口布花的形式——盘花与杯花**

图 6-12　**德仁天皇飨宴之仪上的摆台**

图 6-21　李嵩《篮花图》

图 6-22　陈洪绶《停琴啜茗图》

图 6-23　日本花道中的盛花

图 6-26　中线式花卉布置

图 6-27　某宁波家宴的桌景设计

图 6–28　**见芥夜宴上的器物布置**

（图片来自于新浪微博）

图 6–29　**和合宴上的叙事型桌景**

图 6–30　**八怪宴展台桌景**

图 6-31　**半局限空间**

图 6-35　**宴会餐厅的空间花艺**

图 6-36　**中式婚宴与西式婚宴的氛围比较**

图 7–3　水浒宴场景中的“义”字旗